E O CÉREBRO CRIOU O HOMEM

ANTÓNIO R. DAMÁSIO

E o cérebro criou o Homem

Tradução
Laura Teixeira Motta

6ª reimpressão

COMPANHIA DAS LETRAS

Copyright © 2009 by António Damásio, M.D., ph.D.
Edição apoiada pela Direcção-Geral do Livro e das Bibliotecas/ Ministério da Cultura de Portugal

Grafia atualizada segundo o Acordo Ortográfico da Língua Portuguesa de 1990, que entrou em vigor no Brasil em 2009.

Título original
Self comes to mind: constructing the conscious brain

Capa
warrakloureiro

Foto de capa
Milton Dacosta

Preparação
Natércia Pontes

Índice remissivo
Luciano Marchiori

Revisão
Ana Maria Barbosa
Márcia Moura

Dados Internacionais de Catalogação na Publicação (CIP)
(Câmara Brasileira do Livro, SP, Brasil)

> Damásio, António R.
> E o cérebro criou o Homem / António R. Damásio ; tradução Laura Teixeira Motta — São Paulo : Companhia das Letras, 2011.
>
> Título original: Self Comes to Mind: Constructing the Conscious Brain.
> ISBN 978-85-359-1961-5
>
> 1. Cérebro — Evolução 2. Cérebro — Fisiologia 3. Consciência 4. Consciência — Fisiologia 5. Emoções — Fisiologia 6. Memória — Fisiologia 7. Neurobiologia do desenvolvimento 8. Teoria da mente — Fisiologia I. Título.

11-08843   CDD-616.823

Índice para catálogo sistemático:
1. Cérebro : Evolução : Fisiologia humana   616.823

Todos os direitos desta edição reservados à
EDITORA SCHWARCZ S.A.
Rua Bandeira Paulista, 702, cj. 32
04532-002 — São Paulo — SP
Telefone: (11) 3707-3500
www.companhiadasletras.com.br
www.blogdacompanhia.com.br
facebook.com/companhiadasletras
instagram.com/companhiadasletras
twitter.com/cialetras

Para Hanna

Minha alma é uma orquestra oculta; não sei que instrumentos tangem e rangem, cordas e harpas, tímbales e tambores, dentro de mim. Só me conheço como sinfonia.
　　　　　　　　　　　Fernando Pessoa, *Livro do desassossego*

O que não consigo construir, não consigo entender.
　　　　　　　　　　　　　　　Richard Feynman

Sumário

PARTE I — Começar de novo

1. Despertar 15
Objetivos e razões. A abordagem do problema. O self como testemunha. A superação de uma intuição enganosa. Uma perspectiva integrada. A estrutura. Uma prévia das ideias principais. A vida e a mente consciente.

2. Da regulação da vida ao valor biológico. 48
A realidade implausível. Vontade natural. A manutenção da vida. As origens da homeostase. Células, organismos multicelulares e máquinas. Valor biológico. O valor biológico no organismo como um todo. O êxito de nossos primeiros precursores. O desenvolvimento de incentivos. A ligação entre homeostase, valor e consciência.

PARTE II — O que há no cérebro capaz de criar a mente?

3. A geração de mapas e imagens 87
Mapas e imagens. Cortes abaixo da superfície. Mapas e mentes. A neurologia da mente. O princípio da mente. Mais próximo da geração da mente?

4. O corpo na mente 118
O tema da mente. O mapeamento do corpo. Do corpo ao cérebro. A representação de quantidades e a construção de qualidades. Os sentimentos primordiais. Mapeamento e simulação de estados do corpo. A origem de uma ideia. O cérebro ocupado com o corpo.

5. Emoções e sentimentos 140
O contexto da emoção e do sentimento. Definição de *emoção* e *sentimento*. Desencadeamento e execução de emoções. O estranho caso de William James. Sentimentos emocionais. Como sentimos uma emoção? O tempo das emoções e dos sentimentos. As variedades da emoção. Degraus da escala emocional. Nota sobre a admiração e a compaixão.

6. Uma arquitetura para a memória 166
De algum modo, em algum lugar. A natureza dos registros da memória. Disposições primeiro, mapas depois. A memória em ação. Nota sobre os tipos de memória. Uma possível solução para o problema. Zonas de convergência-divergência. Observações adicionais sobre as zonas de convergência--divergência. O modelo em ação. O como e o onde da percepção e evocação.

PARTE III — Estar consciente

7. A consciência observada 197
Definição de *consciência*. A consciência em partes. Sem self, mas com mente. Complemento para uma definição preliminar. Tipos de consciência. Consciência humana e não humana. O que a consciência não é. O inconsciente freudiano.

8. A construção da mente consciente 224
Hipótese de trabalho. Uma abordagem do cérebro consciente. Preliminares da mente consciente. Os ingredientes de uma mente consciente. O protosself. A construção do self central. O estado do self central. Uma viagem pelo cérebro durante a construção da mente consciente.

9. O self autobiográfico 259
A memória trazida para a consciência. A construção do self autobiográfico. O problema da coordenação. Os coordenadores. Um possível papel para os córtices posteromediais. Os CPMs em ação. Outras considerações sobre os córtices posteromediais. Uma observação final sobre as patologias da consciência.

10. Alinhavando as ideias 295
Um resumo. A neurologia da consciência. O gargalo anatômico por trás da mente consciente. Do trabalho conjunto de grandes divisões anatômicas ao funcionamento dos neurônios. Quando sentimos nossas percepções. Qualia I. Qualia II. Qualia e self. Tarefa inacabada.

PARTE IV — Muito depois da consciência

11. Viver com consciência 325
Por que a consciência prevaleceu. O self e o problema do controle. Um aparte sobre o inconsciente. Nota sobre o inconsciente genômico. O sentimento da vontade consciente. A educação do inconsciente cognitivo. Cérebro e justiça. Natureza e cultura. O self surge na mente. As consequências do self capaz de reflexão.

Apêndice 363
Notas 385
Agradecimentos 413
Índice remissivo...................................... 417

PARTE I

COMEÇAR DE NOVO

1. Despertar

Quando acordei, estávamos descendo. Eu havia dormido o suficiente para perder os avisos sobre a aterrissagem e o tempo. Estivera sem a percepção de mim mesmo e do que me cercava. Tinha estado inconsciente.

Poucas coisas em nossa biologia são tão aparentemente triviais quanto esse bem a que chamamos consciência, essa fenomenal faculdade de ter uma mente dotada de um possuidor, um protagonista de sua própria existência, um self a inspecionar seu mundo interior e o que há em volta, um agente que parece pronto para a ação.

Consciência não é meramente estar acordado. Quando despertei, dois breves parágrafos atrás, não olhei em volta a esmo, captando imagens e sons como se minha mente acordada não pertencesse a ninguém. Ao contrário, eu soube, quase no mesmo instante, com pouca ou nenhuma hesitação e sem esforço, que era eu, ali sentado no avião, minha identidade viajante voltando para casa em Los Angeles com uma longa lista de coisas a fazer antes que terminasse o dia, ciente de uma singular combinação de cansaço da viagem e entusiasmo pelo que me esperava, curioso sobre a pista em que aterrissaríamos e atento aos ajustes da potência do motor que nos conduzia ao solo. Sem dúvida, estar acordado era indispensável a esse estado, mas a vigília não era sua característica principal. Qual era então a característica principal? O fato de que os inúmeros conteúdos exibidos em minha mente, independentemente do quanto fossem nítidos ou bem-ordenados, estavam *ligados* a mim, o proprietário da mente, por fios invisíveis que reuniam esses conteúdos na festa movediça que é o self. E, igualmente importante, o fato de essa ligação ser *sentida*. Eu tinha o *sentimento* da experiência de mim mesmo e daquela ligação.

Acordar significou ter de volta minha mente, que estivera temporariamente ausente, agora *comigo* nela, cônscio tanto da propriedade (a mente) como do proprietário (eu). Acordar permitiu-me reaparecer e inspecionar meus domínios mentais, a projeção, em uma tela do tamanho do céu, de um filme mágico, um misto de documentário e ficção, que também conhecemos pelo nome de mente humana consciente.

Todos temos livre acesso à consciência. Ela borbulha com tanta facilidade e abundância na mente que permitimos, sem hesitação ou apreensão, que se desligue toda noite quando adormecemos e retorne de manhã ao soar do despertador, no mínimo 365 vezes por ano, sem contar as sestas. E no entanto poucas coisas em nós são tão sensacionais, fundamentais e aparentemente misteriosas como a consciência. Sem a consciência — isto é, sem uma mente dotada de subjetividade —, você não teria como saber que existe, quanto mais saber quem você é e o que pensa. Se a subjetividade não tivesse surgido, ainda que bastante modesta no início, em seres vivos bem mais simples do que nós, provavelmente a memória e o raciocínio não teriam logrado uma expansão tão prodigiosa, e o caminho evolucionário para a linguagem e a elaborada versão humana de consciência que hoje possuímos não teriam sido abertos. A criatividade não teria florescido. Não existiriam a música, a pintura, a literatura. O amor nunca seria amor, apenas sexo. A amizade seria apenas uma cooperação conveniente. A dor nunca se tornaria sofrimento, o que não lamentaríamos, mas a contrapartida dessa dúbia vantagem seria que o prazer nunca se tornaria alegria. Sem o revolucionário surgimento da subjetividade, não existiria o conhecimento e não haveria ninguém para notar isso; consequentemente, não haveria uma história do que os seres fizeram ao longo das eras, não haveria cultura nenhuma.

Embora eu ainda não tenha apresentado uma versão prática de consciência, espero não ter deixado dúvidas quanto ao que significa *não ter* consciência: na ausência dela, nosso ponto de vista pessoal é suspenso, não sabemos que existimos, nem que existem outras coisas. Se a consciência não se desenvolvesse no decorrer da evolução e não se expandisse em sua versão humana, a humanidade que hoje conhecemos, com todas as suas fragilidades e forças, nunca teria se desenvolvido também. É arrepiante pensar que uma simples vereda, caso não houvesse sido trilhada, poderia ter significado a perda das alternativas biológicas que nos tornam verdadeiramente humanos. Por outro lado, como haveríamos então de descobrir que estava faltando alguma coisa?

Se não nos assombramos a todo momento com a consciência, é porque ela é muito disponível, fácil de usar, elegante em seus espetaculares aparecimentos e desaparecimentos diários. Mas, quando nos pomos a refletir sobre ela, todos nós, cientistas ou não cientistas, ficamos perplexos. De que é feita a consciência? Ela é a mente com algo mais, penso eu, já que não podemos estar conscientes sem possuir uma mente da qual estejamos conscientes. Mas de que é feita a mente? Ela vem do ar ou do corpo? Pessoas inteligentes dizem que ela vem do cérebro, que ela *está* no cérebro, mas essa não é uma resposta satisfatória. Como o cérebro *faz* a mente?

O fato de que ninguém vê a mente dos outros, seja ela consciente ou não, é especialmente misterioso. Podemos observar o corpo e as ações das pessoas, o que elas dizem ou escrevem, e fazer suposições bem fundamentadas sobre o que elas pensam. Mas não podemos observar a mente delas, e só nós mesmos somos capazes de observar a nossa, de dentro, e por uma janela exígua. As propriedades da mente, sem falar nas da mente consciente, parecem ser tão radicalmente diferentes das propriedades da matéria viva visível que as pessoas dadas à reflexão se perguntam como é que um processo (a mente consciente em funcionamento) engrena com outro processo (células físicas vivendo juntas em agregados que chamamos de tecidos).

Mas dizer que a mente consciente é misteriosa — e ela é mesmo — não significa dizer que o mistério é insolúvel. Não significa dizer que nunca seremos capazes de compreender como um organismo vivo dotado de cérebro adquire uma mente consciente.[1]

OBJETIVOS E RAZÕES

Este livro é dedicado ao estudo de duas questões. Primeira: como o cérebro constrói a mente? Segunda: como o cérebro torna essa mente consciente? Sei muito bem que estudar uma questão não é o mesmo que respondê-la, e no tema da mente consciente seria tolice presumir respostas definitivas. Além disso, percebo que o estudo da consciência expandiu-se tanto que já não é possível fazer justiça a todas as contribuições que surgem. Isso, somado às questões de terminologia e perspectiva, atualmente torna o trabalho nessa área parecido com andar num campo minado. Não obstante, por nossa própria conta e risco, faz sentido investigar a fundo as questões e usar as evidências hoje disponíveis, incompletas e provisórias como são, para elaborar conjeturas que possam ser postas à prova e sonhar com o futuro. O objetivo deste livro é refletir sobre as conjeturas e discutir um conjunto de hipóteses. O enfoque é no modo como o cérebro humano deve ser estruturado e como ele precisa funcionar para que surja a mente consciente.

Deve existir uma razão para escrever um livro. Este foi escrito para recomeçar. Estudo a mente e o cérebro humanos há mais de trinta anos, e já escrevi sobre a consciência em artigos científicos e livros.[2] Mas fui ficando insatisfeito com minha exposição do problema, e uma reflexão sobre descobertas relevantes, em novos e velhos estudos, mudou minhas ideias, em especial sobre duas questões: a origem e a natureza dos sentimentos e o mecanismo por trás da construção do self. Este livro procura analisar as ideias atuais. E também, em grande medida, trata do que ainda não sabemos mas gostaríamos de saber.

O restante do capítulo 1 situa o problema, explica a estrutura escolhida para estudá-lo e adianta as principais ideias que surgirão nos capítulos seguintes. Alguns leitores poderão achar que a longa exposição do capítulo 1 torna a leitura mais lenta, mas prometo que ela também deixará mais acessível o restante do livro.

A ABORDAGEM DO PROBLEMA

Antes de tentar avançar na questão de como o cérebro humano constrói a mente consciente, precisamos reconhecer dois legados importantes. Um deles consiste em tentativas anteriores de descobrir a base neural da consciência, em um esforço que remonta a meados do século xx. Em uma série de estudos pioneiros realizados na América do Norte e na Itália, um pequeno grupo de pesquisadores identificou, com assombroso acerto, um setor do cérebro que hoje é inequivocamente relacionado à produção da consciência — o tronco cerebral — e o apontou como um contribuidor fundamental para a consciência. Não é de estranhar, à luz do que hoje sabemos, que a interpretação apresentada por estes pioneiros — Wilder Penfield, Herbert Jasper, Giuseppe Moruzzi e Horace Magoun — tivesse um foco e um alcance diferentes dos meus. Mas nada além de elogios e admiração merecem esses cientistas que intuíram o alvo certo e o miraram com tanta precisão. Esse foi o intrépido começo da empreitada para a qual vários de nós desejam contribuir no presente.[3]

Também são parte desse legado estudos feitos mais recentemente com pacientes neurológicos cuja consciência foi comprometida por lesão cerebral focal. O trabalho de Fred Plum e Jerome Posner inaugurou essa vertente.[4] No decorrer dos anos, esses estudos, complementando os dos pioneiros na investigação da consciência, reuniram uma eloquente coleção de fatos relacionados a estruturas cerebrais que participam ou não da geração da mente humana consciente. Podemos nos apoiar nesses alicerces.

O outro legado a ser reconhecido consiste em uma tradição, que vem de longa data, de formular conceitos sobre a mente e a consciência. Sua história é rica, antiga e diversificada como a história da filosofia. De sua profusão de ideias, acabei preferindo os escritos de William James como âncora para meu pensamento, embora isso não implique um endosso integral de suas posições sobre a consciência, especialmente no que se refere ao sentimento.[5]

Logo nas primeiras páginas deste livro evidencia-se que, ao abordar a mente consciente, privilegio o self. A meu ver, a mente consciente surge quando um processo do self é adicionado a um processo mental básico. Quando não ocorre um self na mente, essa mente não é consciente, no sentido próprio do termo. Essa é a situação dos seres humanos cujo processo do self é suspenso pelo sono sem sonhos, a anestesia ou doença cerebral.

Definir o processo do self que considero tão indispensável para a consciência, porém, é tarefa difícil. Por isso, William James vem tão a propósito neste preâmbulo. Ele escreveu eloquentemente sobre a importância do self, e no entanto também salientou que, em muitas ocasiões, a presença do self é tão discreta que os conteúdos da mente dominam a consciência conforme fluem. Precisamos confrontar essa imprecisão e decidir sobre suas consequências antes de prosseguir. Existe ou não existe um self? Se existe, ele está presente sempre que estamos conscientes ou não?

As respostas são inequívocas. De fato, existe um self, mas ele é um processo, não uma coisa, e o processo está presente em todos os momentos em que presumivelmente estamos conscientes. Podemos considerar o processo do self de duas perspectivas. Uma é a do observador que aprecia um *objeto* dinâmico — o objeto dinâmico que consiste em certos funcionamentos da mente, certas características de comportamento e certa história de vida. A outra perspectiva é a do self como um *conhecedor*, o processo que dá um foco ao que vivenciamos e por fim nos permite refletir sobre essa vivência. Combinando as duas perspectivas, temos a noção dual de self usada ao longo de todo o livro. Como veremos, as duas noções correspondem a dois estágios do desenvolvimento evolucionário do self, sendo que o self-conhecedor originou-se do self-objeto. Na vida cotidiana, cada noção corresponde a um nível de funcionamento da mente consciente, e o self-objeto tem um escopo mais simples do que o self-conhecedor.

De qualquer uma dessas perspectivas, o processo tem escopos e intensidades diversos, e suas manifestações variam conforme a ocasião. O self pode operar em um registro mais sutil, como uma "alusão vagamente insinuada" à presença de um organismo vivo,[6] ou como um registro destacado que inclui a pessoalidade e a identidade do possuidor da mente. Ora o percebemos, ora não, mas sempre o *sentimos*. Esse é meu modo de resumir a situação.

James supunha que o self-objeto, o eu material, era a soma de tudo o que um homem chama de seu — "não só seu corpo e suas faculdades psíquicas, mas também suas roupas, sua esposa e seus filhos, além de antepassados e amigos, reputação e obras, terras e cavalos, iate e conta bancária".[7] Deixando de lado o que se vê aí de politicamente incorreto, eu concordo. Mas James supunha ainda outra coisa, e com esta concordo até mais: o que permite que a mente saiba que esses domínios existem e pertencem a seus proprietários mentais — corpo, mente, passado e presente e todo o resto — é que a percepção de qualquer um desses itens gera emoções e sentimentos e, por sua vez, os sentimentos ensejam a separação entre os conteúdos que pertencem ao self e os que não pertencem. De minha perspectiva, esses sentimentos funcionam como *marcadores*. São os sinais, baseados em emoções, que chamo de marcadores somáticos.[8] Quando conteúdos pertencentes ao self ocorrem no fluxo da mente, provocam o aparecimento de um marcador, que se junta ao fluxo mental como uma imagem justaposta à imagem que o desencadeou. Esses sentimentos geram uma distinção entre self e não self. São, em poucas palavras, *sentimentos de conhecer*. Veremos que a construção de uma mente consciente depende, em vários estágios, da geração desses sentimentos. Quanto a minha definição prática do self material, o self-objeto, ela é a seguinte: *uma coleção dinâmica de processos neurais integrados, centrada na representação do corpo vivo, que encontra expressão em uma coleção dinâmica de processos mentais integrados.*

O self-sujeito, como conhecedor, como o "eu", é uma presença mais difícil de definir, muito menos coesa em termos mentais ou biológicos do que o self-objeto, mais dispersa, com frequência dissolvida no fluxo da consciência, por vezes tão exasperantemente sutil que está mas quase não está presente. Inquestionavelmente, o self-conhecedor é mais difícil de captar que o simples self-objeto. Mas isso não diminui sua importância para a consciência. O self sujeito-e-conhecedor não só é uma presença muito real, mas também uma guinada crucial na evolução biológica. Podemos imaginar que o self sujeito-e-conhecedor está, por assim dizer, sobre o self-objeto, assim como uma nova camada de processos neurais dá origem a mais uma camada de processamentos mentais. Não há dicotomia entre self-objeto e self-conhecedor; o que existe é continuidade e progressão. O self-conhecedor tem seu alicerce no self-objeto.

A consciência não se resume a imagens na mente. Ela é, no mínimo, uma *organização de conteúdos mentais, centrada no organismo que produz e motiva esses conteúdos*. Mas a consciência, no sentido que o leitor e este autor podem experienciar a qualquer momento que desejarem, é mais do que uma mente organizada sob a influência de um organismo vivo e atuante. É também uma mente capaz de ter noção de que esse organismo vivo e atuante existe. É verdade que uma parte importante do processo de estar consciente consiste no fato de o cérebro ser capaz de criar padrões neurais que mapeiam em forma de imagens aquilo que vivenciamos. Orientar essas imagens da perspectiva do organismo também é parte do processo. Mas isso não é o mesmo que *saber*, de forma automática e explícita, que existem imagens dentro de mim, que elas são minhas e, como dizemos hoje, acionáveis. A mera presença de imagens organizadas transitando em um fluxo mental produz uma mente, porém, a menos que algum processo suplementar seja adicionado, a mente permanece *inconsciente*. O que falta nessa mente inconsciente é um *self*. O que o cérebro precisa para se tornar consciente é adquirir uma nova propriedade, a subjetividade, e uma característica definidora da subjetividade é o sentimento que impregna as imagens que experienciamos subjetivamente. Para uma abordagem contemporânea da importância da subjetividade da perspectiva da filosofia, leia *O mistério da consciência*, de John Searle.[9]

De acordo com essa ideia, o passo decisivo para o surgimento da consciência não é a produção de imagens e a criação das bases de uma mente. O passo decisivo é *tornar nossas essas imagens*, fazer com que pertençam a seu legítimo dono, o organismo singular e perfeitamente delimitado em que elas surgem. Da perspectiva da evolução e de nossa história de vida, o conhecedor emergiu em etapas: o protosself e seus sentimentos primordiais, o self central impelido pela ação e, finalmente, o self autobiográfico, que incorpora dimensões sociais e espirituais. Mas esses são processos dinâmicos, e não coisas rígidas, e seus níveis variam ao longo do dia (simples, complexo, algo entre esses dois extremos), podendo ser prontamente ajustados conforme pedem as circunstâncias. Para que a mente se torne consciente, um conhecedor, seja lá como for que o chamemos — self, experienciador, protagonista —, precisa ser gerado no cérebro. Quando o cérebro consegue introduzir um conhecedor na mente, ocorre a subjetividade.

Caso o leitor se pergunte se essa defesa do self é necessária, digo que ela é bem justificada. Neste exato momento, aqueles que, na neurociência, trabalham com o objetivo de elucidar a consciência adotam abordagens muito díspares com respeito ao self. Variam desde considerar o self um tema indispensável das pesquisas até pensar que ainda não chegou o momento de lidar com o sujeito (literalmente).[10] Levando em conta que os trabalhos associados a cada abordagem continuam a produzir ideias úteis, não há necessidade, por ora, de decidir qual delas acabará por se revelar a mais satisfatória. Mas precisamos reconhecer que suas conclusões diferem.

Por enquanto, cabe notar que essas duas atitudes dão continuidade a uma diferença de interpretação que já separava William James de David Hume, e geralmente é desconsiderada nas análises do problema. James queria assegurar que suas concepções sobre o self tinham firmes alicerces biológicos: seu "self" não devia ser confundido com uma entidade metafísica conhecedora. Mas isso não o impediu de reconhecer uma função de conhecimento para o self, mesmo sendo uma função sutil, e não exuberante. David Hume, por sua vez, pulverizou o self a ponto de eliminá-lo. As passagens a seguir ilustram as ideias de Hume: "Não sou capaz em momento algum de surpreender *a mim mesmo* sem uma percepção, e nunca sou capaz de observar coisa alguma além da percepção". E mais: "Quanto ao resto da humanidade, posso arriscar-me a afirmar que não passa de um aglomerado ou coleção de percepções diferentes que se sucedem com inconcebível rapidez e estão em perpétuo fluxo e movimento".

Comentando sobre a eliminação do self por Hume, James foi impelido a expressar uma crítica memorável e defender a existência do self, enfatizando a estranha mistura de "unidade e diversidade" nele contida e chamando a atenção para o "núcleo de uniformidade" que permeia todos os ingredientes do self.[11]

O alicerce aqui apresentado foi modificado e expandido por filósofos e neurocientistas, passando a incluir diferentes aspectos do self.[12] Mas a importância do self para a construção da mente consciente não se reduziu. Duvido que a base neural da mente consciente possa ser elucidada de modo abrangente sem que primeiro se explique o self-objeto — o eu material — e o self-conhecedor.

Trabalhos contemporâneos sobre filosofia da mente e psicologia ampliaram o legado conceitual, enquanto o extraordinário desenvolvimento da biologia geral, da biologia evolucionária e da neurociência capitalizou o legado neural, criou uma grande variedade de técnicas de investigação do cérebro e coligiu uma quantidade colossal de dados. As evidências, conjeturas e hipóteses que apresento neste livro baseiam-se em todos esses avanços.

O SELF COMO TESTEMUNHA

Inúmeros seres, por milhões de anos, possuíram uma mente ativa, mas só naqueles em que se desenvolveu um self capaz de atuar como testemunha da mente sua existência foi reconhecida, e só depois que essas mentes desenvolveram linguagem e viveram para contar tornou-se amplamente conhecida a existência da mente. O self como testemunha é o algo mais que revela a presença, em cada um de nós, de eventos que chamamos de mentais. Precisamos compreender como esse algo mais é gerado.

Não uso as noções de testemunha e protagonista meramente como metáforas literárias. Espero que elas ajudem a ilustrar a variedade de papéis que o self assume na mente. Para começar, as metáforas podem nos ajudar a ver a situação que defrontamos ao tentar compreender processos mentais. Uma mente não testemunhada por um self protagonista ainda assim é uma mente. No entanto, como o self é nosso único meio natural de conhecer a mente, dependemos inteiramente da presença, da capacidade e dos limites do self. Em virtude dessa dependência sistemática, é dificílimo imaginar a natureza do processo mental independentemente do self, embora de uma perspectiva evolucionária seja óbvio que processos mentais simples precederam os processos do self. O self permite um vislumbre da mente, mas é uma visão anuviada. Os aspectos do self que nos permitem formular interpretações sobre nossa existência e sobre o mundo ainda estão evoluindo, certamente no nível cultural e, com grande probabilidade, também no biológico. Por exemplo, as camadas superiores do self ainda estão sendo modificadas pelos mais variados tipos de interações sociais e culturais e pela acumulação de conhecimento científico acerca do próprio funcionamento da mente e do cérebro. Um século inteiro de cinema com certeza teve um impacto sobre o self do ser humano, e o mesmo se pode dizer do espetáculo das sociedades globalizadas transmitido ao vivo pela mídia eletrônica hoje em dia. Quanto ao impacto da revolução digital, estamos apenas começando a avaliá-lo. Em poucas palavras, nossa visão direta da mente depende de uma parte dessa própria mente, um processo do self que não pode, como temos boas razões para supor, permitir uma apreciação abrangente e fidedigna do que está acontecendo.

À primeira vista, depois de reconhecer o self como nossa porta de entrada para o conhecimento, pode parecer paradoxal, para não dizer uma ingratidão, questionar sua confiabilidade. No entanto, essa é a situação. Com exceção da janela direta que o self nos abre para nossas dores e prazeres, as informações que ele fornece têm de ser questionadas, sobretudo quando dizem respeito à própria natureza do self. A boa notícia, porém, é que o self também possibilita o raciocínio e a observação científica, e por sua vez a razão e a ciência vêm gradualmente corrigindo as intuições enganosas ensejadas pelo self desassistido.

A SUPERAÇÃO DE UMA INTUIÇÃO ENGANOSA

Muito provavelmente, na ausência de consciência as culturas e as civilizações não teriam surgido, o que faz da consciência um acontecimento notável na evolução biológica. No entanto, a própria natureza da consciência traz sérios problemas a quem tenta elucidar sua biologia. Ver a consciência como a vemos na condição que temos hoje, a de seres equipados com uma mente e um self, pode explicar uma compreensível mas prejudicial distorção da história da mente e dos estudos da consciência. Vista de cima, a mente adquire um status especial, separada do resto do organismo ao qual ela pertence. Vista de cima, a mente parece ser não apenas muito complexa, coisa que ela certamente é, mas também um fenômeno diferente daquele encontrado nos tecidos biológicos e nas funções do organismo que a gera. Na prática, adotamos dois tipos de perspectiva quando nos observamos: vemos a mente com os olhos voltados para dentro, e vemos os tecidos biológicos com os olhos voltados para fora. (E ainda por cima usamos o microscópio para ampliar nossa visão.) Nessas circunstâncias, não é de surpreender que a mente dê a impressão de não possuir uma natureza física e que seus fenômenos pareçam pertencer a outra categoria.

Ver a mente como um fenômeno não físico, separado da biologia que a cria e a sustenta, é a razão pela qual certos autores apartam a mente das leis da física, uma discriminação à qual outros fenômenos cerebrais geralmente não estão sujeitos. A mais assombrosa manifestação dessa singularidade é a tentativa de relacionar a mente consciente a propriedades da matéria até agora não descritas — por exemplo, explicar a consciência com relação aos fenômenos quânticos. O raciocínio por trás dessa ideia parece ser o seguinte: a mente consciente parece misteriosa; uma vez que a física quântica permanece misteriosa, talvez esses dois mistérios estejam ligados.[13]

Dado que nossos conhecimentos sobre biologia e física são incompletos, é preciso ter cautela antes de descartar hipóteses alternativas. Afinal de contas, a despeito do notável sucesso da neurobiologia, nossa compreensão do cérebro humano é ainda bem restrita. Mesmo assim, permanece em aberto a possibilidade de explicar a mente e a consciência parcimoniosamente, dentro dos limites dados pelos conceitos atuais da neurobiologia. Essa possibilidade não deve ser descartada, a menos que se esgotem os recursos técnicos e teóricos da neurobiologia, uma perspectiva improvável por ora.

Nossa intuição nos diz que as efêmeras e voláteis atividades da mente não têm extensão física. A meu ver, essa intuição é falsa e atribuível às limitações do self desassistido. Não vejo razão para dar mais crédito a ela do que a intuições outrora indiscutíveis e eloquentes como a ideia pré-copernicana do que o Sol faz com a Terra ou mesmo a ideia de que a mente reside no coração. As coisas nem sempre são o que parecem. A luz branca é uma combinação das cores do arco-íris, embora isso não seja visível a olho nu.[14]

UMA PERSPECTIVA INTEGRADA

A maior parte do progresso feito até o presente na neurobiologia da mente consciente baseou-se na combinação de três perspectivas: (1) a perspectiva da testemunha direta da mente consciente individual, que é pessoal, privada e única; (2) a perspectiva comportamental, que nos permite observar as ações indicativas de outros que supostamente também possuem mente consciente; (3) a perspectiva do cérebro, que nos permite estudar certos aspectos do funcionamento cerebral em indivíduos cujos estados mentais conscientes presumivelmente estão ou presentes ou ausentes. As evidências obtidas a partir dessas três perspectivas, mesmo quando alinhadas de maneira inteligente, normalmente não bastam para gerar uma transição harmônica entre os três tipos de fenômeno — a investigação introspectiva em primeira pessoa, os comportamentos externos e os fenômenos cerebrais. Sobretudo, parece existir uma grande lacuna entre os dados obtidos a partir da introspecção em primeira pessoa e as evidências obtidas com o estudo de fenômenos cerebrais. Como eliminar essas lacunas?

Precisamos de uma quarta perspectiva, e esta requer uma

mudança radical no modo como a história da mente consciente é vista e contada. Em trabalhos anteriores, apresentei a ideia de fazer da regulação da vida o alicerce e a justificação do self e da consciência, e isso sugeriu um rumo para essa nova perspectiva: buscar os antecedentes do self e da consciência no passado evolucionário.[15] Assim, a quarta perspectiva tem por base fatos da biologia evolucionária e da neurobiologia. Ela requer que consideremos primeiro os organismos mais antigos e então, percorrendo gradualmente a história evolucionária, cheguemos aos organismos atuais. Requer que tomemos nota das modificações incrementais do sistema nervoso e as vinculemos ao desenvolvimento incremental, respectivamente, do comportamento, da mente e do self. Também requer uma hipótese sobre o funcionamento interno: a de que os fenômenos mentais são equivalentes a certos tipos de fenômenos cerebrais. Obviamente, a atividade mental é causada pelos fenômenos cerebrais que a antecedem, mas, no fim das contas, os fenômenos mentais correspondem a certos estados de circuitos cerebrais. Em outras palavras, alguns padrões neurais *são* simultaneamente imagens mentais. Quando outros padrões neurais geram um processo do self suficientemente rico, as imagens podem tornar-se *conhecidas*. Mas, se não for gerado um self, as imagens ainda assim *existem*, muito embora ninguém, no interior ou no exterior do organismo, saiba de sua existência. A subjetividade não é essencial para que existam estados mentais, mas apenas para que eles sejam conhecidos na esfera privada.

Em suma, a quarta perspectiva nos pede para construir, simultaneamente, uma visão do passado com a ajuda dos dados disponíveis e uma visão literalmente imaginada de um cérebro surpreendido no estado de conter uma mente consciente. É verdade que se trata de uma visão conjetural, hipotética. Existem fatos que corroboram partes desse imaginário, porém, dada a natureza do "problema da mente-self-corpo-cérebro", teremos de viver por um bom tempo com aproximações teóricas em vez de explicações completas.

Pode ser tentador considerar a equivalência hipotética entre fenômenos mentais e certos fenômenos cerebrais como uma tosca redução do complexo ao simples. Mas seria uma falsa impressão, pois para começo de conversa os fenômenos neurobiológicos são imensamente complexos, de simples não têm nada. As reduções explanatórias aqui sugeridas não são do complexo ao simples, mas do extremamente complexo ao ligeiramente menos complicado. Embora este livro não seja sobre a biologia dos organismos simples, os fatos mencionados no capítulo 2 deixam claro que a vida das células ocorre em universos de extraordinária complexidade que formalmente se assemelham, em muitos aspectos, a nosso elaborado universo humano. O mundo e o comportamento de um organismo unicelular, por exemplo, o paramécio, são impressionantes e muito mais próximos daquilo que somos do que parece à primeira vista.

Também é tentador interpretar a equivalência proposta entre cérebro e mente como uma desconsideração do papel da cultura na geração da mente ou um rebaixamento do papel do esforço individual na moldagem da mente. Nada poderia estar mais longe de minha formulação, como se evidenciará.

Usando a quarta perspectiva, agora posso reformular algumas das afirmações anteriores de modo a levar em conta fatos da biologia evolucionária e incluir o cérebro: há milhões de anos que inúmeros seres possuem mentes ativas no *cérebro*, mas só depois que esse *cérebro* desenvolveu um protagonista capaz de testemunhar surgiu a consciência, rigorosamente falando, e só depois que esse *cérebro* desenvolveu linguagem tornou-se amplamente conhecida a existência de mentes. A testemunha é o algo mais que revela a presença dos fenômenos *cerebrais* implícitos que denominamos mentais. Entender como o cérebro produz esse algo mais, o protagonista que carregamos para todo lado e chamamos de self, ou de eu, é um objetivo importante da neurobiologia da consciência.

A ESTRUTURA

Antes de delinear a estrutura em que se pauta este livro, devo mencionar alguns fatos básicos. Organismos produzem mentes a partir da atividade de células especiais conhecidas como neurônios. Os neurônios têm muitas das características de outras células do nosso corpo, mas seu funcionamento é distinto. Eles são sensíveis a mudanças ao redor, são excitáveis (uma propriedade interessante que têm em comum com as células musculares). Graças a um prolongamento fibroso, conhecido como axônio, e à região terminal do axônio, chamada sinapse, os neurônios podem enviar sinais a outras células — outros neurônios, células musculares —, muitas das quais se encontram bem distantes. Grande parte dos neurônios concentra-se em um sistema nervoso central (o cérebro, para sermos concisos), mas enviam sinais ao corpo do organismo e também ao mundo exterior, e recebem sinais de ambos.

O número de neurônios em cada cérebro humano é da ordem dos bilhões, e os contatos sinápticos que os neurônios fazem entre si estão na casa dos trilhões. Os neurônios organizam-se em pequenos circuitos microscópicos cuja combinação forma circuitos progressivamente maiores, e estes por sua vez formam redes ou sistemas. No capítulo 2 e no apêndice há mais informações sobre os neurônios e a organização do cérebro.

A mente surge quando a atividade de pequenos circuitos organiza-se em grandes redes de modo a compor padrões momentâneos. Os padrões representam objetos e fenômenos situados fora do cérebro, no corpo ou no mundo exterior, mas alguns padrões também representam o processamento cerebral de outros padrões. O termo "mapa" aplica-se a todos esses padrões representativos, alguns dos quais são toscos enquanto outros são refinadíssimos; uns são concretos, outros, abstratos. Em suma, o cérebro mapeia o mundo ao redor e mapeia seu próprio funcionamento. Esses mapas são vivenciados como *imagens* em nossa mente, e o termo "imagem" refere-se não só às imagens do tipo visual, mas também às originadas de um dos nossos sentidos, por exemplo, as auditivas, as viscerais, as táteis.

Tratemos agora da estrutura propriamente dita. Usar o termo "teoria" para designar sugestões sobre como o cérebro produz esse ou aquele fenômeno é um tanto descabido. A menos que a escala seja suficientemente grande, a maior parte das teorias não passa de hipótese. O que se propõe neste livro, porém, é mais do que isso, pois aqui se articulam vários componentes hipotéticos para diferentes aspectos dos fenômenos que estou contemplando. O que esperamos explicar é demasiado complexo para ser estudado com base em uma única hipótese e ser justificado por um mecanismo. Por isso, resolvi usar o termo "estrutura" para nomear meu esforço.

Para merecer esse título pomposo, as ideias apresentadas no capítulo a seguir precisam atingir certos objetivos. Dado que desejamos entender como o cérebro torna a mente consciente, e uma vez que é manifestamente impossível lidar com todos os níveis de funcionamento cerebral ao montar uma explicação, a estrutura teórica tem de especificar o nível ao qual se aplica a explicação. Esse é o nível dos sistemas em grande escala, o nível em que as regiões cerebrais macroscópicas constituídas por circuitos de neurônios interagem com outras regiões congêneres formando sistemas. Necessariamente, esses sistemas são macroscópicos, mas conhecemos em parte a anatomia microscópica subjacente e as regras gerais de funcionamento dos neurônios que os constituem. O nível dos sistemas em grande escala presta-se a ser estudado por numerosas técnicas, antigas e novas. Entre elas, temos a versão moderna do método das lesões (baseada no estudo de pacientes neurológicos com lesões focais cerebrais através de neuroimageamento estrutural e técnicas cognitivas e neuropsicológicas experimentais), os estudos de neuroimagens funcionais (por meio de exames de ressonância magnética, tomografia por emissão de pósitrons, magnetoencefalografia e diversas técnicas eletrofisiológicas), o registro neurofisiológico direto de atividade neuronal no contexto de tratamentos neurocirúrgicos e a estimulação magnética transcraniana.

A estrutura deve interligar os fenômenos comportamentais, mentais e cerebrais. Neste segundo objetivo, a estrutura alinha intimamente o comportamento, a mente e o cérebro; e, como se baseia na biologia evolucionária, situa a consciência em um contexto histórico, adequado a organismos em transformação evolucionária pela seleção natural. Além disso, a maturação dos circuitos neuronais em cada cérebro é vista como sujeita a pressões de seleção resultantes da própria atividade dos organismos e dos processos de aprendizado. Com isso, mudam também os repertórios de circuitos neuronais inicialmente fornecidos pelo genoma.[16]

A estrutura indica a localização de regiões envolvidas na geração da mente, na escala do cérebro como um todo, e apresenta suposições sobre como certas regiões do cérebro poderiam operar em conjunto para produzir o self. Ela sugere como uma arquitetura cerebral que apresenta convergência e divergência de circuitos neuronais tem um papel na coordenação de ordem superior das imagens e é essencial para a construção do self e de outros aspectos da função mental: memória, imaginação, linguagem e criatividade.

A estrutura precisa decompor o fenômeno da consciência em componentes que se prestem ao estudo pela neurociência. O resultado são duas esferas de investigação possíveis: os processos mentais e os processos do self. Adicionalmente, ela decompõe o processo do self em dois subtipos. Essa última separação traz duas vantagens: presumir e investigar a consciência em espécies que provavelmente possuem processos do self, ainda que menos elaborados, e criar uma ponte entre os níveis superiores do self e o espaço sociocultural no qual os humanos atuam.

Outro objetivo: a estrutura tem de abordar a questão de como os macrofenômenos do sistema são construídos a partir de microfenômenos. Aqui a estrutura supõe uma equivalência entre os estados mentais e certos estados de atividade cerebral regional. Supõe que quando certos níveis de intensidade e frequência de atividade neuronal ocorrem em pequenos circuitos neurônicos, quando alguns desses circuitos são ativados sincronicamente e quando certas condições de conectividade de rede são atendidas, o resultado é uma "mente com sentimentos". Em outras palavras, como resultado do tamanho e da complexidade crescentes das redes neurais, existe um escalonamento da "cognição" e do "sentimento" do micronível ao macronível, através de hierarquias. Um modelo para esse escalonamento até uma mente com sentimento é a fisiologia do movimento. A contração de uma única célula muscular microscópica é um fenômeno insignificante, ao passo que a contração simultânea de um grande número de células musculares pode produzir movimento visível.

UMA PRÉVIA DAS IDEIAS PRINCIPAIS

I

Das ideias apresentadas neste livro, nenhuma é mais fundamental que a concepção de que o corpo é o alicerce da mente consciente. Sabemos que os aspectos mais estáveis do funcionamento do corpo são representados no cérebro em forma de mapas, contribuindo assim com imagens para a mente. Essa é a base da hipótese de que o tipo especial de imagens mentais do corpo produzidas nas estruturas cerebrais mapeadoras do corpo constitui o *protoself*, que prenuncia o self. Notavelmente, as estruturas cruciais de mapeamento corporal e de formação de imagens estão localizadas abaixo do nível do córtex cerebral, em uma região conhecida como tronco cerebral superior. Essa é uma parte antiga do cérebro, encontrada também em muitas outras espécies.

II

Outra ideia central tem por base o fato frequentemente desconsiderado de que as estruturas cerebrais do protoself não são meramente *referentes* ao corpo. Elas são *ligadas* ao corpo, em um sentido literal e de maneira inextricável. Especificamente, estão ligadas às partes do corpo que bombardeiam o cérebro com seus sinais, em todos os momentos, e são por sua vez bombardeadas pelo cérebro, criando assim uma alça ressonante [*resonant loop*]. Essa alça ressonante é perpétua, e somente se interrompe em casos de doenças cerebrais ou na morte. O corpo e o cérebro *ligam-se*. Em consequência dessa arquitetura, as estruturas do protoself têm uma relação direta e privilegiada com o corpo. As imagens que elas engendram referentes ao corpo são concebidas em circunstâncias diferentes das de outras imagens cerebrais, por exemplo, as visuais ou as auditivas. À luz desses fatos, o melhor modo de conceber o corpo é como a rocha sobre a qual se assenta o protoself, enquanto o protoself é o eixo em torno do qual gira a mente consciente.

III

Formulo a hipótese de que o primeiro e mais elementar produto do protosself são os *sentimentos primordiais*, que ocorrem de modo espontâneo e contínuo sempre que estamos acordados. Eles proporcionam uma experiência direta de nosso corpo vivo, sem palavras, sem adornos e ligada tão somente à pura existência. Esses *sentimentos primordiais* refletem o estado corrente do corpo em várias dimensões, por exemplo, na escala que vai da dor ao prazer, e se originam no nível do tronco cerebral, e não no córtex cerebral. Todos os sentimentos de emoções são variações musicais complexas de sentimentos primordiais.[17]

Na arquitetura funcional aqui delineada, dor e prazer são fenômenos corporais. Mas esses fenômenos são *também* mapeados em um cérebro que em momento algum está separado do corpo. Assim, os sentimentos primordiais são um tipo especial de imagem gerado graças a essa interação obrigatória entre corpo e cérebro, às características da circuitaria que faz a conexão e possivelmente a certas propriedades dos neurônios. Não basta dizer que os sentimentos são sentidos porque mapeiam o corpo. Minha hipótese é que, além de ter uma relação única com o corpo, o mecanismo do tronco cerebral responsável pela produção dos tipos de imagens que denominamos sentimentos é capaz de mesclar com grande refinamento os sinais do corpo e, assim, criar estados complexos com as especiais e revolucionárias propriedades dos sentimentos, em vez de, servilmente, apenas produzir mapas do corpo. A razão de também sentirmos imagens que não se referem a sentimentos é que elas normalmente são *acompanhadas* de sentimentos.

O que foi dito acima implica que é problemática a ideia de que existe uma nítida fronteira separando corpo e cérebro. Também sugere uma abordagem potencialmente profícua de um insistente problema: por que e como os estados mentais normais são invariavelmente imbuídos de alguma forma de sentimento?

IV

O cérebro começa a construir a mente consciente não no nível do córtex, mas no do tronco cerebral. Os sentimentos primordiais são não apenas as primeiras imagens geradas pelo cérebro, mas também manifestações imediatas de senciência. São a base do protosself para os níveis mais complexos do self. Essas ideias contradizem concepções amplamente aceitas, embora posições comparáveis tenham sido defendidas por Jaak Panksepp (já citado) e Rodolfo Llinás. Mas a mente consciente como a conhecemos é uma coisa muito distinta da mente consciente que surge no tronco cerebral, e nisso provavelmente o consenso é total. Os córtices cerebrais dotam o processo de geração da mente de uma profusão de imagens que, como diria Hamlet ao pobre Horácio, vão muito além do que sonha nossa vã filosofia.

A mente consciente começa quando o self brota na mente, quando o cérebro adiciona um processo do self aos demais ingredientes da mente, modestamente no início mas com grande força depois. O self é construído em passos distintos e tem seu alicerce no protosself. O primeiro passo é a geração de sentimentos primordiais, os sentimentos elementares de existência que surgem espontaneamente do protosself. O seguinte é o self central. O self central refere-se à ação — especificamente, às relações entre o organismo e os objetos. O self central manifesta-se em uma sequência de imagens que descrevem um objeto do qual o protosself está se ocupando e pelo qual o protosself, incluindo seus sentimentos primordiais, está sendo modificado. Finalmente, temos o self autobiográfico. Esse self é definido como o conhecimento biográfico relacionado ao passado e ao futuro antevisto. As múltiplas imagens que em conjunto definem uma biografia geram pulsos de self central, cujo agregado constitui o self autobiográfico.

O protosself, com seus sentimentos primordiais, e o self central constituem o "eu material". O self autobiográfico, cujas instâncias superiores englobam todos os aspectos da pessoa social de um indivíduo, constitui um "eu social" e um "eu espiritual". Podemos observar esses aspectos do self em nossa própria mente ou estudar seus efeitos no comportamento de outras pessoas. Mas, além disso, o self central e o self autobiográfico em nossa mente constroem um conhecedor; em outras palavras, dotam nossa mente de outra variedade de subjetividade. Para fins práticos, a consciência humana normal corresponde a um processo mental em que atuam todos esses níveis de self, dando a um número limitado de conteúdos mentais uma ligação momentânea com um pulso de self central.

v

O self e a consciência não *acontecem*, em níveis modestos ou robustos, em determinada área, região ou centro do cérebro. A mente consciente resulta da articulação fluente de vários, frequentemente numerosos, locais no cérebro. As principais estruturas cerebrais responsáveis por implementar os passos funcionais necessários incluem setores específicos do tronco cerebral superior, um conjunto de núcleos em uma região conhecida como tálamo e regiões específicas porém dispersas do córtex cerebral.

O produto final da consciência provém *desses* numerosos locais do cérebro ao mesmo tempo, e não de um local específico, do mesmo modo que a execução de uma obra sinfônica não resulta do trabalho de um único músico e nem mesmo de toda uma seção da orquestra. O mais curioso nos aspectos superiores da consciência é a notável ausência de um maestro *antes* de a execução ter início, embora surja um regente conforme a execução acontece. Para todos os efeitos, o maestro passa então a reger a orquestra, ainda que a execução tenha criado o maestro — o self —, e não o contrário. O maestro é gerado pela junção de sentimentos a um mecanismo de narrativa cerebral, embora nem por isso o maestro seja menos real. O maestro inegavelmente existe em nossa mente, e nada ganharíamos se o descartássemos como uma ilusão.

A coordenação da qual a mente consciente depende é obtida por vários meios. No modesto nível do self central, ela começa discretamente, como uma reunião espontânea de imagens que emergem uma após outra em rápida sucessão no tempo, de um lado a imagem de um objeto e de outro a imagem do protosself mudado pelo objeto. Não são necessárias estruturas cerebrais adicionais para o surgimento de um self central nesse nível simples. A coordenação é natural, lembra ora um dueto musical tocado pelo organismo e um objeto, ora um conjunto de música de câmara, e em ambos os casos a execução é bem satisfatória sem um maestro. Mas, quando os conteúdos processados na mente são mais numerosos, é preciso outros mecanismos para obter a coordenação. Neste caso, várias regiões nos córtices cerebrais e em nível inferior têm um papel essencial.

A construção de uma mente capaz de abranger o passado que já vivemos e o futuro que antevemos, com a vida de outros indivíduos adicionada a essa urdidura e, ainda por cima, dotada de capacidade de reflexão, é algo que lembra a execução de uma sinfonia de proporções mahlerianas. Mas a maravilha, a que aludi há pouco, é que a partitura e o maestro só se tornam realidade à medida que a vida acontece. Os coordenadores não são míticos homúnculos sapientes encarregados de interpretar qualquer coisa. E no entanto os coordenadores realmente ajudam na montagem de um extraordinário universo midiático e na colocação de um protagonista em tudo isso.

A grandiosa obra sinfônica que é a consciência engloba as contribuições fundamentais do tronco cerebral, eternamente ligado ao corpo, e do vastíssimo conjunto de imagens criado graças à cooperação entre o córtex cerebral e estruturas subcorticais, tudo harmoniosamente unido, em um incessante movimento só interrompido pelo sono, por anestesia, por disfunção cerebral ou pela morte.

Nenhum mecanismo isolado explica a consciência no cérebro, nenhum dispositivo, nenhuma região, característica ou truque pode produzi-la sem ajuda, do mesmo modo que uma sinfonia não pode ser tocada por um só músico, e nem mesmo por alguns poucos. Muitos são necessários. A contribuição de cada um é importante. Mas só o conjunto produz o resultado que procuramos explicar.

VI

Administrar e preservar eficientemente a vida são duas das proezas reconhecíveis da consciência. Pacientes neurológicos cuja consciência está comprometida são incapazes de gerir sua vida independentemente, mesmo quando suas funções vitais básicas estão normais. No entanto, mecanismos para administrar e preservar a vida não são novidade na evolução biológica, e também não dependem necessariamente da consciência. Tais mecanismos já existem em organismos unicelulares, codificados no genoma. Também são amplamente replicados em circuitos neuronais antiquíssimos, humildes, desprovidos de mente e de consciência, e estão arraigadamente presentes no cérebro humano. Veremos que administrar e preservar a vida é a premissa fundamental do valor biológico. O valor biológico influenciou a evolução de estruturas cerebrais, e em qualquer cérebro ele influencia quase todos os passos das operações. Ele se expressa de forma simples, como na liberação de moléculas químicas relacionadas a recompensa e punição, ou de forma elaborada, como em nossas emoções sociais e raciocínio complexo. O valor biológico guia e colore de maneira natural, por assim dizer, quase tudo que ocorre em nosso cérebro riquíssimo em mente e consciência. O valor biológico tem o status de um princípio.

Em resumo, a mente consciente emerge na história da regulação da vida. A regulação da vida, um processo dinâmico conhecido como homeostase, para sermos concisos, começa em seres vivos unicelulares, como uma célula bacteriana ou uma simples ameba, que não possuem cérebro mas são capazes de comportamento adaptativo. Ela progride em indivíduos cujo comportamento é gerido por um cérebro simples, como no caso dos vermes, e continua sua marcha em indivíduos cujo cérebro gera comportamento e mente (por exemplo, insetos e peixes). Quero crer que quando cérebros começam a gerar sentimentos primordiais — e isso pode acontecer bastante cedo na história evolucionária — os organismos adquirem uma forma primitiva de senciência. A partir de então, um processo do self organizado poderia desenvolver-se e ser adicionado à mente, fornecendo assim o princípio de uma elaborada mente consciente. Os répteis, por exemplo, competem por essa distinção, as aves são concorrentes ainda mais fortes, e os mamíferos ganham de longe.

A maioria das espécies cujo cérebro gera um self realiza esse feito no nível do self central. Os humanos possuem self central e self autobiográfico. Alguns mamíferos provavelmente também possuem ambos, como os lobos, os grandes símios nossos primos, mamíferos marinhos, elefantes, felinos e, é claro, a espécie fora de série que chamamos de cão doméstico.

VII

A marcha do progresso da mente não termina com o surgimento dos níveis modestos do self. Ao longo de toda a evolução dos mamíferos, especialmente dos primatas, a mente torna-se cada vez mais complexa, a memória e o raciocínio expandem-se em um grau notável e os processos do self ganham abrangência; o self central permanece, mas é gradualmente envolvido por um self autobiográfico, cujas naturezas neural e mental são muito diferentes das do self central. Passamos a ser capazes de usar parte do funcionamento de nossa mente para monitorar o funcionamento de outras partes. A mente consciente dos humanos, munida com esses tipos complexos de self e apoiada por capacidades ainda maiores de memória, raciocínio e linguagem, engendra os instrumentos da cultura e abre caminho para novos modos de homeostase nas esferas da sociedade e da cultura. Em um salto extraordinário, a homeostase adquire uma extensão no espaço sociocultural. Os sistemas judiciais, as organizações econômicas e políticas, a arte, a medicina e a tecnologia são exemplos dos novos mecanismos de regulação.

A impressionante redução da violência e o aumento da tolerância que se evidenciaram sobremaneira em séculos recentes não teriam ocorrido sem a homeostase sociocultural. E o mesmo se pode dizer da transição gradual do poder coercivo para o poder de persuasão que caracteriza os sistemas sociais e políticos avançados, não obstante suas falhas. A investigação da homeostase sociocultural pode pautar-se na psicologia e na neurociência, mas o espaço nativo desse fenômeno é cultural. Faz sentido dizer que quem estuda as decisões da Suprema Corte, as deliberações do Congresso ou o funcionamento de instituições financeiras está, indiretamente, estudando os vaivéns da homeostase sociocultural.

Tanto a homeostase básica, que é guiada de modo não consciente, como a homeostase sociocultural, criada e guiada por mentes conscientes reflexivas, atuam como zeladoras do valor biológico. A variedade básica e a sociocultural da homeostase estão separadas por bilhões de anos de evolução, e no entanto promovem o mesmo objetivo, a sobrevivência de organismos vivos, embora em diferentes nichos ecológicos. Esse objetivo é ampliado, no caso da homeostase sociocultural, e passa a abranger a busca *deliberada* do bem-estar. Nem é preciso dizer que o modo como o cérebro humano administra a vida requer as duas variedades de homeostase em contínua interação. Mas enquanto a variedade básica de homeostase é uma herança estabelecida, fornecida pelo genoma de cada um, a variedade sociocultural é um processo em desenvolvimento um tanto frágil, responsável por grande parte dos dramas, loucuras e esperanças humanas. A interação desses dois tipos de homeostase não se dá apenas em cada indivíduo. Há evidências crescentes de que, ao longo de muitas gerações, transformações culturais levam a mudanças no genoma.

VIII

Ver a mente consciente pela ótica da evolução, desde as formas de vida simples até os organismos complexos e hipercomplexos como o nosso, ajuda a naturalizar a mente e mostra que ela é resultado de um aumento progressivo da complexidade no idioma biológico.

Podemos conceber a consciência humana e as funções que ela possibilitou (linguagem, memória expandida, raciocínio, criatividade, todo o edifício cultural) como as zeladoras do valor nas criaturas modernas acentuadamente mentais e sociais que somos. E podemos imaginar um longo cordão umbilical ligando a mente consciente, ainda mal separada de suas origens e eternamente dependente delas, aos reguladores profundos, elementares e *inconscientes* do princípio do valor.

A história da consciência não pode ser contada de modo convencional. A consciência surgiu por causa do valor biológico, como auxiliar para que ele fosse administrado com mais eficácia. Mas a consciência não *inventou* o valor biológico nem o processo de valoração. Por fim, na mente humana, a consciência revelou o valor biológico e permitiu o desenvolvimento de novos caminhos e novos meios para administrá-lo.

A VIDA E A MENTE CONSCIENTE

Tem algum sentido dedicar um livro à questão de como o cérebro cria a mente consciente? É sensato indagar se entender o funcionamento do cérebro por trás da mente e do self tem alguma importância prática além de satisfazer nossa curiosidade sobre a natureza humana? Será que realmente isso faz diferença no nosso dia a dia? Por muitas razões, de maior ou menor importância, acho que sim. A ciência do cérebro e suas explicações não têm por objetivo fornecer a todos a satisfação que muitos extraem das artes ou de uma crença espiritual. Mas com certeza há outras compensações.

Entender as circunstâncias em que a mente consciente surgiu na história da vida, e mais especificamente como ela se desenvolveu na história humana, permite-nos julgar, talvez com mais sabedoria do que antes, a qualidade dos conhecimentos e conselhos que essa mente consciente nos fornece. São confiáveis esses conhecimentos? São sensatos esses conselhos? Há vantagem em entender os mecanismos por trás da mente que nos guia?

Elucidar os mecanismos neurais por trás da mente consciente revela que nosso self nem sempre é sensato e nem sempre está no controle de todas as decisões. Mas os fatos também nos autorizam a rejeitar a falsa impressão de que nossa faculdade de deliberar conscientemente é um mito. Elucidar os processos mentais conscientes e não conscientes aumenta a possibilidade de fortalecer nosso poder de deliberação. O self abre caminho para a deliberação e para a aventura da ciência, duas ferramentas específicas com as quais podemos contrabalançar toda a orientação enganosa do self desassistido.

Chegará o tempo em que a questão da responsabilidade humana, em termos morais gerais e nos assuntos da justiça e sua aplicação, levará em conta a ciência da consciência que hoje se desenvolve. Talvez essa hora tenha chegado. Com a ajuda da deliberação reflexiva e de ferramentas científicas, a compreensão da construção neural da mente consciente também adiciona uma dimensão útil à tarefa de investigar como se desenvolvem e se moldam as culturas, o supremo produto dos coletivos de mentes conscientes. Quando debatemos sobre os benefícios ou perigos de tendências culturais e de avanços como a revolução digital, pode ser útil ter informações sobre como nosso cérebro flexível cria a consciência. Por exemplo, será que a globalização progressiva da consciência humana ensejada pela revolução digital manterá os objetivos e princípios da homeostase básica, como faz a atual homeostase sociocultural? Ou será que ela se desprenderá desse cordão umbilical evolucionário, para o bem ou para o mal?[18]

Explicar a mente consciente pelas leis naturais e situá-la firmemente no cérebro não diminui o papel da cultura na construção dos seres humanos, não reduz a dignidade humana nem assinala o fim do mistério e da perplexidade. As culturas surgem e se desenvolvem graças a esforços coletivos de cérebros humanos, ao longo de muitas gerações, e algumas, inclusive, morrem no processo. Elas requerem cérebros que já tenham sido moldados por efeitos culturais prévios. A importância das culturas para a produção da mente humana moderna não está em questão. Tampouco a dignidade dessa mente humana é diminuída quando associada à assombrosa complexidade e beleza encontradas no interior de células e tecidos vivos. Ao contrário, ligar a pessoalidade à biologia é uma fonte inesgotável de admiração e respeito por tudo que é humano. Por fim, naturalizar a mente pode resolver um mistério, mas só servirá para erguer a cortina e mostrar outros mistérios que aguardam pacientemente a sua vez.

Situar a construção da mente consciente na história da biologia e da cultura abre caminho para conciliar o humanismo tradicional com a ciência moderna, e assim, quando a neurociência explora a experiência humana nos estranhos mundos da fisiologia do cérebro e da genética, a dignidade humana não só é mantida, mas reafirmada.

F. Scott Fitzgerald escreveu memoravelmente: "Quem inventou a consciência cometeu um grande pecado". Posso entender por que ele disse isso, mas sua condenação é apenas metade da história, apropriada a momentos de desalento diante das imperfeições da natureza que nossa mente consciente revela de modo tão flagrante. A outra metade da história deve ser ocupada com elogios por essa invenção, o instrumento para todas as criações e descobertas que trocam a perda e o pesar por alegria e celebração. O surgimento da consciência abriu o caminho para um modo de vida que vale a pena. Entender como ela surgiu só pode acentuar esse valor.[19]

Saber como o cérebro funciona tem alguma importância para o modo como vivemos nossa vida? A meu ver, importa muito, ainda mais se, além de sabermos quem atualmente somos, nos interessarmos pelo que podemos vir a ser.

2. Da regulação da vida ao valor biológico

A REALIDADE IMPLAUSÍVEL

Para Mark Twain, a grande diferença entre a ficção e a realidade era que a ficção tinha de ser acreditável. A realidade podia dar-se ao luxo de ser implausível; a ficção não. A narrativa sobre a mente e a consciência que apresento aqui não preenche os requisitos da ficção. Na verdade, ela é contraintuitiva. Destoa do modo humano tradicional de contar histórias. Nega repetidamente pressuposições arraigadas, sem falar em um bom número de aspirações. Mas nada disso a torna menos provável.

A ideia de que sob a mente consciente se escondem processos mentais inconscientes não é nova. Foi exposta pela primeira vez há mais de cem anos, recebida pelo público com certa surpresa, mas hoje é coisa batida. O que a maioria não compreende plenamente, embora esteja bem estabelecido, é que, muito antes de possuírem mente, os seres vivos já mostravam comportamentos eficientes e adaptativos que, para todos os efeitos, assemelhavam-se aos que surgem nas criaturas dotadas de mente e consciência.

Necessariamente, tais comportamentos *não* eram causados pela mente, muito menos pela consciência. Em resumo, o caso não é só que processos conscientes e não conscientes coexistem, mas que os processos não conscientes que são importantes para manter a vida podem existir sem seus parceiros conscientes.

No que diz respeito à mente e à consciência, a evolução ensejou diferentes tipos de cérebro. Há o tipo de cérebro que produz comportamento mas não parece possuir mente ou consciência; um exemplo é o sistema nervoso da *Aplysia californica*, uma lesma-do-mar que se tornou popular no laboratório do neurobiólogo Eric Kandel. Outro tipo produz a série inteira de fenômenos — comportamento, mente e consciência — e desse tipo o cérebro humano é obviamente o exemplo por excelência. E um terceiro tipo de cérebro claramente produz comportamento, talvez produza uma mente, mas não está tão claro se gera ou não uma consciência no sentido aqui exposto. É o caso dos insetos.

As surpresas não terminam com a ideia de que, na ausência de mente e consciência, cérebros podem produzir comportamentos dignos do nome. Acontece que seres vivos sem cérebro algum, inclusive unicelulares, também apresentam um comportamento aparentemente inteligente e deliberado. E esse também é um fato ao qual não se dá a devida atenção.

Não há dúvida de que podemos ter vislumbres úteis do modo como o cérebro humano produz a mente consciente se compreendermos os cérebros mais simples que não produzem mente nem consciência. Conforme embarcamos nesse estudo retrospectivo, porém, evidencia-se que para explicar o surgimento de cérebros em tempos tão remotos precisamos retroceder ainda mais no passado, voltar ainda mais ao mundo das formas de vida simples, desprovidas não só de consciência e de mente, *mas também* de cérebro. De fato, se queremos descobrir os fundamentos do cérebro consciente, temos de nos aproximar dos princípios da vida. E aqui, novamente, deparamos com noções que não apenas são surpreendentes, mas que derrubam as pressuposições comuns acerca das contribuições do cérebro, da mente e da consciência para a gestão da vida.

VONTADE NATURAL

Precisamos novamente de uma fábula. Era uma vez, na longa história da evolução, o momento em que a primeira forma de vida surgiu. Aconteceu há 3,8 bilhões de anos o aparecimento desse ancestral de todos os futuros organismos. Cerca de 2 bilhões de anos depois, quando colônias bem-sucedidas de bactérias individuais deviam parecer as donas do planeta, chegou a vez dos organismos unicelulares dotados de núcleo. As bactérias também eram organismos individuais, mas seu DNA não se aglutinara em um núcleo. Os organismos unicelulares com núcleo eram um degrau acima. Essas formas de vida são conhecidas tecnicamente como células eucarióticas, e pertencem a um grande grupo de organismos, os protozoários. No alvorecer da vida, tais células foram alguns dos primeiros organismos verdadeiramente independentes. Cada uma podia sobreviver individualmente sem parcerias simbióticas. Esses organismos simples ainda continuam por aqui. A ativa ameba é um bom exemplo, assim como o admirável paramécio.[1]

Um organismo unicelular possui uma estrutura corporal (o citoesqueleto) dentro da qual existe um núcleo (a central de comando que abriga o DNA da célula) e um citoplasma (onde a transformação de combustível em energia ocorre sob o controle de organelas como as mitocôndrias). Um corpo é demarcado pela pele, e a célula tem a sua, uma fronteira entre seu interior e o mundo exterior. Chama-se membrana celular.

Em muitos aspectos, um organismo unicelular é uma amostra do que um organismo independente como o nosso viria a ser. Podemos vê-lo como uma espécie de abstração caricaturesca daquilo que somos. O citoesqueleto é a armação que sustenta o corpo propriamente dito, assim como o esqueleto ósseo é a nossa. O citoplasma corresponde ao interior do corpo, com todos os órgãos. O núcleo é o equivalente do cérebro. A membrana celular é o equivalente da pele. Algumas dessas células possuem inclusive o equivalente dos membros: os cílios, cujos movimentos combinados permitem que elas nadem.

Os componentes separados da célula eucariótica reuniram-se por meio da cooperação entre seres individuais mais simples: bactérias que deixaram sua condição independente e se tornaram parte de um novo e conveniente agregado. Um certo tipo de bactéria originou as mitocôndrias; outro tipo, como as espiroquetas, contribuiu com o citoesqueleto e com os cílios para aquelas que gostavam de nadar, e assim por diante.[2] O assombroso é que cada um dos organismos multicelulares da nossa história foi montado de acordo com essa mesma estratégia básica, agregando bilhões de células para constituir tecidos, reunindo diferentes tipos de tecido para constituir órgãos e ligando diferentes órgãos para formar sistemas. Exemplos de tecido são o epitélio, o revestimento das mucosas e as glândulas endócrinas, o tecido muscular, o tecido nervoso ou neural e o tecido conjuntivo, que mantém todos eles no lugar. Exemplos de órgãos são óbvios: coração, intestinos, cérebro. Entre os exemplos de sistema, temos o formado por coração, sangue e vasos sanguíneos (sistema circulatório), o sistema imunológico e o sistema nervoso. Em consequência desse arranjo cooperativo, nossos organismos são combinações altamente diferenciadas de trilhões de células de vários tipos, entre as quais se incluem, obviamente, os neurônios, os mais distintos constituintes do cérebro. Logo voltaremos a falar de neurônios e cérebros.

A principal diferença entre as células encontradas em organismos multicelulares (ou metazoários) e as células dos organismos unicelulares é que, enquanto estes últimos precisam sobreviver por conta própria, as células que constituem os organismos multicelulares vivem em sociedades muito complexas e diversificadas. Várias tarefas que as células de organismos unicelulares precisam executar sozinhas ficam a cargo de tipos especiais de células nos organismos multicelulares. A organização geral é comparável à variedade de papéis funcionais que cada organismo unicelular desempenha em sua estrutura. Os organismos multicelulares são feitos de múltiplas células organizadas cooperativamente, que surgiram da combinação de organismos individuais ainda menores. A economia de um organismo multicelular tem muitos setores, e as células dentro desses setores cooperam. Se isso lembra algo, faz pensar em sociedades humanas, é porque deve. As semelhanças são impressionantes.

O governo de um organismo multicelular é altamente descentralizado, embora possua centros de liderança com poderes avançados de análise e decisão, como o sistema endócrino e o cérebro. Ainda assim, com raras exceções, todas as células dos organismos multicelulares, inclusive as nossas, têm os mesmos componentes dos organismos unicelulares — membrana, citoesqueleto, citoplasma, núcleo. (Os glóbulos vermelhos, cuja breve vida de 120 dias é devotada ao transporte da hemoglobina, são a exceção: não têm núcleo.) Além disso, todas essas células têm um ciclo de vida comparável ao de um organismo grande: nascimento, desenvolvimento, senescência, morte. A vida de um organismo humano individual é construída com multidões de vidas simultâneas e bem articuladas.

Por mais simples que tenham sido e sejam, os organismos unicelulares tinham o que parece ser uma determinação inabalável e decisiva de se manter vivos por todo o tempo ordenado pelos genes existentes em seu núcleo microscópico. O governo de sua vida incluía uma teimosa insistência em permanecer, resistir e prevalecer até o tempo em que alguns dos genes no núcleo suspendessem a vontade de viver e permitissem a morte da célula.

Sei que é difícil imaginar as noções de "desejo" e "vontade" aplicadas a um organismo unicelular. Como é que atitudes e intenções que associamos à mente humana consciente, e que nossa intuição nos diz resultarem do funcionamento do enorme cérebro humano, podem estar presentes em um nível tão elementar? Mas o fato é que estão presentes, seja qual for o nome que se queira dar a essas características do comportamento celular.[3]

Desprovido de conhecimento consciente, sem acesso aos intricados mecanismos de deliberação disponíveis a nosso cérebro, o organismo unicelular parece ter uma atitude: quer viver tanto quanto sua dotação genética lhe permite. Por mais que nos cause estranheza, esse ímpeto, com tudo o que é necessário para implementá-lo, *precede* o conhecimento explícito e a deliberação sobre as condições de vida, uma vez que o organismo claramente não os possui. O núcleo e o citoplasma interagem e executam complexas computações voltadas para a manutenção da vida da célula. Lidam com os problemas que as condições de vida lhes impõem a cada momento e adaptam a célula às situações de modo que ela consiga sobreviver. Dependendo das condições do ambiente, rearranjam a posição e a distribuição das moléculas em seu interior e mudam a forma de seus subcomponentes, como os microtúbulos, numa espantosa demonstração de precisão. Além disso, reagem às dificuldades e às condições favoráveis. Obviamente, os componentes da célula responsáveis por esses ajustes adaptativos são dispostos e instruídos pelo material genético da célula.

É comum cairmos na armadilha de ver nosso grande cérebro e nossa complexa mente consciente como os responsáveis por atitudes, intenções e estratégias por trás de nossa sofisticada gestão da vida. Por que não deveríamos? É um modo razoável e parcimonioso de conceber a história desses processos, se visto do topo da pirâmide e a partir das circunstâncias presentes. Mas a realidade é que a mente consciente apenas tornou o know-how básico da gestão da vida *conhecível*. Como veremos, as contribuições decisivas da mente consciente para a evolução são dadas em um nível muito superior; relacionam-se às tomadas de decisão off-line, deliberadas, e às criações culturais. Não estou, de modo algum, minimizando a importância desse nível superior de gestão. Na verdade, uma das principais ideias deste livro é que a mente humana consciente levou a evolução por um novo curso precisamente porque nos proporcionou escolhas, possibilitou uma regulação sociocultural relativamente flexível além daquela complexa organização social que vemos tão espetacularmente, por exemplo, nos insetos sociais. O que estou fazendo é inverter a sequência narrativa da explicação tradicional da consciência, dizendo que o conhecimento oculto da gestão da vida *precedeu* a experiência consciente desse tipo de conhecimento. Também afirmo que o conhecimento oculto é altamente complexo e não deve ser considerado primitivo. Sua complexidade é colossal, e sua aparente inteligência, notável.

Sem menosprezar a consciência, certamente enalteço a gestão não consciente da vida e suponho que ela constitui o gabarito para as atitudes e intenções da mente consciente.

Cada célula do nosso corpo tem o tipo de atitude não consciente que acabo de descrever. Será que o nosso muito humano desejo de viver, nossa vontade de prevalecer, começou como um agregado das incipientes vontades de todas as células do nosso corpo, uma voz coletiva libertada num canto de afirmação?

A ideia de um grande coletivo de vontades expresso em uma só voz não é mera fantasia poética. Ela se vincula à realidade do nosso organismo, onde essa voz única existe de fato, sob a forma do *self* no cérebro consciente. Mas como é que as vontades das células e seus coletivos, desprovidos como são de cérebro e mente, se transferem para o self da mente consciente originada no cérebro? Para que isso aconteça, precisamos introduzir em nossa narrativa um personagem radical que vai mudar o enredo: a célula nervosa, ou neurônio.

Os neurônios, até onde podemos compreendê-los, são células únicas, de um tipo distinto das outras células corporais, diferentes inclusive de outros tipos de célula cerebral, como as gliais. O que torna os neurônios tão singulares e especiais? Afinal, eles também não têm um corpo celular com núcleo, citoplasma e membrana? Também não rearranjam internamente suas moléculas como fazem as outras células do corpo? Também não se adaptam ao meio? Sim, de fato tudo isso é verdade. Os neurônios são, em tudo e por tudo, células do corpo, e no entanto também são especiais.

Para explicar por que os neurônios são especiais, devemos considerar uma diferença funcional e uma diferença estratégica. A diferença funcional essencial está relacionada à capacidade dos neurônios de produzir sinais eletroquímicos capazes de mudar o estado de outras células. Os neurônios não inventaram os sinais elétricos. Organismos unicelulares como os paramécios, por exemplo, também podem produzi-los e usá-los para governar seu comportamento. Mas os neurônios usam seus sinais para influenciar outras células: outros neurônios, células endócrinas (que secretam moléculas químicas) e células de fibras musculares. Mudar a condição de outras células, para começar, é justamente a fonte da atividade que constitui e regula o comportamento e que por fim também contribui para produzir a mente. Os neurônios são capazes dessa proeza porque produzem e propagam uma corrente elétrica ao longo de seus prolongamentos tubulares, os axônios. Às vezes essa transmissão percorre distâncias que podem ser vistas a olho nu, como quando sinais viajam por muitos centímetros ao longo de axônios de neurônios do nosso córtex motor ao tronco cerebral, ou da medula espinhal à extremidade de um membro. Quando a corrente elétrica chega à extremidade do neurônio, chamada sinapse, causa a liberação de uma molécula química, um transmissor, que por sua vez atua sobre a célula subsequente na cadeia. Quando essa célula subsequente é uma fibra muscular, ocorre movimento.[4]

Não é mais nenhum mistério o modo como os neurônios fazem isso. Como outras células do corpo, eles têm cargas elétricas dentro e fora de suas membranas. As cargas resultam da concentração de íons, como sódio ou potássio, dos dois lados da parede. Mas os neurônios aproveitam-se da capacidade de criar grandes diferenças de carga em seu interior e em seu exterior — o estado de polarização. Quando essa diferença é drasticamente reduzida em um ponto da célula, a membrana se despolariza nesse local, e a despolarização avança como uma onda pelo axônio. Essa onda é o impulso elétrico. Quando neurônios se despolarizam, dizemos que estão "ativados". Em suma, os neurônios são como as outras células, só que podem enviar sinais influentes para as outras células e, assim, modificar o que elas fazem.

A diferença funcional acima é responsável por uma diferença estratégica fundamental: *os neurônios existem em benefício de todas as outras células do corpo*. Os neurônios não são essenciais para o processo básico da vida, como demonstram facilmente todos os outros seres vivos desprovidos deles. Mas, em seres complexos com muitas células, os neurônios *assistem* o corpo multicelular como um todo na gestão da vida. Esse é o propósito dos neurônios e o propósito do cérebro que eles constituem. Todas as impressionantes façanhas do cérebro que tanto reverenciamos, das maravilhas da criatividade às sublimes alturas da espiritualidade, parecem ter como fonte essa determinada dedicação à gestão da vida do corpo que ele habita.

Mesmo em cérebros modestos, feitos de redes de neurônios organizadas em gânglios, os neurônios assistem outras células do corpo. Fazem isso recebendo sinais de células do corpo e promovendo a liberação de moléculas químicas (como no caso de um hormônio secretado por uma célula endócrina que chega às células do corpo e muda suas funções) ou possibilitando a ocorrência de movimentos (excitam as fibras musculares e provocam sua contração). Mas, nos seres de cérebro elaborado, redes de neurônios finalmente passaram a imitar a estrutura de partes do corpo ao qual pertencem. Acabaram *representando* o estado do corpo, literalmente mapeando o corpo para o qual trabalham e constituindo uma espécie de substituto virtual, um dublê neural. É importante notar que eles permanecem por toda a vida conectados ao corpo que imitam. Como veremos, imitar o corpo e permanecer conectado a ele é muito útil à função de gerir a vida.

Em suma, o "tema" dos neurônios é o corpo, e essa incessante referência ["*aboutness*", na linguagem da teoria da informação] ao corpo é a característica distintiva dos neurônios, dos circuitos neuronais e do cérebro. A meu ver, essa referência perpétua é a razão pela qual a vontade de viver oculta nas células do nosso corpo pôde um dia traduzir-se em uma vontade consciente surgida na mente. As vontades ocultas, celulares, passaram a ser imitadas por circuitos cerebrais. Curiosamente, o fato de que o corpo é o tema dos neurônios e do cérebro também sugere o modo como o mundo externo poderia ser mapeado no cérebro e na mente. Como explicarei na parte II, para que o cérebro mapeie o mundo externo ao corpo, precisa da mediação deste. Quando o corpo interage com seu ambiente, ocorrem mudanças nos órgãos dos sentidos, como nos olhos, nos ouvidos e na pele; o cérebro mapeia essas mudanças, e assim o mundo externo ao corpo adquire indiretamente alguma forma de representação dentro do cérebro.

Concluindo esse hino à particularidade e glória dos neurônios, acrescentarei uma observação sobre sua origem para que não fiquem muito cheios de si. Na evolução, é provável que os neurônios sejam originários de células eucarióticas que comumente mudavam de forma e produziam extensões tubulares de seu corpo conforme se moviam, sondando seu ambiente, incorporando alimentos, tratando da vida. Os pseudópodos de uma ameba dão uma ideia do processo. Os prolongamentos tubulares, que são criados na hora por reorganizações dos microtúbulos, desmancham-se assim que a célula termina sua tarefa. Mas, quando prolongamentos temporários como esses se tornaram permanentes, transformaram-se nos componentes tubulares pelos quais os neurônios se distinguem: os axônios e os dendritos. Nasceu uma coleção estável de cabos e antenas, ideal para emitir e receber sinais.[5]

Por que isso é importante? Porque, embora o funcionamento dos neurônios seja muito distinto e tenha aberto o caminho para o comportamento complexo e a mente, os neurônios mantiveram um parentesco próximo com outras células do corpo. Apenas ver os neurônios e os cérebros que eles constituem como células radicalmente diferentes, sem levar em conta suas origens, traz o risco de separarmos o cérebro do corpo mais do que seria justificável tendo em conta sua genealogia e funcionamento. Desconfio que boa parte da perplexidade com o surgimento de estados de sentimento no cérebro deriva de não se dar a devida importância à relação íntima do cérebro com o corpo.

Cabe ainda fazer mais uma distinção entre os neurônios e outras células do corpo. Pelo que sabemos, os neurônios não se reproduzem — ou seja, não se dividem. Tampouco se regeneram, ou pelo menos não em um grau significativo. Praticamente todas as demais células do corpo fazem isso, embora as células do cristalino nos olhos e as células das fibras musculares do coração sejam exceções. Não seria nada conveniente essas células se dividirem. Se as células da retina se dividissem, a transparência do meio provavelmente seria afetada durante o processo. Se as células cardíacas se dividissem (mesmo que fosse um setor por vez, como numa reforma bem planejada de uma casa), a ação de bombeamento do coração ficaria gravemente comprometida, como ocorre quando um infarto do miocárdio incapacita um setor do coração e perturba a coordenação fina das câmaras. E quanto ao cérebro? Embora não tenhamos o conhecimento completo de como os circuitos neuronais mantêm memórias, uma divisão de neurônios provavelmente perturbaria os registros de toda uma vida de experiências que, pelo aprendizado, foram inscritas nesses neurônios em padrões específicos de disparos nos seus circuitos complexos. Pela mesma razão, uma divisão também perturbaria o refinado know-how que logo de saída nosso genoma imprimiu nos circuitos, o know-how que diz ao cérebro como coordenar as operações da vida. Uma divisão de neurônios poderia acarretar o fim da regulação da vida específica da espécie e possivelmente não permitiria o desenvolvimento da individualidade comportamental e mental, muito menos da identidade e pessoalidade. Podemos perceber quanto é plausível esse cenário observando as consequências conhecidas de lesão em certos circuitos neuronais em pacientes que sofreram acidente vascular ou doença de Alzheimer.

Na maioria das outras células do nosso corpo, a divisão é acentuadamente sistematizada, para não comprometer a arquitetura dos diversos órgãos e a arquitetura geral do organismo. Há um *Bauplan* a ser seguido. Ao longo de todo o período de vida, ocorre uma contínua *restauração*, em vez de uma remodelação propriamente dita. Não, nós não derrubamos as paredes na casa do nosso corpo, e também não construímos uma nova cozinha, nem acrescentamos um quarto de hóspedes. A restauração é muito sutil e bastante meticulosa. Por boa parte da nossa vida, a substituição de células se dá com tanta perfeição que até nossa aparência permanece igual. Mas, quando consideramos os efeitos do envelhecimento sobre a aparência exterior do nosso organismo ou sobre o funcionamento do nosso sistema interno, percebemos que as substituições vão sendo cada vez menos perfeitas. As coisas não ficam exatamente no mesmo lugar. A pele do rosto envelhece, os músculos perdem a rigidez, a gravidade intervém, os órgãos podem não funcionar tão bem. Chega a hora de entrarem em cena o cirurgião plástico e o clínico geral.

A MANUTENÇÃO DA VIDA

De que uma célula precisa para se manter viva? Em termos bem simples, ela precisa de uma casa bem administrada e de boas relações externas, vale dizer, uma boa gestão dos inúmeros problemas que a vida lhe apresenta. A vida, em um organismo unicelular e em criaturas maiores com trilhões de células, requer a transformação de nutrientes apropriados em energia, e isso, por sua vez, exige a capacidade de resolver diversos problemas: encontrar produtos fornecedores de energia, introduzi-los no corpo, convertê-los na moeda universal de energia conhecida como ATP, eliminar os resíduos e usar a energia em tudo o que o corpo requer para dar continuidade a essa mesma rotina de encontrar o material certo, incorporá-lo, e assim por diante. Obter nutrientes, consumi-los, digeri-los e permitir que forneçam energia ao organismo — são essas as tarefas da humilde célula.

A mecânica da gestão da vida é crucial em virtude de sua dificuldade. A vida é um estado precário, possível apenas quando numerosas condições são atendidas simultaneamente no interior do corpo. Por exemplo, em organismos como o nosso, a quantidade de oxigênio e CO_2 só pode variar dentro de uma faixa bem estreita, e o mesmo vale para a acidez do caldo no qual todo tipo de molécula química viaja de célula em célula (o pH). Isso também se aplica à temperatura, cujas variações notamos intensamente quando temos febre ou, mais comumente, quando reclamamos que está calor ou frio demais; também se aplica à quantidade de nutrientes fundamentais em circulação — açúcares, gorduras, proteínas. Sentimos desconforto quando as variações se afastam da estreita faixa conveniente e ficamos nervosos se passamos muito tempo sem fazer nada para remediar a situação. Esses estados mentais e comportamentos são sinais de que as ferrenhas regras da regulação da vida estão sendo transgredidas; são lembretes mandados lá dos confins do nosso processamento não consciente à vida mental e consciente para que tratemos de encontrar uma solução razoável, pois a situação não pode mais ser gerida por mecanismos automáticos, não conscientes.

Quando medimos cada um desses parâmetros e lhes atribuímos números, descobrimos que a faixa em que normalmente variam é minúscula. Em outras palavras, a vida requer que o corpo mantenha a todo custo um conjunto de *faixas* de parâmetros para dezenas de componentes em seu interior dinâmico. Todas as operações de gestão a que já aludi — encontrar fontes de energia, incorporar e transformar produtos fornecedores de energia etc. — destinam-se a manter os parâmetros químicos do interior de um corpo (seu meio interno) dentro da mágica faixa compatível com a vida. Essa faixa mágica é conhecida como homeostática, e o processo de obtenção desse estado equilibrado chama-se *homeostase*. Esses termos não muito elegantes foram cunhados no século XX pelo fisiologista Walter Cannon. Ele desenvolveu as descobertas feitas no século XIX pelo biólogo francês Claude Bernard, que cunhara o termo mais simpático "*milieu intérieur*" (meio interno), a sopa química na qual a luta pela vida acontece, ininterrupta mas oculta. Lamentavelmente, embora os fundamentos da regulação da vida (o processo da homeostase) já sejam conhecidos há mais de um século e aplicados no cotidiano da biologia geral e da medicina, sua importância mais profunda para a neurobiologia e a psicologia ainda não foi apreciada como devido.[6]

AS ORIGENS DA HOMEOSTASE

Como foi que a homeostase se instalou em organismos inteiros? Como os organismos unicelulares adquiriram sua arquitetura de regulação da vida? Para examinar uma questão desse tipo, precisamos recorrer a uma forma problemática de engenharia reversa, uma tarefa que nunca é fácil, pois passamos a maior parte da nossa história científica pensando da perspectiva de organismos inteiros, e não da perspectiva das moléculas e dos genes com os quais os organismos principiaram.

O fato de a homeostase ter começado inadvertidamente, no nível dos organismos sem consciência, mente ou cérebro, traz a questão de onde e como a intenção homeostática se instalou na história da vida. Essa questão nos conduz dos organismos unicelulares para os genes, e daí para as moléculas simples, mais simples ainda que o DNA e o RNA. A intenção homeostática pode surgir a partir desses níveis simples e até estar relacionada aos processos físicos básicos que governam a interação de moléculas — por exemplo, as forças com as quais duas moléculas se atraem ou se repelem, ou se combinam de modo construtivo ou destrutivo. As moléculas repelem ou atraem; unem-se e interagem explosivamente, ou se recusam a fazê-lo.

No que diz respeito aos organismos, evidentemente as redes

de genes resultantes da seleção natural foram responsáveis por dotá-los da capacidade homeostática. Que tipo de conhecimento as redes de genes possuíam (e possuem) para ser capazes de transmitir instruções tão sagazes aos organismos que elas originaram? Qual é a origem do valor — a "primitiva" — quando vamos abaixo do nível dos tecidos e das células e chegamos ao dos genes? Talvez o necessário seja uma ordenação específica de informações genéticas. No nível das redes de genes, a primitiva do valor consistiria em uma ordenação da expressão gênica que resultasse na construção de organismos "homeostaticamente competentes".

Entretanto, respostas mais simples têm de ser buscadas em níveis ainda mais simples. Existem debates importantes sobre como o processo de seleção natural atuou para produzir o cérebro humano de que hoje desfrutamos. Será que a seleção natural atuou no nível dos genes, no nível de organismos inteiros, no de grupos de indivíduos ou todas as anteriores? Mas da perspectiva dos genes, e para que eles sobrevivessem no decorrer das gerações, as redes gênicas tiveram de construir organismos perecíveis e no entanto bem-sucedidos que lhes servissem de veículo. E, para que os organismos se comportassem desse modo tão bem-sucedido, foi preciso que genes tenham guiado sua montagem com algumas instruções essenciais.

Boa parte dessas instruções tratou, sem dúvida, da construção de mecanismos capazes de conduzir com eficiência a regulação da vida. Os mecanismos recém-montados determinavam a distribuição de recompensas, a aplicação de punições e a predição de situações que o organismo enfrentaria. Em suma, instruções gênicas levaram à construção de mecanismos capazes de executar o que, em organismos complexos como o nosso, veio a florescer sob a forma de emoções, no sentido amplo do termo. O protótipo desses mecanismos se fez presente primeiro em organismos sem cérebro, mente ou consciência — os organismos unicelulares que já mencionamos; contudo, os mecanismos reguladores atingiram a máxima complexidade em organismos possuidores dos três: cérebro, mente e consciência.[7]

A homeostase é suficiente para garantir a sobrevivência? Na verdade não, pois tentar corrigir desequilíbrios homeostáticos depois de iniciados é ineficaz e arriscado. A evolução deu um jeito nesse problema introduzindo mecanismos para permitir aos organismos prever esses desequilíbrios e motivar a exploração de ambientes que provavelmente oferecem soluções.

CÉLULAS, ORGANISMOS MULTICELULARES E MÁQUINAS

As células e os organismos multicelulares têm várias características em comum com as máquinas. Tanto nos organismos vivos como nas máquinas projetadas pelo homem, a atividade visa a um objetivo, é composta de processos, os processos são executados por partes anatômicas distintas que executam subtarefas, e assim por diante. A semelhança é bem sugestiva e está por trás das metáforas de mão dupla com as quais descrevemos seres vivos e máquinas. Falamos do coração como uma bomba, descrevemos a circulação do sangue como um encanamento, referimo-nos à ação dos membros como alavancas, e assim por diante. Analogamente, quando pensamos em uma operação indispensável numa máquina complexa, nós a chamamos de "o coração" da máquina, e aludimos aos mecanismos controladores dessa máquina como seu "cérebro". Máquinas que funcionam de modo imprevisível são tachadas de "temperamentais". Esse modo de pensar, em geral bem ilustrativo, também é responsável pela menos útil ideia de que o cérebro é um computador digital, e a mente, uma espécie de software a ser rodado nesse computador. Mas o verdadeiro problema dessas metáforas está em desconsiderarem as condições fundamentalmente diferentes dos *componentes materiais* dos organismos vivos e das máquinas. Compare uma maravilha do design moderno — o Boeing 777 — com um exemplar de qualquer organismo vivo, pequeno ou grande. Algumas semelhanças podem ser facilmente identificadas: centros de comando na forma de computadores na cabine do piloto, canais de informações diretas [*feedforward*] para esses computadores, canais de feedback reguladores para as periferias, uma espécie de metabolismo presente no fato de que as máquinas se alimentam de combustível e transformam energia, e assim por diante. No entanto, persiste uma diferença fundamental: qualquer organismo vivo é naturalmente equipado com regras e mecanismos homeostáticos globais; em caso de pane, o corpo do organismo vivo morre; ainda mais importante é que *cada* componente do corpo do organismo vivo (e com isso quero dizer cada célula) é, em si, um organismo vivo, equipado pela natureza com suas próprias regras e mecanismos homeostáticos, sujeito ao mesmo risco de perecer em caso de pane. A estrutura do esplêndido 777 não possui nada comparável desde sua fuselagem de liga metálica até os materiais que compõem seus quilômetros de fiação e seu encanamento hidráulico. O avançado "homeostato" do 777, compartilhado por seu banco de computadores de bordo inteligentes e pelos dois pilotos necessários para conduzir o aparelho, destina-se a preservar sua estrutura inteira, e não seus subcomponentes físicos nos níveis micro e macro.

VALOR BIOLÓGICO

A meu ver, o que todo ser vivo possui de mais essencial, em qualquer momento, é o equilibrado conjunto de substâncias químicas corporais compatíveis com uma vida sadia. Ele se aplica igualmente a uma ameba e a um ser humano, e tudo o mais decorre dele. Sua importância é imensurável.

A noção de valor biológico é onipresente no pensamento moderno sobre o cérebro e a mente. Todos temos uma ideia, ou talvez várias, sobre o que significa a palavra "valor", mas e quanto ao *valor biológico*? Consideremos algumas outras questões: por que atribuímos um valor a praticamente tudo o que nos cerca — comidas, casas, ouro, joias, pinturas, ações, serviços e até outras pessoas? Por que todo mundo passa tanto tempo calculando ganhos e perdas em relação a essas coisas? Por que as coisas trazem uma etiqueta de preço? Por que essa incessante valoração? E quais são os padrões para medir o valor? À primeira vista, poderia parecer que tais questões não têm cabimento em uma conversa sobre cérebro, mente e consciência. Mas na verdade têm, e, como veremos, a noção de valor é fundamental para nossa compreensão da evolução e desenvolvimento do cérebro e da atividade cerebral que ocorre a cada momento.

Das questões acima, só a que indaga por que as coisas trazem uma etiqueta de preço tem uma resposta razoavelmente direta. Coisas indispensáveis e coisas que são difíceis de obter, em virtude de uma grande demanda ou de relativa raridade, têm um custo maior. Mas por que precisam de um preço? Ora, não há o bastante de tudo para que todos tenham um pouco; estabelecer um preço é um meio de governar o muito real descompasso entre o item que está disponível e a demanda. O apreçamento introduz a restrição e cria algum tipo de ordem no acesso aos itens. Mas por que não existe o bastante de tudo para todos? Uma razão está na distribuição desigual das necessidades. Certos itens são muito necessários, outros, menos, alguns nem um pouco. Apenas quando introduzimos a noção de necessidade chegamos, finalmente, ao ponto crucial do valor biológico: a questão de um indivíduo lutando para se manter vivo e as necessidades imperativas que surgem nessa luta. Mas a questão de por que, antes de tudo, atribuímos valor ou que padrão de medida escolhemos nessa valoração requer um exame do problema da manutenção da vida e suas necessidades indispensáveis. No que diz respeito ao ser humano, manter a vida é apenas parte de um problema maior, mas fiquemos só com a sobrevivência para começar.

Até hoje, a neurociência lida com esse conjunto de questões seguindo um curioso atalho. Identificou várias moléculas químicas que se relacionam, de um modo ou de outro, a estados de recompensa ou punição, e assim, por extensão, são associadas a valor. O leitor sem dúvida já ouviu falar de algumas das moléculas mais conhecidas: dopamina, norepinefrina, serotonina, cortisol, oxitocina, vasopressina. A neurociência também identificou alguns núcleos cerebrais que produzem essas moléculas e as enviam para outras partes do cérebro e do corpo. (Núcleos cerebrais são conjuntos de neurônios localizados abaixo do córtex, no tronco cerebral, hipotálamo e prosencéfalo basal; não devem ser confundidos com os núcleos no interior das células eucarióticas, que são simples bolsas onde está guardada a maior parte do DNA da célula.)[8]

A complicada mecânica neural das moléculas de "valor" é um tema importante que muitos estudiosos da neurociência estão empenhados em desvendar. O que impele os núcleos a liberar tais moléculas? Onde exatamente elas são liberadas no cérebro e no corpo? O que sua liberação produz? Algumas discussões sobre os fascinantes fatos recém-descobertos tratam insuficientemente da questão central: *onde está o motor dos sistemas de valor? Qual é a primitiva biológica do valor?* Em outras palavras, de onde sai o ímpeto desse complexo mecanismo? Por que, afinal, ele teve início? Por que veio a ser como é?

Sem dúvida, as populares moléculas e seus núcleos de origem são partes importantes do maquinário do valor. Mas não constituem a resposta às questões feitas acima. A meu ver, o valor é indelevelmente ligado à necessidade, e esta, à vida. As valorações que estabelecemos nas atividades sociais e culturais cotidianas têm uma relação direta ou indireta com a homeostase. Essa ligação explica por que a circuitaria cerebral humana é tão prodigamente dedicada à predição e detecção de ganhos e perdas, sem falar na promoção dos ganhos e no temor das perdas. Em outras palavras, ela explica a obsessão humana pela atribuição de valor.

O valor relaciona-se direta ou indiretamente à sobrevivência. No caso particular dos humanos, o valor também se relaciona à *qualidade* da sobrevivência na forma de *bem-estar*. A noção de sobrevivência — e, por extensão, a de valor biológico — pode ser aplicada a diversas entidades biológicas, de moléculas e genes a organismos inteiros. Examinarei primeiro a perspectiva do organismo como um todo.

O VALOR BIOLÓGICO NO ORGANISMO COMO UM TODO

Em termos imprecisos, o valor máximo, para um organismo como um todo, é a sobrevivência sadia até uma idade compatível com o êxito reprodutivo. A seleção natural aperfeiçoou o mecanismo da homeostase para permitir justamente isso. Assim, o estado fisiológico dos tecidos de um organismo vivo, dentro de uma faixa homeostática ótima, é a origem mais profunda do valor biológico e das valorações. Essa afirmação aplica-se igualmente aos organismos multicelulares e àqueles cujo "tecido" vivo limita-se a uma célula.

A faixa homeostática ideal não é absoluta — varia conforme o contexto no qual um organismo se situa. Próximo aos extremos da faixa homeostática, a viabilidade do tecido vivo declina, e o risco de doença e morte aumenta; em certo setor da faixa, porém, os tecidos vivos prosperam e funcionam com mais eficiência e economia. Funcionar próximo aos extremos da faixa, mesmo que apenas por breves períodos, é na verdade uma vantagem importante em condições de vida desfavoráveis, porém ainda assim é preferível que os estados da vida funcionem perto do intervalo eficiente. Faz sentido concluir que a primitiva do valor do organismo está inscrita nas configurações de seus parâmetros fisiológicos. O valor biológico aumenta ou diminui ao longo de uma escala indicadora da eficiência dos estados físicos para a vida. De certo modo, o valor biológico é o representante da eficiência fisiológica.

Minha hipótese é que nossa valoração dos objetos e processos que encontramos no dia a dia se faz mediante uma referência a essa primitiva do valor do organismo, um valor que a seleção natural determinou. Os valores que os humanos atribuem a objetos e atividades teriam, assim, alguma relação, não importa o quanto ela seja indireta ou remota, com estas duas condições: primeiro, a manutenção geral do tecido vivo dentro da faixa homeostática apropriada ao seu contexto corrente; segundo, a regulação específica requerida para que esse processo funcione dentro do setor da faixa homeostática associado ao bem-estar, levando-se em conta o contexto corrente.

Para o organismo como um todo, portanto, a primitiva do valor é o *estado fisiológico do tecido vivo dentro de uma faixa homeostática adequada à sobrevivência*. A contínua representação de parâmetros químicos no interior do cérebro permite que mecanismos cerebrais não conscientes *detectem e meçam* os afastamentos da faixa homeostática e atuem como sensores para o grau de necessidade interna. Por sua vez, o afastamento medido da faixa homeostática permite que outros mecanismos cerebrais comandem ações corretivas e até promovam *incentivos* ou *desincentivos* para essas correções, dependendo da urgência da resposta. Um registro simples de tais procedimentos é a base da *predição* de condições futuras.

Em cérebros capazes de representar estados internos em forma de mapas e potencialmente dotados de mente e consciência, os parâmetros associados a uma faixa homeostática correspondem, em níveis conscientes de processamento, às *experiências* de dor e prazer. Subsequentemente, em cérebros capazes de linguagem, torna-se possível atribuir rótulos específicos a essas experiências e chamá-las por *nomes* — prazer, bem-estar, desconforto, dor.

Se procurarmos em um dicionário comum a palavra "valor", encontraremos algo mais ou menos assim: "importância relativa (monetária, material ou de outro tipo); mérito; importância; meio de troca; quantidade de algo que pode ser trocado por outra coisa; a qualidade que torna alguma coisa desejável ou útil; utilidade; custo; preço". Como se vê, o valor biológico é a raiz de todas essas acepções.

O ÊXITO DE NOSSOS PRIMEIROS PRECURSORES

O que explica o brilhante êxito dos organismos-veículo? O que abriu caminho para seres complexos como nós? Um ingrediente importante para nosso surgimento parece ter sido algo que temos mas as plantas não: o *movimento*. Plantas podem ter tropismos; algumas podem virar-se na direção do sol ou da sombra; e algumas, como a carnívora dioneia, até são capazes de apanhar insetos distraídos. Mas nenhuma planta consegue se desenraizar e sair à procura de um ambiente melhor em outra parte do jardim. O jardineiro tem de fazer isso para ela. A tragédia das plantas, embora elas não saibam, é que suas células espartilhadas nunca poderiam mudar o suficiente para se tornarem neurônios. As plantas não possuem neurônios, e na ausência deles, não há mente.

Organismos independentes sem cérebro também desenvolveram outro ingrediente importante: a capacidade de *sentir* mudanças na condição fisiológica dentro de seu próprio perímetro e nos arredores. Até bactérias e inúmeras moléculas reagem à luz do sol; bactérias postas numa placa de Petri reagem a uma gota de substância tóxica aglomerando-se e se retraindo diante da ameaça. Células eucarióticas também sentiam o equivalente de toques e vibrações. As mudanças sentidas no interior ou no meio circundante poderiam levar ao movimento de um lugar para outro. Mas, para responder com eficácia a uma situação, o equivalente do cérebro em um organismo unicelular também precisa conter uma *política de resposta*, um conjunto de regras extremamente simples segundo as quais ele toma a "decisão de mover-se" quando certas condições são atendidas.

Em suma, as características mínimas que tais organismos simples precisavam possuir para que pudessem ter êxito e permitir que seus genes fossem passados à geração seguinte eram: a *sensibilidade* do interior e do exterior do organismo, uma *política de resposta* e *movimento*. O cérebro evoluiu como um mecanismo que podia melhorar as tarefas de sentir, decidir e mover-se, e geri-las de modos cada vez mais eficazes e diferenciados.

O movimento foi ganhando refinamento graças ao desenvolvimento de músculos estriados, o tipo de músculo que usamos hoje para andar e falar. Como veremos no capítulo 3, as percepções relacionadas ao interior do organismo, hoje chamadas de *interocepção*, expandiram-se de modo a detectar um grande número de parâmetros (por exemplo, pH, temperatura, presença ou ausência de numerosas moléculas químicas, tensão de fibras musculares lisas). Quanto às sensações relacionadas ao exterior, passaram a incluir cheiros, gostos, sensações táteis, vibrações, sons e imagens visuais, o conjunto que hoje denominamos *exterocepção*.

Para que o movimento e a sensibilidade funcionassem do modo mais vantajoso, a política de resposta tinha de ser equivalente a um abrangente planejamento empresarial que implicitamente esquematizasse as condições norteadoras de sua política. É exatamente nisso que consiste o *plano homeostático* encontrado em seres de todos os níveis de complexidade: um conjunto de diretrizes operacionais que devem ser seguidas para que o organismo atinja seus objetivos. A essência das diretrizes é bem simples: se determinado elemento está presente, então execute uma dada ação.

Quando analisamos o espetáculo da evolução, ficamos impressionados com suas muitas realizações. Pense, por exemplo, no desenvolvimento bem-sucedido de olhos, não só os que se parecem com os nossos, mas outras variedades que fazem seu trabalho por meios ligeiramente diferentes. Não menos admirável é a maravilha da ecolocalização, que permite ao morcego e à coruja-de-igreja caçar na escuridão total guiados por uma primorosa localização baseada em sons no espaço tridimensional. A evolução de uma política de resposta capaz de levar organismos a um estado homeostático não é menos espetacular.

A política de resposta existe para que seja atingido um objetivo homeostático. Mas, como mencionei, mesmo havendo um objetivo bem definido é preciso algo mais para que uma política de resposta seja executada eficazmente. Para que determinada ação seja executada com presteza e correção, tem de haver um *incentivo*, de modo que, em certas circunstâncias, certos tipos de respostas sejam preferidas a outras. Por quê? Porque algumas circunstâncias do tecido vivo podem ser tão calamitosas que exigem uma correção urgente e decisiva, e essa correção precisa ser aplicada num átimo. Analogamente, algumas oportunidades podem ser tão conducentes a um melhoramento das condições do tecido vivo que as respostas favoráveis a essas oportunidades devem ser selecionadas e aplicadas com rapidez. É onde encontramos as maquinações por trás do que acabamos por chamar, da nossa perspectiva humana, de recompensa e punição, os principais participantes da dança da exploração motivada. Note-se que nenhuma dessas operações requer uma mente, muito menos uma mente consciente. Não existe um "sujeito" formal, dentro ou fora do organismo, comportando-se como "recompensador" ou "punidor". No entanto, as "recompensas" e "punições" são aplicadas com base na arquitetura dos sistemas de política de resposta. Toda a operação é tão cega e "sem sujeito" quanto as próprias redes de genes. A ausência de mente e de self é perfeitamente compatível com "intenções" e "propósitos" espontâneos e implícitos. A "intenção" básica da arquitetura é manter a estrutura e o estado, mas um "propósito" maior pode ser deduzido dessas múltiplas intenções: sobreviver.

O que estou aventando, portanto, é que são necessários mecanismos de *incentivo* para possibilitar a orientação bem-sucedida do comportamento, isto é, a execução econômica bem-sucedida do plano de administração da célula. Também estou sugerindo que os mecanismos de incentivo e a orientação não surgiram por determinação e deliberação conscientes. Não existia um conhecimento explícito nem o self capaz de deliberação.

A orientação dos mecanismos de incentivo passou gradualmente a ser conhecida pelos organismos dotados de mente e consciência como o nosso. A mente consciente simplesmente revela o que já existe há muito tempo como um mecanismo evolucionário de regulação da vida. Mas a mente consciente não criou o mecanismo. A verdadeira história está na contramão da nossa intuição. A verdadeira sequência histórica é inversa.

O DESENVOLVIMENTO DE INCENTIVOS

Como foi que os incentivos se desenvolveram? Incentivos surgiram em organismos muito simples, mas são muito evidentes em organismos cujo cérebro é capaz de medir o *grau* da necessidade de determinada correção. Para que essa medição pudesse ocorrer, o cérebro precisava de uma representação de três situações: (1) o estado *corrente* do tecido vivo, (2) o estado *desejável* do tecido vivo, correspondente ao objetivo homeostático, e (3) uma comparação simples. Desenvolveu-se para esse propósito algum tipo de escala interna, indicadora do quanto faltava para que o estado corrente atingisse o objetivo, enquanto moléculas químicas cuja presença acelerava certas respostas foram adotadas para facilitar a correção. Nós ainda sentimos os estados do nosso organismo com base em uma escala desse tipo, algo que fazemos inconscientemente, embora as consequências da medição se tornem conscientes quando nos sentimos com fome, famélicos ou saciados.

O que agora percebemos como sensações de dor ou prazer, ou como punições e recompensas, corresponde diretamente a estados integrados do tecido vivo em um organismo, sucedendo-se uns aos outros na atividade natural de gerenciar a vida. O mapeamento cerebral de estados nos quais os parâmetros dos tecidos se afastam significativamente da faixa homeostática em uma direção *não* conducente à sobrevivência é percebido com uma qualidade que viemos a denominar dor e punição. Analogamente, quando tecidos funcionam na melhor parte da faixa homeostática, o mapeamento cerebral dos estados correspondentes é percebido com uma qualidade que viemos a denominar prazer e recompensa.

Os agentes envolvidos na orquestração desses estados dos tecidos são conhecidos como hormônios e neuromoduladores, e já estavam muito presentes em organismos simples compostos de uma única célula. Sabemos como funcionam essas moléculas. Por exemplo, em organismos com cérebro, quando determinado tecido está arriscando sua saúde em razão de um nível perigosamente baixo de nutrientes, o cérebro detecta a mudança e gradua a necessidade e a urgência com que deve ser feita a correção. Isso ocorre de maneira não consciente, mas no cérebro com mente e consciência o estado correspondente a essas informações pode tornar-se consciente. Se isso ocorrer, o indivíduo terá uma sensação negativa que pode ir de desconforto a dor. Com ou sem consciência no processo, uma série de respostas corretivas entra em ação, em termos químicos e neurais, auxiliada por moléculas que aceleram o processo. No caso do cérebro consciente, porém, a consequência do processo molecular não é meramente uma correção do desequilíbrio: é também a redução de uma experiência negativa, como a dor, e uma experiência de prazer/recompensa. Esta última provém, em parte, do estado propício à vida que o tecido pode agora ter alcançado. Por fim, a mera ação das moléculas incentivadoras tende a levar o organismo à configuração funcional associada a estados prazerosos.

 O surgimento de estruturas cerebrais capazes de detectar a provável ocorrência de "coisas boas" ou "ameaças" ao organismo também foi importante. Especificamente, além de sentir as coisas boas ou as ameaças em si, o cérebro começou a usar indícios para *predizer* as ocorrências. Sinalizava a iminência de coisas boas com a liberação de uma molécula, como dopamina ou oxitocina, ou a iminência de ameaças com hormônio liberador de cortisol ou prolactina. A liberação, por sua vez, otimizava o comportamento requerido para que o estímulo fosse obtido ou evitado. Analogamente, o cérebro usava moléculas para indicar uma falha (erro de predição) e comportar-se condizentemente; distinguia entre a chegada de algo esperado e a de algo inesperado graças aos graus de disparos de neurônios e a seu correspondente grau de liberação de uma molécula (por exemplo, dopamina). O cérebro também se tornou capaz de usar o padrão de estímulos — por exemplo, a *repetição* ou *alternância* de estímulos — para predizer o que poderia acontecer em seguida. Quando dois estímulos ocorriam próximos um do outro, isso sinalizava a possibilidade de que um terceiro estímulo poderia estar a caminho.

O que todo esse maquinário possibilitava? Primeiro, uma resposta mais ou menos urgente, dependendo das circunstâncias — em outras palavras, uma resposta *diferencial*. Segundo, possibilitava respostas otimizadas pela predição.

O plano homeostático e seus correspondentes mecanismos de incentivo e predição protegiam a integridade do tecido vivo em um organismo. Curiosamente, boa parte do mesmo maquinário foi cooptada para assegurar que o organismo adotasse comportamentos reprodutivos propiciadores da transmissão de genes. A atração e o desejo sexual e os rituais de acasalamento são exemplos. Superficialmente, os comportamentos associados à regulação da vida e à reprodução foram separados, mas o objetivo mais profundo era o mesmo; por isso, não é de surpreender que os mecanismos sejam comuns a ambos.

À medida que organismos evoluíram, os programas que baseavam a homeostase tornaram-se mais complexos no que respeita às condições que desencadeavam sua ação e ao conjunto de resultados. Esses programas mais complexos gradualmente se tornaram o que conhecemos como impulsos, motivações e emoções (ver capítulo 5).

Em suma, a homeostase precisa da ajuda de impulsos e motivações, os quais são fornecidos abundantemente pelo cérebro complexo, ativados com a ajuda de antecipação e predição e utilizados na exploração do ambiente. Os humanos certamente possuem o mais avançado sistema motivacional, equipado com uma curiosidade infinita, um forte impulso explorador e refinados sistemas de alerta voltados para necessidades futuras, tudo isso destinado a nos manter do lado bom dos trilhos.

A LIGAÇÃO ENTRE HOMEOSTASE, VALOR E CONSCIÊNCIA

O que passamos a designar como valioso com referência a objetos ou ações relaciona-se, direta ou indiretamente, à possibilidade de manter uma faixa homeostática no interior de organismos vivos. Além disso, sabemos que certos setores e configurações da faixa homeostática estão associados à regulação ótima da vida, enquanto outros são menos eficientes, e outros ainda estão mais próximos da zona de perigo. A zona de perigo é aquela na qual doença e morte podem sobrevir. Logicamente, os objetos e as ações que, de um modo ou de outro, acabem por induzir a regulação ótima da vida serão considerados mais valiosos.[9]

Já sabemos como os humanos diagnosticam o setor ótimo da faixa homeostática, sem necessidade de medir a química do sangue num laboratório. O diagnóstico não requer conhecimentos especializados. Necessita apenas do processo fundamental da consciência: *faixas ótimas expressam-se na mente consciente como sensações agradáveis; faixas perigosas, como sensações não agradáveis ou mesmo dolorosas.*

Alguém conseguiria imaginar algum sistema de detecção mais fácil de entender? Funcionamentos ótimos de um organismo, que resultam em estados da vida eficientes, harmoniosos, são a própria base de nossos sentimentos primordiais de bem-estar e prazer. São o alicerce do estado que, em contextos muito elaborados, chamamos de felicidade. Ao contrário, estados da vida desorganizados, ineficientes, desarmoniosos, os arautos da doença e da pane no sistema, são a base de sentimentos negativos, dos quais, como Tolstói observou tão acertadamente, existem muito mais variedades do que os do tipo positivo — uma infinidade de dores e sofrimentos, sem falar em nojo, medo, raiva, tristeza, vergonha, culpa e desprezo.

Como veremos, o aspecto definidor de nossos sentimentos emocionais é a apresentação na consciência de nossos estados corporais modificados por emoções; é por isso que os sentimentos podem servir de barômetro para a gestão da vida. Também é por isso que, como seria de esperar, os sentimentos, desde quando se tornaram conhecidos pelos seres humanos, influenciaram sociedades e culturas, bem como todos os seus respectivos procedimentos e artefatos. Mas muito antes do nascimento da consciência e do surgimento de sentimentos conscientes, de fato mesmo antes do surgimento de mentes propriamente ditas, a configuração de parâmetros químicos já influenciava o comportamento individual em seres simples desprovidos de um cérebro que representasse esses parâmetros. Isso faz sentido: organismos sem mente precisavam depender de parâmetros químicos a fim de guiar as ações necessárias para manter a vida. Essa orientação "cega" abrangia comportamentos consideravelmente elaborados. O crescimento de diferentes tipos de bactéria em uma colônia é guiado por parâmetros desse tipo e pode, inclusive, ser descrito em termos sociais: colônias de bactérias rotineiramente aplicam um "sensor de quorum" [*quorum sensing*] em seu grupo e entram em guerra, na acepção estrita do termo, a fim de manter território e recursos. Fazem isso até mesmo dentro de nosso corpo, quando lutam por privilégios territoriais em nossa garganta ou intestino. Mas, assim que sistemas nervosos muito simples entraram em cena, tais comportamentos sociais ficaram ainda mais evidentes. Veja, por exemplo, o nematódeo, um nome polido para um tipo de verme cientificamente cativante, cujos comportamentos sociais são bastante complexos.

O cérebro de um nematódeo, como o *C. elegans*, possui apenas 302 neurônios, organizados em uma cadeia de gânglios — nada para se jactar. Como qualquer outro ser vivo, os nematódeos precisam alimentar-se para sobreviver. Dependendo da escassez ou abundância de alimento e das ameaças do ambiente, eles podem ser mais ou menos gregários na hora de, digamos assim, sentar-se à mesa. Comem sozinhos se houver alimento disponível e o ambiente for tranquilo; mas se a comida for escassa ou se detectarem alguma ameaça no ambiente (por exemplo, certo tipo de odor), vão em grupo. Nem é preciso mencionar que eles não sabem realmente o que estão fazendo, muito menos por quê. Mas fazem o que fazem porque seus cérebros extraordinariamente simples, desprovidos de mente digna desse nome e com ainda menos consciência propriamente dita, usam sinais do ambiente para que os nematódeos adotem um ou outro tipo de comportamento.

Agora imaginemos que eu houvesse descrito a situação do *C. elegans* em termos abstratos, delineando as condições e os comportamentos mas omitindo o fato de que eles são vermes. E que eu pedisse ao leitor para pensar como um sociólogo e comentar a situação. Desconfio que você detectaria evidências de cooperação entre os indivíduos, e talvez até diagnosticasse preocupações altruísticas. Talvez pensasse mesmo que eu estava falando de seres complexos, quem sabe humanos primitivos. A primeira vez que li a descrição de Cornelia Bargmann sobre essas descobertas, veio-me a ideia de sindicatos e da segurança nos números.[10] E no entanto o *C. elegans* é apenas um verme.

Outra implicação do fato de que os estados homeostáticos ideais são o que um organismo tem de mais valioso é que a fundamental vantagem da consciência, em qualquer nível do fenômeno, deriva da melhora da regulação da vida em ambientes cada vez mais complexos.[11]

A sobrevivência em novos nichos ecológicos foi ajudada por cérebros complexos o suficiente para criar mentes, um avanço que, como explico na parte II, baseia-se na construção de mapas neurais e imagens. Assim que mentes surgiram, mesmo que ainda não estivessem dotadas de uma consciência plena, a regulação automatizada da vida foi otimizada. Cérebros que produziam imagens tinham à disposição mais detalhes das condições dentro e fora dos organismos e, assim, podiam gerar respostas mais diferenciadas e eficazes do que as geradas por cérebros sem mente. No entanto, quando as mentes de espécies não humanas puderam tornar-se conscientes, a regulação automatizada ganhou uma poderosa aliada, um meio de focalizar os esforços pela sobrevivência no self incipiente que passou a representar o organismo empenhado em sobreviver. Nos humanos, obviamente, à medida que a consciência coevoluiu com a memória e a razão, permitindo assim o planejamento e o pensamento deliberativo off-line, essa aliada tornou-se ainda mais poderosa.

Espantosamente, a regulação da vida concentrada no self sempre coexiste com o maquinário da regulação automatizada que toda criatura consciente herdou de seu passado evolucionário. Isso se aplica perfeitamente aos humanos. A maior parte de nossa atividade regulatória ocorre inconscientemente, o que é muito bom. Você não iria querer administrar seu sistema endócrino ou sua imunidade *conscientemente*, pois não teria como controlar oscilações caóticas com suficiente rapidez. Na melhor das hipóteses, isso equivaleria a pilotar manualmente um avião a jato moderno — uma tarefa nada trivial, que requer o domínio de todas as contingências e de todas as manobras necessárias para prevenir uma perda de altura. Na pior das hipóteses, seria como investir os fundos da Previdência Social na Bolsa de Valores. Não seria conveniente nem mesmo ter o controle absoluto de algo tão simples quanto a respiração — alguém poderia resolver atravessar o canal da Mancha submerso e em apneia, correndo o risco de morrer no processo. Felizmente, nossos mecanismos homeostáticos automáticos nunca permitiriam tamanha loucura.

A consciência aumentou a adaptabilidade e permitiu a seus beneficiários criar soluções novas para os problemas da vida e da sobrevivência em praticamente qualquer ambiente concebível, em qualquer parte do planeta, em grandes alturas, no espaço sideral, debaixo d'água, em desertos e montanhas. Evoluímos para nos *adaptar* a um grande número de nichos e somos capazes de *aprender a nos adaptar* a um número ainda maior. Não ganhamos asas ou guelras, mas inventamos máquinas que têm asas ou que podem nos impulsionar até a estratosfera, que navegam pelo oceano ou viajam por 20 mil léguas submarinas. Inventamos as condições materiais para viver onde bem entendermos. A ameba não é capaz disso; tampouco o verme, o peixe, a rã, o pássaro, o esquilo, o gato, o cão, e nem mesmo nosso espertíssimo primo chimpanzé.

Quando o cérebro humano começou a engendrar a mente consciente, o jogo sofreu uma mudança radical. Passamos da simples regulação, voltada para a sobrevivência do organismo, a uma regulação progressivamente mais deliberada, baseada em uma mente dotada de identidade e pessoalidade e agora empenhada ativamente não apenas na mera sobrevivência, mas também na busca de certas faixas de bem-estar. Um salto e tanto, ainda que armado, até onde sabemos, sobre continuidades biológicas.

Se o cérebro prevaleceu na evolução porque oferecia um maior âmbito para a regulação da vida, o sistema cerebral que levou à mente consciente prevaleceu porque oferecia as mais amplas possibilidades de adaptação e sobrevivência com o tipo de regulação capaz de manter e expandir o bem-estar.

Em resumo, os organismos unicelulares dotados de núcleo

têm uma vontade de viver e gerir a vida pelo tempo que certos genes lhes permitirem, e essa vontade é suficientemente adequada, mesmo sem a participação de uma mente e de uma consciência. Os cérebros expandiram as possibilidades de gestão da vida mesmo quando não produziam mentes, muito menos mentes conscientes. Por essa razão, também prevaleceram. Quando a mente e a consciência foram adicionadas à mistura, as possibilidades de regulação aumentaram ainda mais e abriram caminho para o tipo de gestão que ocorre não apenas em um organismo, mas em muitos deles, em sociedades. A consciência capacitou os humanos a repetir o leitmotiv da regulação da vida por meio de um conjunto de instrumentos culturais — troca econômica, crenças religiosas, convenções sociais e regras éticas, leis, artes, ciência, tecnologia. Ainda assim, a intenção de sobreviver da célula eucariótica e a intenção de sobreviver implícita na consciência humana são idênticas.

Por trás do imperfeito mas admirável edifício que a cultura e a civilização construíram para nós, a regulação da vida continua a ser nossa principal preocupação. Igualmente importante é o fato de que a motivação da maioria das realizações nas culturas e nas civilizações humanas vincula-se justamente a essa preocupação e à necessidade de administrar o comportamento das pessoas enquanto se dedicam a ela. A regulação da vida está na raiz de muita coisa que precisa ser explicada na biologia em geral e na humanidade em particular: a existência do cérebro, a existência de dor, prazer, emoções e sentimentos, os comportamentos sociais, as religiões, as economias e seus mercados e instituições financeiras, os comportamentos morais, as leis e a justiça, política, arte, tecnologia e ciência — uma lista bem modesta, como o leitor pode ver.

A vida e suas condições essenciais — o imperativo de sobreviver e a complicada tarefa de administrar a sobrevivência em um organismo, tenha ele uma célula ou trilhões delas — foram a causa fundamental do surgimento e da evolução do cérebro, o mais elaborado maquinário gestor já montado pela evolução, e também a causa fundamental de tudo que decorreu do desenvolvimento de cérebros cada vez mais elaborados, no interior de corpos progressivamente mais complexos, vivendo em ambientes cada vez mais intricados.

Quando examinamos a maioria dos aspectos da função cerebral através do filtro dessa ideia, isto é, de que o cérebro existe para gerir a vida dentro do corpo, as singularidades e os mistérios de algumas das categorias tradicionais da psicologia — emoção, percepção, memória, linguagem, inteligência e consciência — tornam-se menos singulares e muito menos misteriosos. De fato, adquirem uma racionalidade transparente, uma lógica inevitável e cativante. Como poderíamos ser diferentes, parecem perguntar essas funções, diante do trabalho que precisa ser feito?

PARTE II

O QUE HÁ NO CÉREBRO CAPAZ
DE CRIAR A MENTE?

3. A geração de mapas e imagens

MAPAS E IMAGENS

Embora a gestão da vida seja inquestionavelmente a função fundamental do cérebro humano, não é sua característica mais distintiva. Como vimos, a vida pode ser administrada até sem um sistema nervoso, quanto mais sem um cérebro plenamente desenvolvido. Humildes organismos unicelulares conseguem dar conta do serviço da casa.

A característica distintiva de um cérebro como o nosso é sua impressionante habilidade para criar mapas. O mapeamento é essencial para uma gestão complexa. Mapear e gerir a vida andam de mãos dadas. Quando o cérebro produz mapas, *informa* a si mesmo. As informações contidas nos mapas podem ser usadas de modo não consciente para guiar com eficácia o comportamento motor, uma consequência muito conveniente, uma vez que a sobrevivência depende de executar a ação certa. Mas, quando o cérebro cria mapas, também está criando imagens, o principal meio circulante da mente. E por fim a consciência nos permite experienciar os mapas como imagens, manipular essas imagens e aplicar sobre elas o raciocínio.

Mapas são construídos de fora para dentro do cérebro quando interagimos com objetos, por exemplo uma pessoa, uma máquina, um lugar. Quero frisar aqui a ideia da *interação*. Ela nos lembra que a produção de mapas, que como dito acima é essencial para melhorar as ações, com frequência ocorre em um contexto em que já existe ação. Ação e mapas, movimentos e mente são parte de um ciclo sem fim, uma ideia sugestivamente captada por Rodolfo Llinás quando atribuiu o nascimento da mente ao controle cerebral do movimento organizado.[1]

Mapas também são construídos quando evocamos objetos que estão nos bancos de memória dentro do cérebro. A construção de mapas não cessa nem mesmo durante o sono, como demonstram os sonhos. O cérebro humano mapeia qualquer objeto que esteja fora dele, qualquer ação que ocorra fora dele e todas as relações que os objetos e as ações assumem no tempo e no espaço, relativamente uns aos outros e também em relação à nave-mãe que chamamos de organismo, o proprietário exclusivo de nosso corpo, cérebro e mente. O cérebro humano é um cartógrafo nato, e a cartografia começou com o mapeamento do corpo que contém o cérebro.

O cérebro humano é um imitador inveterado. Tudo o que está fora do cérebro — o corpo propriamente dito, desde a pele até as vísceras obviamente, e mais o mundo circundante, homens, mulheres, crianças, cães e gatos, lugares, tempo quente e frio, texturas lisas e ásperas, sons altos e baixos, mel doce e peixe salgado —, tudo é imitado nas redes cerebrais. Em outras palavras, o cérebro tem a capacidade de representar aspectos da estrutura de coisas e eventos não pertencentes ao cérebro, o que inclui as ações executadas por nosso organismo e seus componentes, como os membros, partes do aparelho fonador etc. Como exatamente ocorre esse mapeamento é difícil de explicar. Não se trata de mera cópia, de uma transferência passiva do que está fora do cérebro para seu interior. A montagem conjurada pelos sentidos envolve uma contribuição ativa vinda de dentro do cérebro, disponível desde cedo no desenvolvimento, e a ideia de que o cérebro é uma tábula rasa já perdeu credibilidade há um bom tempo.[2] A montagem frequentemente ocorre no contexto do movimento, como já mencionamos.

Uma breve nota sobre terminologia: já fui muito rigoroso no uso do termo "imagem" apenas como sinônimo de padrão mental ou imagem mental, e do termo "padrão neural" ou "mapa" como referência a um padrão de atividade *no cérebro*, e não na mente. Minha intenção era reconhecer que a mente, que a meu ver herda a atividade do tecido cerebral, merece suas próprias designações devido à natureza privada de sua experiência e ao fato de essa experiência privada ser justamente o fenômeno que queremos explicar; quanto a descrever fenômenos neurais com seu próprio vocabulário, isso era parte do esforço para entender o papel desses fenômenos no processo mental. Mantendo níveis de designação separados, eu não estava, de modo algum, sugerindo que existem substâncias separadas, uma mental e a outra biológica. Não sou um dualista no que diz respeito à substância, como Descartes foi, ou tentou nos levar a crer que era, quando disse que o corpo tinha extensão física mas a mente não, pois eram feitos de substâncias distintas. Eu apenas me permitia pensar em um dualismo *de aspectos*, e examinava o modo como as coisas nos eram mostradas em sua superfície experiencial. Mas, naturalmente, o mesmo fez meu amigo Espinosa, o porta-estandarte do monismo, o oposto do dualismo.

Contudo, por que complicar as coisas, para mim e para o

leitor, usando termos separados para referir-me a duas coisas que acredito serem equivalentes? Em todo este livro, uso os termos "imagem", "mapa" e "padrão neural" quase como permutáveis. Ocasionalmente também deixo um tanto enevoada a distinção entre mente e cérebro, de propósito, para salientar o fato de que a distinção, embora válida, pode bloquear a visão daquilo que estamos tentando explicar.

CORTES ABAIXO DA SUPERFÍCIE

Imagine que você está segurando um cérebro na mão e olhando para a superfície do córtex cerebral. Agora imagine que, com uma faca afiada, você faz cortes *paralelos* à superfície, a dois ou três milímetros de profundidade, e extrai uma fina fatia de cérebro. Depois de fixar e colorir os neurônios com uma substância química apropriada, você pode pôr seu preparado em uma lâmina de vidro e examiná-lo ao microscópio. Descobrirá, em cada camada cortical que examinar, uma estrutura de contorno em forma de bainha, lembrando basicamente uma rede bidimensional. Os principais elementos dessa rede são neurônios, vistos horizontalmente. Você pode imaginar algo como a planta de Manhattan, só que sem a Broadway, pois não há linhas oblíquas no reticulado cortical. Essa disposição, você logo percebe, é ideal para representações topográficas explícitas de objetos e ações.

Olhando um retalho de córtex cerebral, é fácil ver por que ali nascem os mais detalhados mapas que o cérebro produz, embora outras partes do cérebro também sejam capazes de criá-los, ainda que com resolução mais baixa. Uma das camadas corticais, a quarta, provavelmente é responsável por grande parte dos mapas detalhados. Examinando um retalho de córtex cerebral também podemos perceber por que a ideia de mapas no cérebro não é uma metáfora despropositada. Podemos esboçar padrões nessa grade, e, quando olhamos bem de perto e soltamos as rédeas da imaginação, dá para imaginar o tipo de pergaminho que o infante d. Henrique, o Navegador, provavelmente estudava quando planejava as viagens de seus capitães. Uma grande diferença, obviamente, é que as linhas em um mapa cerebral não são traçadas com uma pena ou um lápis; são resultado da atividade momentânea de alguns neurônios e da inatividade de outros. Quando certos neurônios estão ativos, em determinada distribuição espacial, é "traçada" uma linha, reta ou curva, grossa ou fina, e esse padrão se distingue do fundo, formado pelos neurônios que estão inativos. Outra grande diferença: a principal camada horizontal geradora de mapas encontra-se no meio de outras camadas, acima e abaixo dela; cada elemento importante dessa camada também é parte de um conjunto vertical de elementos, ou seja, de uma coluna. Cada coluna contém centenas de neurônios. As colunas fornecem inputs ao córtex cerebral (informações provenientes de outras partes do cérebro, das sondas sensitivas periféricas, como os olhos, e do corpo). As colunas também fornecem outputs, que seguem em direção a essas mesmas fontes e se encarregam das diversas integrações e modulações dos sinais que estão sendo processados em cada localidade.

Os mapas cerebrais não são estáticos como os da cartografia clássica. São instáveis, mudam a todo momento para refletir as mudanças que estão ocorrendo nos neurônios que lhes fornecem informações, os quais, por sua vez, refletem mudanças no interior de nosso corpo e no mundo à nossa volta. As mudanças nos mapas cerebrais também refletem o fato de que nós mesmos estamos constantemente em movimento. Vamos para perto de objetos, nos afastamos deles, podemos tocá-los, não podemos mais, podemos provar um vinho, depois o gosto desaparece, ouvimos uma música, logo ela termina; nosso corpo muda conforme as diferentes emoções, e diferentes sentimentos sobrevêm. Todo o ambiente oferecido ao cérebro é perpetuamente modificado, de modo espontâneo ou sob o controle de nossas atividades. Os respectivos mapas cerebrais sofrem mudanças correspondentes.

Temos hoje uma boa analogia com o que se passa em nosso cérebro quando ele trabalha com mapas visuais: o tipo de imagens mostradas em outdoors eletrônicos, cujo padrão é desenhado por elementos luminosos que são ativados ou desativados (lâmpadas ou diodos emissores de luz). Essa analogia com os mapas eletrônicos é ainda mais apropriada porque o conteúdo neles retratado pode mudar com muita rapidez, modificando-se a distribuição dos elementos ativos e inativos. Cada distribuição de atividade constitui um padrão no tempo. Diferentes distribuições de atividade em um mesmo trecho de córtex visual podem retratar uma cruz, um quadrado, um rosto, em sucessão ou até sobrepostos. Os mapas podem ser desenhados, redesenhados e sobrescritos com a velocidade da luz.

Esse mesmo tipo de "desenho" ocorre em um complexo posto avançado do cérebro chamado retina. Ela também possui um reticulado pronto para a inscrição de mapas. Quando as partículas de luz conhecidas como fótons atingem a retina na distribuição específica que corresponde a determinado padrão, os neurônios ativados por esse padrão — um círculo ou uma cruz, por exemplo — formam um mapa neural transitório. Mapas adicionais, baseados no mapa retiniano original, serão formados em níveis subsequentes do sistema nervoso. Isso ocorre porque a atividade em cada ponto do mapa retiniano é sinalizada ao longo de uma cadeia, culminando nos córtices visuais primários, e pelo caminho vai preservando as relações geométricas encontradas na retina, uma propriedade conhecida como retinotopia.

Embora os córtices cerebrais destaquem-se na criação de mapas, algumas estruturas abaixo do córtex também são capazes de produzir mapas pouco refinados. Como exemplo temos os corpos geniculados, os colículos, o núcleo do trato solitário e o núcleo parabraquial. Os corpos geniculados são dedicados, respectivamente, aos processos visuais e auditivos. Também possuem uma estrutura em camadas ideal para representações topográficas. O colículo superior é um importante fornecedor de mapas visuais e tem, inclusive, a capacidade de relacionar esses mapas visuais a mapas auditivos e a mapas baseados no corpo. O colículo inferior é dedicado ao processamento auditivo. A atividade dos colículos superiores pode ser precursora dos processos da mente e do self que mais tarde florescem nos córtices cerebrais. Quanto ao núcleo do trato solitário e ao núcleo parabraquial, eles são os primeiros fornecedores de mapas do corpo inteiro ao sistema nervoso central. A atividade nesses mapas, como veremos, corresponde aos sentimentos primordiais.

O mapeamento aplica-se não só a padrões visuais, mas a *todo tipo* de padrão sensorial construído no cérebro. Por exemplo, o mapeamento de sons começa na orelha, em uma estrutura equivalente à retina: a cóclea, localizada na orelha interna, uma de cada lado. A cóclea recebe os estímulos mecânicos resultantes da vibração da membrana timpânica e de um pequeno grupo de ossos situados abaixo dela. Na cóclea, as células ciliadas são o equivalente dos neurônios retinianos. No ápice de uma célula ciliada, um minúsculo tubo (o feixe piloso) move-se sob a influência da energia sonora e provoca uma corrente elétrica, captada pelo terminal axonal de um neurônio situado no gânglio coclear. Esse neurônio envia mensagens ao cérebro por seis estações separadas dispostas em cadeia: o núcleo coclear, o núcleo olivar superior, o núcleo do lemnisco lateral, o colículo inferior, o núcleo geniculado medial e enfim o córtex auditivo primário. Hierarquicamente, este último compara-se ao córtex visual primário. O córtex auditivo é o início de outra cadeia de sinalização no próprio córtex. Os primeiros mapas auditivos são formados na cóclea, assim como os primeiros mapas visuais formam-se na retina. Como são produzidos os mapas sonoros? A cóclea é uma rampa espiralada com um formato geral cônico. Lembra a concha do caracol, como sugere a raiz latina *cochlea*. Quem já esteve no Museu Guggenheim em Nova York pode facilmente ter uma ideia do que se passa no interior da cóclea. Basta imaginar que os círculos se tornam mais estreitos à medida que subimos e que a forma geral do prédio é um cone com a ponta para cima. A rampa por onde andamos enrola-se em torno do eixo vertical do cone, como a da cóclea. Dentro da rampa espiralada, as células ciliadas localizam-se em uma ordem primorosa, determinada pelas frequências sonoras às quais são capazes de responder. As células ciliadas que respondem às frequências mais altas estão na base da cóclea, o que significa que à medida que subimos a rampa as outras frequências seguem-se em ordem descendente até o ápice da cóclea, que é onde as células ciliadas respondem às frequências mais baixas. Tudo começa nos sopranos e termina nos baixos profundos. O resultado é um mapa espacial de tons possíveis, ordenados por frequência: um mapa tonotópico. Notavelmente, uma versão desse mapa sonoro repete-se em cada uma das cinco estações subsequentes do sistema auditivo no caminho para o córtex auditivo, onde o mapa é por fim disposto em uma bainha. Ouvimos uma orquestra tocar ou a voz de um cantor quando neurônios ao longo da cadeia auditiva se tornam ativos e quando a disposição cortical final distribui espacialmente todas as ricas subestruturas sonoras que chegam a nossos ouvidos.

 O esquema do mapeamento aplica-se amplamente a padrões correspondentes à estrutura do corpo, por exemplo, um membro e seus movimentos ou uma ruptura da pele causada por queimadura, ou aos padrões resultantes de sentir as chaves do carro nas mãos, tateando sua forma e a textura lisa de sua superfície.

A fidelidade da correspondência entre os padrões mapeados no cérebro e os objetos reais que os baseiam foi demonstrada em vários estudos. Por exemplo, no córtex visual de um macaco, é possível constatar uma forte correlação entre a estrutura de um estímulo visual (digamos, um círculo ou uma cruz) e o padrão de atividade que ele evoca. Esse fato foi demonstrado pela primeira vez por Roger Tootell em tecido cerebral extraído de macacos. No entanto, em nenhuma circunstância podemos "observar" a experiência visual do macaco, as imagens que ele próprio vê. As imagens, sejam visuais, auditivas ou de qualquer outra variedade, são disponíveis *diretamente*, mas *apenas* para o possuidor da mente na qual elas ocorrem. Elas são privadas e inobserváveis por terceiros. Tudo que os outros podem fazer é supor.

Estudos de neuroimagem do cérebro humano também estão começando a revelar essas correlações. Usando a análise multivariada de padrões, vários grupos de pesquisa, entre eles o nosso, conseguiram mostrar que certos padrões de atividade em córtices sensoriais humanos correspondem distintivamente a determinada classe de objetos.[3]

MAPAS E MENTES

Uma consequência espetacular do mapeamento incessante e dinâmico no cérebro é a mente. Os padrões mapeados constituem o que nós, criaturas conscientes, conhecemos como visões, sons, sensações táteis, cheiros, gostos, dores, prazeres e coisas do gênero — imagens, em suma. As imagens em nossa mente são os mapas momentâneos que o cérebro cria de todas as coisas dentro ou fora de nosso corpo, imagens concretas e abstratas, em curso ou previamente gravadas na memória. As palavras que uso agora para trazer estas ideias ao leitor formaram-se primeiro, ainda que de modo breve e impreciso, como imagens auditivas, visuais ou somatossensitivas de fonemas e morfemas, antes que eu as implementasse na página em sua versão escrita. Analogamente, as palavras escritas que agora o leitor vê impressas são de início processadas em seu cérebro como imagens *verbais* (imagens visuais de linguagem escrita) antes que sua ação no cérebro desencadeie a evocação de outras imagens, de um tipo *não verbal*. Os tipos de imagens não verbais são aqueles que nos ajudam a exibir mentalmente os conceitos que correspondem às palavras. Os sentimentos que compõem um pano de fundo em cada instante mental e que indicam sobretudo aspectos do estado do corpo também são imagens. A percepção, em qualquer modalidade sensorial, é resultado da habilidade cartográfica do cérebro.

As imagens representam as propriedades físicas das entidades e suas relações espaciais e temporais, bem como suas ações. Algumas imagens, que provavelmente resultam de um mapeamento que o cérebro faz dele próprio no ato de mapear, são muito abstratas. Descrevem os padrões de ocorrência dos objetos no tempo e no espaço, as relações espaciais e o movimento dos objetos conforme sua velocidade e trajetória etc. Algumas imagens traduzem-se em composições musicais ou descrições matemáticas. O processo mental é um fluxo contínuo de imagens desse tipo, algumas das quais correspondem a eventos que estão ocorrendo fora do cérebro, enquanto outras são reconstituídas de memória no processo de evocação. A mente é uma combinação sutil e fluida de imagens de fenômenos em curso e de imagens evocadas, em proporções sempre mutáveis. As imagens na mente tendem a se relacionar entre si de modo lógico, com certeza quando correspondem a fenômenos no mundo externo ou dentro do corpo, fenômenos esses que são inerentemente governados pelas leis da física e da biologia que definem o que consideramos lógico. Obviamente, quando devaneamos podemos produzir continuidades ilógicas de imagens, e o mesmo ocorre quando alguém sente vertigem — a sala não gira realmente, a mesa não vira para cima da pessoa, muito embora as imagens lhe digam coisa diferente —, e também quando se está sob efeito de drogas alucinógenas. Salvo essas situações especiais, o mais das vezes o fluxo de imagens avança no tempo, depressa ou devagar, em ordem ou aos saltos, e às vezes o fluxo avança não em uma sequência apenas, mas em várias. Ora as sequências são concorrentes, ocorrendo de modo paralelo, ora se encontram e se sobrepõem. Quando a mente consciente está em pleno funcionamento, a sequência de imagens é eficiente e mal nos deixa entrever o que se passa nas margens.

Mas além da lógica imposta pelos fenômenos que estão em curso na realidade externa ao cérebro — uma disposição lógica que nossos circuitos cerebrais moldados pela seleção natural prenunciam já nos primeiros estágios de desenvolvimento — as imagens em nossa mente ganham mais ou menos destaque no fluxo mental conforme o valor que têm para o indivíduo. E de onde vem esse valor? Ele vem do conjunto original de disposições que orientam a regulação da vida, e também dos valores que foram atribuídos a todas as imagens que adquirimos gradualmente em nossa existência, baseados no conjunto original de disposições de valor em nossa história passada. Em outras palavras, a mente não se ocupa apenas de imagens que entram naturalmente em sequência. Ela também se ocupa de escolhas, editadas como em um filme, que nosso disseminado sistema de valor biológico favoreceu. A procissão mental não respeita a ordem de entrada. Segue seleções baseadas no valor, inseridas em uma estrutura lógica ao longo do tempo.[4]

Finalmente, e essa é outra questão fundamental, temos mente não consciente *e* mente consciente. Imagens continuam a formar-se, pela percepção ou evocação, mesmo quando não estamos conscientes delas. Muitas imagens nunca recebem a atenção da consciência e não são ouvidas ou vistas diretamente na mente consciente. E no entanto, em muitos casos tais imagens são capazes de influenciar nosso pensamento e nossas ações. Um rico processo mental relacionado ao raciocínio e ao pensamento criativo pode ocorrer enquanto estamos conscientes de outra coisa. Retomarei o tema da mente não consciente na parte IV.

Em conclusão, as imagens baseiam-se em mudanças que ocorrem no corpo e no cérebro durante a interação física de um objeto com o corpo. Sinais enviados por sensores localizados em todo o corpo constroem padrões neurais que mapeiam a *interação* do organismo com o objeto. Os padrões neurais são formados transitoriamente nas diversas regiões sensoriais e motoras do cérebro que normalmente recebem sinais provenientes de regiões específicas do corpo. A montagem dos padrões neurais transitórios é feita a partir de uma seleção de circuitos neuronais recrutados pela interação. Podemos conceber esses circuitos neuronais como tijolos preexistentes no cérebro para serem usados na construção das imagens.

O mapeamento no cérebro é uma característica funcional distintiva de um sistema dedicado a gerir e controlar o processo da vida. A capacidade do cérebro para criar mapas serve a seu propósito gestor. Em um nível simples, o mapeamento pode detectar a presença ou indicar a posição de um objeto no espaço ou a direção de sua trajetória. Isso pode ser útil para percebermos um perigo ou uma oportunidade que devemos evitar ou aproveitar. E, quando nossa mente se serve de múltiplos mapas de todas as variedades sensoriais e cria uma perspectiva multíplice do universo externo ao cérebro, podemos reagir com mais precisão aos objetos e fenômenos nesse universo. Além disso, quando os mapas são gravados na memória e podem ser trazidos de volta, evocados na imaginação, tornamo-nos capazes de planejar e inventar respostas melhores.

A NEUROLOGIA DA MENTE

Faz sentido indagar que partes do cérebro trabalham para a geração da mente e que partes não trabalham? É uma pergunta complicada mas legítima. Depois de um século e meio de estudo das consequências de lesões cerebrais, temos agora dados que permitem esboçar uma resposta preliminar. Certas regiões do cérebro, apesar de suas importantes contribuições para funções cerebrais fundamentais, não participam da geração da mente. Certas regiões inequivocamente estão envolvidas na produção da mente em um nível básico, indispensável. E algumas outras regiões ajudam na geração da mente com tarefas que envolvem a criação e a recuperação de imagens, e também a administração do fluxo das imagens, cuidando de sua "edição" e continuidade.

A medula espinhal inteira parece não ser essencial à geração básica da mente. A perda total da medula espinhal acarreta graves deficiências motoras, perdas profundas da sensação do corpo e certo embotamento das emoções e sentimentos. No entanto, se o nervo vago, cujo trajeto é paralelo à medula espinhal, estiver preservado (como quase sempre ocorre em casos assim), o trânsito de sinais entre o cérebro e o corpo permanece forte o suficiente para assegurar o controle autônomo, gerenciar as emoções e sentimentos básicos e manter os aspectos da consciência que requerem inputs do corpo. Sem dúvida, a produção da mente não é destruída por lesão na medula espinhal, o que sabemos muito bem com base em todos os tristes casos de pessoas acidentadas que sofreram lesão em qualquer nível da medula espinhal. A mente admirável de Christopher Reeve e também sua consciência sobreviveram à grave lesão que ele sofreu na medula espinhal. Exteriormente, segundo me recordo de um encontro que tive com ele, só o sutil funcionamento de suas expressões emocionais ficou um tanto comprometido. Desconfio que as representações mentais dos estímulos somatossensitivos provenientes dos membros e do tronco são totalmente formadas apenas no nível dos núcleos do tronco cerebral superior, com sinais que vêm tanto da medula espinhal como do nervo vago, deixando assim a medula espinhal em uma posição periférica em relação à geração básica da mente. (Outro modo de situar a medula espinhal relativamente à produção da mente é dizer que suas contribuições não fazem falta à função global, ainda que, quando as contribuições estão presentes, podem ser bem avaliadas. Depois de uma transeção da medula espinhal, o paciente não sente dor, mas apresenta os reflexos "relacionados à dor", indicando que o mapeamento da lesão no tecido continua a ser feito no nível da medula espinhal, mas não é sinalizado para cima, não chegando ao tronco cerebral e ao córtex.)

A mesma isenção aplica-se ao cerebelo, sem dúvida no caso de adultos. O cerebelo tem papéis importantes na coordenação dos movimentos e na modulação das emoções, além de estar envolvido no aprendizado e na evocação de habilidades e em aspectos cognitivos do desenvolvimento de habilidades. No entanto, pelo que sabemos, a produção da mente no nível básico não é de sua alçada. Podemos dizer o mesmo sobre o hipocampo, que é essencial para o aprendizado de novos fatos e é regularmente recrutado pelo processo normal de evocação, mas cuja ausência não compromete a geração básica da mente. Tanto o cerebelo como o hipocampo são assistentes nos processos de edição e continuidade de imagens e movimentos, com várias regiões corticais dedicadas ao controle motor, que, provavelmente, também têm um papel na montagem das continuidades no processo mental. Isso é fundamental, obviamente, para o funcionamento abrangente da mente, mas não é necessário à produção básica de imagens. As evidências negativas quanto às capacidades do hipocampo e dos córtices adjacentes para gerar a mente são eloquentes. Provêm do comportamento e de relatos em primeira pessoa de pacientes cujos hipocampos e córtices temporais anteriores foram destruídos bilateralmente, em decorrência de condições como lesão anóxica, encefalite por *Herpes simplex* ou ablação cirúrgica. Para esses pacientes, em grande medida o aprendizado de novos fatos é impossível, e em menor grau eles também perdem a capacidade de recordar o passado. Ainda assim, a mente dessas pessoas continua imensamente rica, quase sempre com percepção visual, auditiva e tátil normal. Além disso, sua recordação de conhecimentos em níveis genéricos (não únicos) é abundante. A maior parte dos aspectos fundamentais de sua consciência permanece intacta.

Para o córtex cerebral, o panorama é radicalmente diferente. Várias de suas regiões inequivocamente participam da produção das imagens que contemplamos e manipulamos na mente. E os córtices que não produzem imagens tendem a estar envolvidos em sua gravação ou manipulação durante o processo de raciocínio, decisão e ação. Os córtices sensoriais iniciais (as áreas corticais onde se inicia o processamento sensitivo) relacionados a visão, audição, sensação somática, paladar e olfato, que parecem ilhas no oceano do córtex cerebral, certamente produzem imagens. Essas ilhas são auxiliadas na tarefa por dois tipos de núcleo talâmico: de retransmissão (que trazem informações da periferia) e de associação (com os quais vastos setores do córtex cerebral são conectados bidirecionalmente).

Dados eloquentes respaldam essa noção. Sabemos que um dano significativo em cada ilha do córtex sensorial incapacita substancialmente a função de mapeamento do respectivo setor. Por exemplo, as vítimas de dano bilateral nos córtices visuais iniciais passam a sofrer de cegueira cortical. Tais pacientes perdem a capacidade de formar imagens visuais detalhadas, não só na percepção, mas em muitos casos também na evocação. Poderão ter uma visão residual que chamamos de "visão cega", na qual indicações não conscientes permitem-lhes certa orientação visual para suas ações. Uma situação comparável é vista em casos de dano significativo em outros córtices sensoriais. O restante do córtex cerebral, o oceano ao redor das ilhas, embora não participe primariamente da produção de imagens, está envolvido na construção e processamento, ou seja, na gravação, evocação e manipulação de imagens geradas nos córtices sensoriais iniciais, como veremos no capítulo 6.[5]

Eu, porém, contrariando a tradição e as convenções, acredito que a mente não é produzida apenas no córtex cerebral. Suas primeiras manifestações originam-se no tronco cerebral. A ideia de que o processamento mental começa no nível do tronco cerebral é tão incomum que nem chega a ser malvista. Entre os que a defendem ardorosamente, destaco Jaak Panksepp. Essa ideia, e a noção de que os sentimentos primordiais surgem no tronco cerebral, são afins.[6] Dois núcleos do tronco cerebral, o núcleo do trato solitário e o núcleo parabraquial, participam da geração de aspectos básicos da mente: os sentimentos suscitados pelos acontecimentos correntes da vida, incluindo os que designamos como dor ou prazer. Na minha concepção, os mapas gerados por essas estruturas são simples e em grande medida desprovidos de detalhes espaciais, mas resultam em sentimentos. É muito provável que esses sentimentos são os principais constituintes da mente, baseados em sinais enviados diretamente do corpo. Um dado interessante é que eles também são componentes primordiais e indispensáveis do self e dão à mente a primeira e incipiente revelação de que *seu* organismo está vivo.

Variedades de mapas (imagens)	Objetos de origem
I mapas da estrutura e estado interno do organismo (mapas interoceptivos)	a condição funcional dos tecidos corporais; por exemplo, o grau de contração/distensão da musculatura lisa, parâmetros do estado do meio interno
II mapas de outros aspectos do organismo (mapas proprioceptivos)	imagens de componentes corporais específicos, como articulações, musculatura estriada, algumas vísceras
III mapas do mundo externo ao organismo (mapas exteroceptivos)	qualquer objeto ou fenômeno que ative uma sonda sensitiva, como a retina, a cóclea ou os mecanorreceptores da pele

Figura 3.1. As variedades de mapas (imagens) e os objetos que as originam. Quando os mapas são experienciados, tornam-se imagens. Uma mente normal inclui imagens de todas as três variedades acima citadas. As imagens do estado interno do organismo constituem os sentimentos primordiais. Imagens de outros aspectos do organismo combinadas às do estado interno constituem sentimentos corporais específicos. Os sentimentos de emoções são variações de sentimentos corporais complexos causados por um objeto específico e concernentes a ele. Imagens do mundo externo são normalmente acompanhadas por imagens das variedades I e II.

Sentimentos são uma variedade de imagem cuja relação única com o corpo os torna especiais (ver capítulo 4). Os sentimentos são imagens sentidas espontaneamente. Todas as outras imagens são sentidas porque são acompanhadas pelas imagens específicas que chamamos de sentimentos.

Esses importantes núcleos do tronco cerebral não produzem meros mapas virtuais do corpo; eles produzem estados corporais *sentidos*. E, quando temos alguma *sensação* de dor e prazer, devemos agradecer primeiro a essas estruturas, assim como a estruturas motoras que, em conjunto com elas, permitem uma alça de sinalização entre o cérebro e o corpo: os núcleos da matéria cinzenta periaquedutal.

O PRINCÍPIO DA MENTE

Para ilustrar minha ideia quando me refiro ao princípio da mente, preciso discorrer, mesmo que brevemente, sobre três fontes de evidências. Uma provém de pacientes com lesão nos córtices insulares. Outra, de crianças nascidas sem córtex cerebral. A terceira está associada às funções do tronco cerebral em geral e às funções dos colículos superiores em particular.

As sensações de dor e prazer depois de destruição insular

No capítulo sobre as emoções (capítulo 5), veremos que os córtices insulares sem dúvida participam do processamento de uma grande variedade de sentimentos, desde os que acompanham as emoções até os que representam prazer ou dor, conhecidos resumidamente como sentimentos corporais. Lamentavelmente, as eloquentes evidências que associam sentimentos à ínsula foram interpretadas como um indício de que a base de todos os sentimentos encontra-se apenas no nível cortical; assim, os córtices insulares são vistos como equivalentes aproximados dos córtices visuais e auditivos iniciais. Mas assim como a destruição dos córtices visuais e auditivos não extingue a visão e a audição, a destruição total dos córtices insulares, de ponta a ponta nos dois hemisférios cerebrais, não resulta em uma extinção total dos sentimentos. Ao contrário: sentimentos de dor e prazer permanecem após um dano em *ambos* os córtices insulares causado pela encefalite por *Herpes simplex*. Com meus colegas Hanna Damásio e Daniel Tranel, observei repetidamente que tais pacientes apresentam respostas de prazer ou dor na presença de uma variedade de estímulos e que continuam a sentir emoções, as quais eles relatam de modo inequívoco. Os pacientes mencionam desconforto com temperaturas extremas, sentem tédio com tarefas maçantes e se aborrecem quando seus pedidos são negados. A reatividade social que depende da presença de sentimentos emocionais não fica comprometida. O apego é mantido até mesmo com pessoas que eles não são capazes de reconhecer como entes queridos ou conhecidos porque, como parte da síndrome herpética, um dano concomitante no setor anterior dos lobos temporais compromete gravemente a memória autobiográfica. Além disso, a manipulação experimental de estímulos leva a mudanças demonstráveis na experiência dos sentimentos.[7]

Faz sentido supor que, na ausência dos dois córtices insulares, os sentimentos de dor e prazer surgem em dois núcleos do tronco cerebral já mencionados (do trato solitário e parabraquial), ambos receptores adequados de sinais provenientes do interior do corpo. Em indivíduos normais, esses dois núcleos enviam seus sinais para o córtex insular por intermédio de núcleos talâmicos dedicados (capítulo 4). Em resumo, enquanto os núcleos do tronco cerebral assegurariam um nível básico de sentimentos, os córtices insulares proporcionariam uma versão mais diferenciada desses sentimentos e, importantíssimo, seriam capazes de associar os sentimentos a outros aspectos da cognição com base na atividade de outras partes do cérebro.[8]

Os dados que corroboram essa ideia são reveladores. O núcleo do trato solitário e o núcleo parabraquial recebem um conjunto completo de sinais que descrevem o estado do meio interno do corpo como um todo. Nada lhes escapa. Há sinais da medula espinhal e do núcleo trigeminal e até sinais de regiões "nuas" do

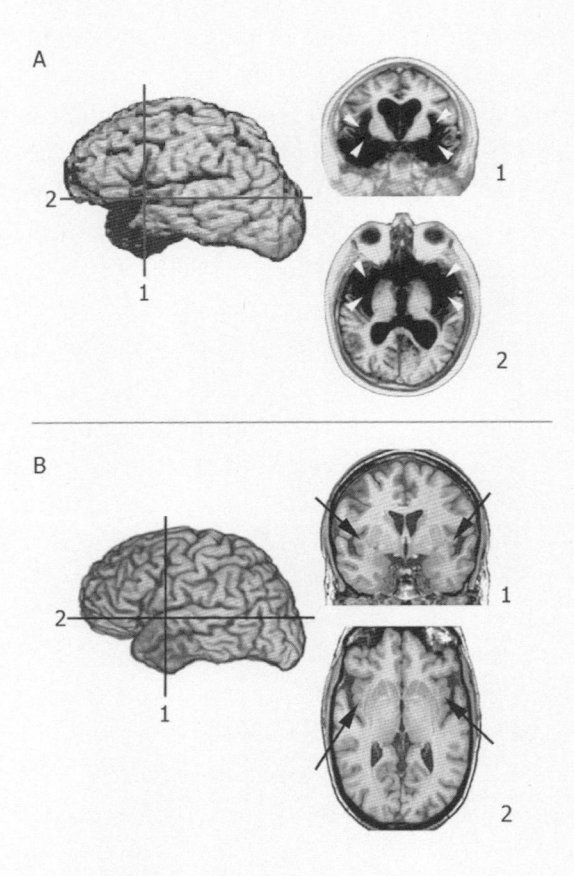

Figura 3.2. O painel A mostra imagens por ressonância magnética de um paciente com dano total nos córtices insulares nos hemisférios esquerdo e direito. À esquerda, vemos uma reconstrução tridimensional do cérebro do paciente. À direita, temos dois cortes transversais no cérebro (indicados como 1 e 2), ao longo das linhas pretas vertical e horizontal à esquerda, respectivamente assinaladas como 1 e 2. A área em preto corresponde ao tecido cerebral destruído pela doença. As setas brancas mostram os locais onde deveria estar a ínsula. O painel B mostra um cérebro normal em três dimensões e dois cortes feitos nos mesmos níveis. As setas pretas indicam o córtex insular normal.

cérebro, como a área postrema vizinha, que são desprovidas da barreira hematoencefálica e cujos neurônios respondem diretamente a moléculas que circulam pela corrente sanguínea. Os sinais compõem um quadro abrangente do meio interno e das vísceras, e esse quadro vem a ser o principal componente de nossos estados de sentimento. Esses núcleos são profusamente conectados uns aos outros e também têm ricas conexões com a matéria cinzenta periaquedutal (ou PAG, *periâqueductal gray*), situada nas proximidades. A PAG é um complexo conjunto de núcleos, com várias subunidades, e origina um vasto conjunto de respostas emocionais relacionadas a defesa, agressão e tolerância à dor. O riso e o choro, expressões de nojo ou medo e as reações de paralisar-se ou correr em situações de medo são desencadeados a partir da PAG. O vaivém das conexões entre esses núcleos presta-se bem à produção de representações complexas. O diagrama básico das conexões dessas regiões as qualifica para o papel de produtoras de imagens, e o tipo de imagem gerado por esses núcleos são sentimentos. Além disso, como esses sentimentos são etapas iniciais e fundamentais da construção da mente e como são cruciais para a manutenção da vida, faz sentido na boa engenharia (quero dizer que faz sentido evolucionariamente) que o maquinário de apoio tenha por base estruturas literalmente vizinhas às da regulação da vida.[9]

A estranha situação das crianças sem córtex cerebral

Por várias razões, podem nascer crianças com estruturas do tronco cerebral intactas mas desprovidas de boa parte das estruturas telencefálicas: córtex cerebral, tálamo e gânglios basais. Essa triste condição pode ocorrer mais comumente em razão de um acidente vascular grave no útero e, em consequência, a maior parte ou o total do córtex cerebral é danificado e reabsorvido, deixando a cavidade craniana cheia de líquido cerebroespinhal.

Essa condição recebe o nome de hidranencefalia, termo que a distingue das anomalias de desenvolvimento conhecidas de modo geral como anencefalia, as quais comprometem outras estruturas além do córtex cerebral.[10] As crianças afetadas podem sobreviver por muitos anos, inclusive até depois da adolescência, e frequentemente se supõe que sua condição seja "vegetativa". Em geral, são internadas em hospitais especializados.

No entanto, essas crianças estão longe de ser vegetativas. Ao contrário, estão despertas e apresentam comportamentos. Em um grau limitado, porém não insignificante, conseguem comunicar-se com quem cuida delas e interagir com o mundo. Sua *mente* manifestamente está funcionando, em contraste com a situação dos pacientes em estado vegetativo ou com mutismo acinético. Seu infortúnio permite-nos um raro vislumbre do tipo de mente que ainda pode ser engendrada na ausência do córtex cerebral.

Como são essas pobres crianças? Seus movimentos são muito limitados devido à falta de tônus muscular na espinha e à espasticidade de seus membros. Mas podem mover livremente a cabeça e os olhos e demonstrar emoções no rosto. Podem sorrir na presença de estímulos que fariam sorrir uma criança normal, como um brinquedo, algum som, e até rir e expressar alegria normal quando alguém lhes faz cócegas. Elas podem franzir o cenho e retrair-se ao sofrer estímulos dolorosos. São capazes de mover-se na direção de um objeto ou situação que desejam — por exemplo, engatinhar até um trecho de assoalho iluminado pelo sol e ali ficar desfrutando o calor. A *expressão* que se vê então nessas crianças é de satisfação, ou seja, elas manifestam exteriormente o tipo de sentimentos que previsivelmente veríamos surgir na presença de uma resposta emocional apropriada ao estímulo.

Essas crianças são capazes de orientar a cabeça e os olhos, ainda que sem firmeza, para a pessoa que se dirige a elas ou que as toca, e revelar preferência por determinados indivíduos. Tendem a sentir medo de estranhos e parecem mais felizes quando estão perto da mãe ou da pessoa que normalmente cuida delas. Seus gostos e aversões são evidentes, notavelmente na esfera musical. Elas tendem a preferir certas músicas, podem responder a diferentes sons de instrumentos e vozes humanas. Também podem responder a andamentos musicais diferentes e a distintos estilos de composição. Seu rosto é um bom reflexo de seu estado emocional. Em suma, elas se mostram mais alegres quando são tocadas ou lhes fazem cócegas, quando ouvem suas músicas favoritas e quando veem certos brinquedos. Obviamente ouvem e veem, embora não tenhamos como saber se o fazem bem ou mal. Sua audição parece superior à visão.

Por força, tudo o que elas veem e ouvem provém de atividade subcortical, muito provavelmente dos colículos, que são intactos. Tudo o que sentem é produzido subcorticalmente, pelo núcleo do trato solitário e pelo núcleo parabraquial, que são intactos, pois elas não possuem o córtex insular nem os córtices somatossensitivos I e II para assistir nessa tarefa. As emoções que produzem têm de ser desencadeadas a partir dos núcleos na matéria cinzenta periaquedutal e ser executadas pelos núcleos do nervo craniano que controlam as expressões faciais das emoções (esses núcleos também são intactos). O gerenciamento do processo da vida é alicerçado em um hipotálamo intacto, localizado imediatamente acima do tronco cerebral, e ajudado por um sistema endócrino intacto e pela rede do nervo vago. As meninas hidranencefálicas até menstruam na puberdade.

Não há dúvida de que um processo mental se evidencia nessas crianças. Do mesmo modo, suas expressões de alegria, mantidas por muitos segundos ou até por minutos e condizentes com o estímulo causador, nos fornecem razões para que as associemos a estados de sentimento. Sou levado a supor que a *alegria* que elas demonstram é uma alegria real *sentida*, mesmo que não sejam capazes de expressá-las em palavras. Se isso for verdade, elas atingem o primeiro degrau de um mecanismo que conduz gradualmente à consciência, ou seja, sentimentos ligados a uma representação integrada do organismo (um protosself), possivelmente modificados pela interação com objetos, constituindo uma experiência elementar.

A possibilidade de que elas tenham de fato uma mente consciente, ainda que extremamente modesta, é corroborada por uma fascinante descoberta. Quando essas crianças sofrem uma convulsão de ausência, seus cuidadores detectam facilmente o começo da crise; também conseguem distinguir o fim da crise, quando dizem que "a criança voltou para eles". A convulsão parece suspender a mínima consciência que normalmente apresentam.

Os hidranencefálicos mostram-nos um quadro perturbador que nos informa sobre os limites das estruturas do tronco cerebral e do córtex cerebral no ser humano. Essa condição refuta a ideia de que a senciência, os sentimentos e as emoções têm origem apenas no córtex cerebral. Isso é impossível. O grau possível de senciência, sentimento e emoção em tais casos é obviamente limitado e, muito importante, é desvinculado do mundo mental mais amplo que, isso sim, só o córtex cerebral pode permitir. No entanto, como passei boa parte da vida estudando os efeitos de lesões cerebrais sobre a mente e o comportamento humano, posso afirmar que essas crianças pouco têm em comum com os pacientes em estado vegetativo, uma condição na qual a interação com o mundo é ainda mais reduzida e que pode, aliás, ser causada por lesões precisamente nas mesmas regiões do tronco cerebral que *estão intactas* nos hidranencefálicos. Se é que podemos fazer alguma comparação — depois de abstrair as deficiências motoras —, seria entre as crianças hidranencefálicas e os recém-nascidos, nos quais claramente existe uma mente em funcionamento mas o self central ainda é incipiente. Isso condiz com o fato de que os hidranencefálicos podem ter sua condição diagnosticada meses após o nascimento, quando os pais notam que não se desenvolvem bem e os exames de imagem revelam a catastrófica ausência do córtex. A razão por trás da vaga semelhança não é muito difícil de perceber: os recém-nascidos normais não possuem um córtex cerebral totalmente mielinizado, que virá com o desenvolvimento. Eles já possuem um tronco cerebral plenamente funcional, mas seu córtex cerebral ainda é apenas parcialmente funcional.

Nota sobre o colículo superior

Os colículos superiores são parte do teto, uma região fortemente inter-relacionada com os núcleos da matéria cinzenta periaquedutal e, indiretamente, com o núcleo do trato solitário e com o núcleo parabraquial. A participação do colículo superior no comportamento ligado à visão é bem conhecida. No entanto, com exceção dos notáveis estudos de Bernard Strehler, Jaak Panksepp e Bjorn Merker, o possível papel dessas estruturas no processo da mente e do self raramente é levado em conta.[11] A anatomia do colículo superior é fascinante e quase nos compele a supor o que sua estrutura deve realizar. O colículo superior tem sete camadas; as camadas I a III são as "superficiais", enquanto as de IV a VII são chamadas de "profundas". Todas as conexões que entram e saem das camadas superficiais relacionam-se à visão, e a camada II, a principal camada superficial, recebe sinais da retina e do córtex visual primário. Essas camadas superficiais formam um mapa retinoscópico do campo visual contralateral.[12]

As camadas profundas do colículo superior contêm, além de um mapa do mundo visual, mapas topográficos de informações auditivas e somáticas, estas últimas provenientes da medula espinhal e do hipotálamo. As três variedades de mapas — visuais, auditivos e somáticos — têm um registro espacial. Isso significa que são empilhadas de modo tão preciso que as informações disponíveis em um mapa para, por exemplo, a visão correspondem às informações, em outro mapa, relacionadas à audição ou ao estado do corpo.[13] Em nenhum outro lugar do cérebro informações fornecidas pela visão, audição e vários aspectos do estado do corpo apresentam tamanho grau de sobreposição, oferecendo a perspectiva de integração. Essa integração torna-se ainda mais significativa porque seus resultados podem ter acesso ao sistema motor (por intermédio das estruturas próximas na matéria cinzenta periaquedutal e via córtex cerebral).

Outro dia, uma simpática lagartixa corria pelo terraço lá de casa atrás de uma mosca desajuizada, que insistia em voar zumbindo perigosamente perto dela. A lagartixa rastreou direitinho a mosca e por fim a fisgou com a língua no instante preciso. Seus neurônios coliculares mapearam a posição da mosca de momento a momento e guiaram os músculos da lagartixa, comandando a saída da língua quando a presa se pôs ao alcance. A perfeição adaptativa desse comportamento visuomotor a seu ambiente é impressionante. Mas agora, para ficarmos ainda mais impressionados, imaginemos a vertiginosa sequência de disparos neuronais do colículo superior da lagartixa e façamos uma pausa para refletir. O que foi que a lagartixa *viu*? Não posso ter certeza, mas desconfio que ela viu um pontinho preto em movimento, ziguezagueando por um campo de visão sem outros elementos nítidos. O que é que a lagartixa *sabia* sobre o que estava acontecendo? Nada, suponho, naquele sentido de saber que é o nosso. E o que ela sentiu quando comeu seu trabalhoso almoço? Penso que seu tronco cerebral registrou o êxito do comportamento de acompanhar e atingir o alvo e os resultados da melhora de seu estado homeostático. Os substratos dos sentimentos da lagartixa provavelmente estavam em boa ordem, embora ela não fosse capaz de refletir sobre a notável habilidade que acabara de exibir. Ah, se ela soubesse!

Essa poderosa integração de sinais está a serviço de um propósito óbvio e imediato: coligir informações necessárias para guiar uma ação eficaz, seja o movimento dos olhos, dos membros ou da língua. Isso é alcançado graças a ricas conexões que vão dos colículos a todas as regiões cerebrais necessárias para guiar os movimentos eficazmente, no tronco cerebral, medula espinhal, tálamo e córtex cerebral. Mas, além de possibilitar a orientação bem-sucedida dos movimentos, é possível que existam consequências mentais "internas" desse útil mecanismo. Muito provavelmente, os mapas integrados produzidos no próprio colículo superior também geram imagens — nada que se compare à riqueza daquelas criadas no córtex cerebral, mas ainda assim imagens. Algo dos princípios da mente provavelmente pode ser encontrado aqui, e quem sabe também algo dos princípios do self.[14]

E quanto ao colículo superior no ser humano? Nos humanos, a destruição seletiva do colículo superior é rara, tão rara que na literatura neurológica só existe um caso registrado de dano bilateral, felizmente estudado por um eminente neurologista e neurocientista, Derek Denny-Brown.[15] A lesão foi causada por trauma, e o paciente sobreviveu por meses com a consciência gravemente comprometida, em um estado que mais se assemelhava ao mutismo acinético. Isso indica um comprometimento da atividade mental, mas devo acrescentar que na ocasião em que encontrei um paciente com dano colicular, só pude detectar um breve distúrbio da consciência.

Ver apenas com os colículos depois de ter perdido os córtices visuais possivelmente consiste em perceber que algum objeto não especificado está se movendo em um dos quadrantes da visão — afastando-se, digamos, ou se aproximando. Em nenhum dos casos a pessoa será capaz de descrever mentalmente o objeto, e talvez nem mesmo esteja consciente dele. Estamos falando aqui de uma mente muito vaga, coligindo informações superficiais sobre o mundo, embora o fato de as imagens serem imprecisas e incompletas não as torne inúteis ou inválidas, como atestam os pacientes com visão cega. Mas quando a ausência dos córtices visuais é congênita, como nos casos dos pacientes hidranencefálicos já mencionados, os colículos superior e inferior podem dar contribuições mais substanciais ao processo mental.

Devo acrescentar um último fato às evidências que nos aconselham a promover o colículo superior a contribuidor da mente. O colículo superior produz oscilações elétricas na banda gama, um fenômeno que foi associado à ativação sincrônica de neurônios e que, na hipótese do neurofisiologista Wolf Singer, é um correlato da percepção coerente, possivelmente até da consciência. Pelo que sabemos até o presente, o colículo superior é a única região do cérebro fora do córtex que apresenta oscilações na banda gama.[16]

MAIS PRÓXIMO DA GERAÇÃO DA MENTE?

O quadro que emerge da exposição acima indica que a produção da mente é uma atividade altamente seletiva. Não existe uma participação uniforme de todo o sistema nervoso central no processo. Certas regiões não participam, algumas estão envolvidas mas não são os agentes principais, e algumas fazem o grosso do trabalho. Entre estas últimas, algumas fornecem imagens minuciosas, outras produzem um tipo simples mas fundamental de imagens, por exemplo os sentimentos corporais. Todas as regiões envolvidas na geração da mente têm padrões de interconectividade altamente diferenciados, sugerindo uma integração de sinais muito complexa.

Contrastar o conjunto de regiões que contribuem e não contribuem para a produção da mente não nos diz que tipo de sinais os neurônios têm de produzir, não especifica as frequências ou intensidades dos disparos neuronais nem os padrões de coalizão entre grupos de neurônios. Mas nos indica certos aspectos do diagrama de conexões que os neurônios requerem para participar da produção da mente. Por exemplo, os sítios corticais geradores da mente são agrupamentos de regiões interligadas organizadas próximo à porta de entrada de inputs enviados por sondas sensitivas periféricas. Os sítios subcorticais geradores da mente também são grupos de regiões fortemente interligadas, neste caso núcleos, e também se organizam ao redor de inputs que chegam de outra "periferia", o próprio corpo.

Outro requisito, que se aplica tanto ao córtex cerebral como aos núcleos subcorticais: tem de haver uma vasta interconectividade entre as regiões produtoras da mente para que a recursividade prevaleça e seja possível uma grande complexidade de sinalizações recíprocas entre as regiões, uma característica que, no caso do córtex, é ampliada pela interligação corticotalâmica. (Os termos "reentrante" e "recursivo" referem-se à sinalização que, em vez de apenas avançar por uma única cadeia, também retorna à origem, voltando ao grupo de neurônios onde começa cada elemento da cadeia.) As regiões corticais produtoras da mente também recebem numerosos inputs de diversos núcleos situados inferiormente, alguns no tronco cerebral, outros no tálamo; eles modulam a atividade cortical por meio de neuromoduladores (como as catecolaminas) e neurotransmissores (como o glutamato).

Finalmente, é preciso que a sinalização apresente certa coordenação temporal para que os elementos de um estímulo que chegam juntos à sonda sensitiva periférica possam manter-se juntos enquanto os sinais são processados no cérebro. Para que surjam estados mentais, pequenos circuitos neuronais têm de comportar-se de modo muito singular. Por exemplo, em pequenos circuitos cuja atividade indica que determinada característica está presente, os neurônios aumentam seu ritmo de disparo. Os conjuntos de neurônios que estão trabalhando juntos para indicar alguma combinação de características precisam *sincronizar* suas taxas de disparo. Isso foi demonstrado pela primeira vez em macacos, por Wolf Singer e colegas (e também por R. Eckhorn). Eles constataram que as regiões separadas do córtex visual envolvidas no processamento do mesmo objeto apresentavam atividade sincronizada na faixa de 40 Hz.[17] Provavelmente essa sincronização é obtida graças a oscilações na atividade neuronal. Quando o cérebro está formando imagens perceptuais, os neurônios das regiões separadas que contribuem para a percepção mostram oscilações sincronizadas na banda de alta frequência gama. Isso pode ser parte do segredo por trás da "ligação" de regiões separadas por meio do tempo; recorrerei a esse tipo de mecanismo para explicar o funcionamento das zonas de convergência-divergência (capítulo 6) e a formação do self (capítulos 8, 9 e 10).[18] Em outras palavras, além de construir mapas complexos em diversos locais separados, o cérebro tem de *relacionar* esses mapas uns aos outros em conjuntos coerentes. A coordenação temporal pode muito bem ser a chave para o estabelecimento dessas relações.

Em resumo, a ideia de um mapa como uma entidade separada é meramente uma abstração útil. A abstração esconde o número imenso de interconexões neuronais que estão envolvidas em cada região separada e que geram um grau enorme de complexidade na sinalização. O que vivenciamos como estados mentais não corresponde apenas à atividade em uma área cerebral delimitada, mas ao resultado de uma vasta sinalização recursiva envolvendo várias regiões. No entanto, como explicarei no capítulo 6, os aspectos explícitos de certos conteúdos mentais — dado rosto, certa voz — provavelmente são *coligidos* em um conjunto específico de regiões cerebrais cuja estrutura presta-se à montagem de mapas, embora com a ajuda de outras regiões. Em outras palavras, existe alguma especificidade anatômica por trás da produção da mente, alguma sutil diferenciação funcional no turbilhão da complexidade neural global.

Em nosso empenho para entender a base neural da mente, podemos muito bem nos perguntar se o que foi exposto acima é boa ou má notícia. Há dois modos de responder a essa questão. Um é sentir certo desânimo diante dessa vertiginosa confusão e perder a esperança de que, algum dia, um padrão nítido e evidente possa vir a ser vislumbrado nesse pandemônio biológico. Mas também se pode acolher de bom grado a complexidade, percebendo que o cérebro precisa dessa aparente balbúrdia para gerar algo tão rico, fluente e adaptativo como os estados mentais. Escolho a segunda opção. Seria para mim muito difícil acreditar que um mapa delimitado em uma única região cortical poderia, sozinho, permitir que eu ouvisse as partituras para piano de Bach ou contemplar o Grande Canal de Veneza, muito menos apreciá-los e descobrir seu significado no grande esquema da vida. No que respeita ao cérebro, menos é mais só quando queremos comunicar a essência de um fenômeno. Senão, mais sempre é melhor.

4. O corpo na mente

O TEMA DA MENTE

Antes que a consciência passasse a ser vista como o problema central nos estudos sobre mente e cérebro, um assunto afim, conhecido como o problema mente-corpo, dominou o debate intelectual. Esse tópico permeou, de uma forma ou de outra, o pensamento de filósofos e cientistas, desde Descartes e Espinosa até o presente. O esquema funcional descrito no capítulo 3 deixa clara minha posição nesse problema: a capacidade do cérebro para criar mapas é um elemento essencial da solução. Em resumo, nosso cérebro complexo produz naturalmente, com mais ou menos detalhes, mapas explícitos das estruturas que compõem o corpo. Por força, também mapeia de modo natural os estados funcionais que esses componentes do corpo assumem. Uma vez que, como vimos, os mapas cerebrais são a base das imagens mentais, o cérebro criador de mapas tem o poder de literalmente introduzir o corpo como um *conteúdo* do processo mental. Graças ao cérebro, o corpo torna-se um tema natural da mente.

Mas esse mapeamento do corpo pelo cérebro tem um aspecto singular e sistematicamente menosprezado: embora o corpo seja a coisa mapeada, ele nunca perde o contato com a entidade mapeadora, o cérebro. Em circunstâncias normais, os dois estão ligados do nascimento à morte. Igualmente importante é o fato de que as imagens mapeadas do corpo têm um modo de influenciar permanentemente o próprio corpo em que se originam. É uma situação sem igual. Não tem paralelo nas imagens mapeadas de objetos e fenômenos externos ao corpo, que nunca podem exercer influência direta sobre esses objetos e fenômenos. Acredito que qualquer teoria da consciência que não leve em conta esses fatos está fadada ao fracasso.

As razões por trás da ligação corpo-cérebro já foram expostas. A tarefa de gerir a vida consiste em gerir um corpo, e essa gestão torna-se mais precisa e eficiente graças à presença de um cérebro — especificamente, graças aos circuitos de neurônios que trabalham na gestão. Afirmei que o tema dos neurônios é a vida e a gestão da vida em outras células do corpo, e que essa dedicação requer uma sinalização de mão dupla. Os neurônios atuam sobre outras células do corpo via mensagens químicas ou excitação de músculos, mas para cumprir sua missão precisam de inspiração, digamos assim, fornecida pelo próprio corpo que eles devem impelir. Em cérebros simples, o corpo inspira simplesmente sinalizando a núcleos subcorticais. Esses núcleos possuem "know-how dispositivo", um tipo de conhecimento que não requer representações mapeadas minuciosas. Mas no cérebro complexo os córtices cerebrais criadores de mapas descrevem o corpo e suas ações em detalhes tão explícitos que o dono do cérebro torna-se capaz, por exemplo, de "imaginar" a forma de seus membros e sua posição no espaço, ou o fato de que seu cotovelo ou estômago está doendo.

Trazer o corpo à mente é a suprema expressão do tema intrínseco do cérebro, da sua atitude *intencional* em relação ao corpo, para expressar a ideia em termos ligados ao pensamento de filósofos como Franz Brentano.[1] Para Brentano, a atitude intencional era a marca registrada dos fenômenos mentais, e os fenômenos físicos não tinham atitudes intencionais nem tema. Pelo visto, essa ideia não está correta. Como dissemos no capítulo 2, os organismos unicelulares também *parecem* ter intenções e praticamente nesse mesmo sentido. Em outras palavras, nem o cérebro como um todo nem o organismo unicelular *tenciona* algo deliberadamente com seu comportamento, mas o modo como funcionam dá essa impressão. Essa é mais uma razão para negarmos o abismo intuitivo entre os mundos mental e físico.[2] Nesse aspecto, pelo menos, ele não existe.

O fato de o cérebro ter o corpo como tema traz duas outras consequências espetaculares, que também são indispensáveis para que possamos decifrar os enigmas da mente-corpo e da consciência. O disseminado e minucioso mapeamento do corpo abrange não só o que costumamos considerar como o corpo propriamente dito — o sistema musculoesquelético, os órgãos internos, o meio interno —, mas também os mecanismos especiais da percepção localizados em zonas específicas do corpo, seus postos avançados de espionagem: as mucosas do olfato e do paladar, os elementos táteis da pele, os ouvidos, os olhos. Esses mecanismos fazem parte do corpo tanto quanto o coração e as vísceras, porém ocupam posições privilegiadas. Digamos que eles são como diamantes incrustados numa joia. Todos esses mecanismos têm uma parte feita de "carne simples" (a armação para os diamantes) e outra feita de delicadas e especiais "sondas neurais" (os diamantes). Exemplos importantes da armação são a orelha interna, o canal auricular, a orelha média com seus ossículos e a membrana timpânica, a pele e os músculos ao redor dos olhos e os vários componentes do globo ocular além da retina, como o cristalino e a pupila. Exemplos das delicadas sondas neurais são a cóclea na orelha interna, com suas complexas células ciliadas e capacidades de mapeamento sonoro, e a retina na parte posterior do globo ocular, sobre a qual são projetadas as imagens ópticas. A combinação de "carne" e sonda neural constitui uma fronteira do corpo. Os sinais provenientes do mundo precisam atravessar essa fronteira para entrar no cérebro. Não têm como entrar diretamente.

Em razão desse curioso esquema, *a representação do mundo externo ao corpo só pode entrar no cérebro por intermédio do corpo*, melhor dizendo, de sua superfície. O corpo interage com o meio circundante, e as mudanças causadas *no corpo* pela interação são mapeadas no cérebro. Sem dúvida é verdade que a mente toma conhecimento do mundo exterior por intermédio do cérebro, mas é igualmente verdade que o cérebro só pode obter informações por meio do corpo.

A segunda consequência especial do fato de o tema do cérebro ser o corpo também é notável: mapeando seu corpo de modo integrado, o cérebro consegue criar o componente fundamental daquilo que virá a ser o self. Veremos que o mapeamento do corpo é a chave para elucidar o problema da consciência.

Finalmente, como se os fatos acima já não fossem extraordinários, as estreitas relações entre o corpo e o cérebro são essenciais para compreendermos outra coisa que é fundamental em nossa vida: os sentimentos espontâneos do corpo, as emoções e os sentimentos emocionais.

O MAPEAMENTO DO CORPO

Como é que o cérebro mapeia o corpo? Tratando o corpo propriamente dito e as suas partes como qualquer outro objeto, poderíamos dizer, mas isso não faria justiça à questão. Isso porque, para o cérebro, o corpo propriamente dito é mais do que apenas um objeto qualquer: ele é o objeto *central* do mapeamento, o primeiríssimo foco de sua atenção. (Sempre que possível, uso o termo "corpo" para designar o "corpo propriamente dito" e deixar de lado o cérebro. É óbvio que o cérebro também faz parte do corpo, mas ele tem um status especial: é a parte capaz de se comunicar com todas as outras partes do corpo, e com a qual todas as demais partes se comunicam.)

William James intuiu o grau em que o corpo seria trazido à mente, mas não podia saber como se revelariam intricados os mecanismos responsáveis pela transferência corpo-cérebro.[3] O corpo usa sinais químicos e neurais para se comunicar com o cérebro, e o conjunto das informações transmitidas é maior e mais pormenorizado do que James poderia ter suposto. Aliás, hoje estou convencido de que meramente falar em comunicação corpo-cérebro é deixar de fora o essencial. Embora parte da sinalização do corpo para o cérebro resulte em um mapeamento direto (por exemplo, o mapeamento da posição de um membro no espaço), uma parte substancial da sinalização é primeiro *submetida a tratamento* em núcleos subcorticais, na medula espinhal e especialmente no tronco cerebral, que não devem ser concebidos como estações intermediárias para os sinais do corpo a caminho do córtex cerebral. Como veremos na próxima seção, algo é adicionado nesse estágio intermediário. Isso é importante quando se trata dos sinais relacionados ao interior do corpo que virão a constituir os sentimentos. Além disso, os aspectos da estrutura física e do funcionamento do corpo estão gravados em circuitos cerebrais, desde o início do desenvolvimento, e geram padrões persistentes de atividade. Em outras palavras, alguma versão do corpo é permanentemente recriada na atividade cerebral. A heterogeneidade do corpo é imitada no cérebro, um dos mais fortes indícios da dedicação do cérebro ao corpo. Por fim, o cérebro pode fazer mais do que meramente mapear, com maior ou menor fidelidade, os estados que estão ocorrendo no momento: ele pode *transformar* os estados corporais e, mais dramaticamente, *simular* estados corporais que ainda não ocorreram.

Um leigo em neurociência poderia supor que o corpo funciona como uma unidade, um pedaço único de carne ligado ao cérebro por fios vivos que chamamos de nervos. A realidade é bem outra. O corpo tem numerosos compartimentos separados. É verdade que as vísceras, às quais se dá tanta atenção, são essenciais. Exemplos de vísceras são: coração, pulmões, intestino, fígado e pâncreas, boca, língua e garganta, glândulas endócrinas (por exemplo, pituitária, tireoide, adrenais), ovários e testículos. Mas é preciso incluir nessa lista outras vísceras menos comumente mencionadas: um órgão também vital porém menos reconhecido, a pele, que envolve todo o nosso organismo, a medula óssea e dois espetáculos dinâmicos chamados sangue e linfa. Todos esses compartimentos são indispensáveis para o funcionamento normal do corpo.

Talvez não seja de surpreender que o pensamento humano em tempos mais antigos, por ser menos integrado e refinado que o atual, percebesse facilmente a realidade divisa e fragmentada do nosso corpo, como nos levam a crer as palavras que chegaram até nós através de Homero. Os humanos da *Ilíada* não falam em um corpo inteiro (*soma*), mas em partes do corpo, isto é, membros. Sangue, respiração e funções viscerais são designados pela palavra "*psique*", ainda não convocada para denotar "mente" ou "alma". A animação que impele o corpo, provavelmente misturada ao impulso e à emoção, é *thumos* e *phren*.[4]

A comunicação corpo-cérebro é de mão dupla, do corpo para o cérebro e vice-versa. No entanto, essas duas vias de comunicação não são simétricas. Os sinais do corpo ao cérebro, neurais e químicos, permitem ao cérebro criar e manter um documentário multimídia sobre o corpo e permitem ao corpo alertar o cérebro sobre mudanças importantes que estão ocorrendo em sua estrutura e em seu estado. O meio interno — o banho em que habitam todas as células do corpo e do qual as químicas do sangue são uma expressão — também envia sinais ao cérebro, não por intermédio dos nervos, mas de moléculas químicas, que interferem diretamente em certas partes do cérebro moldadas para receber suas mensagens. Portanto, o conjunto das informações transmitidas ao cérebro é vastíssimo. Inclui, por exemplo, o estado de contração ou dilatação de músculos lisos (os músculos que formam, entre outras coisas, as paredes das artérias, do intestino e dos brônquios), a quantidade de oxigênio e dióxido de carbono concentrada em dada região do corpo, a temperatura e o pH em vários locais, a presença de moléculas químicas tóxicas etc. Em outras palavras, o cérebro sabe qual era o estado passado do corpo e pode ser informado sobre as modificações que estiverem ocorrendo nesse estado. Estas últimas são essenciais para que o cérebro possa gerar respostas corretivas a mudanças que ameaçam a vida. Já os sinais do cérebro para o corpo, tanto neurais como químicos, consistem em comandos para mudar o corpo. Este diz ao cérebro: é assim que sou construído e é assim que você me vê agora. O cérebro diz ao corpo o que fazer para manter-se estável e equilibrado. Independentemente do que for requerido, ele também diz ao corpo como construir um estado emocional.

O corpo, entretanto, é mais do que os seus órgãos internos e meio interno. Também possui músculos, e eles são de dois tipos:

lisos e estriados. A variedade estriada vista ao microscópio apresenta "faixas" (as estrias), que não se veem na variedade lisa. Os músculos lisos são evolucionariamente antigos e só são encontrados em vísceras — a contração e distensão em nossos intestinos e brônquios devem-se a músculos lisos. Boa parte das paredes das nossas artérias é feita de músculos lisos — nossa pressão sanguínea sobe quando eles se contraem ao redor da artéria. Em contraste, os músculos estriados são ligados aos ossos do esqueleto e produzem os movimentos do corpo na parte externa. A única exceção a esse esquema é o coração, que também é feito de fibras musculares estriadas e cujas contrações servem não para movimentar o corpo, mas para bombear o sangue. Sinais que descrevem o estado do coração são enviados a sítios cerebrais dedicados às vísceras, e não aos que estão relacionados ao movimento.

Quando músculos esqueléticos são ligados a dois ossos articulados por uma junta, o encurtamento de suas fibras gera movimento. Pegar um objeto, andar, falar, respirar e comer são, todas, ações que dependem da contração e distensão de músculos esqueléticos. Sempre que tais contrações ocorrem, muda a configuração do corpo. Salvo os momentos de total imobilidade, que são infrequentes no estado de vigília, a configuração do corpo no espaço muda continuamente, e o mapa do corpo representado no cérebro sofre mudanças correspondentes.

Para controlar os movimentos com precisão, o corpo deve transmitir instantaneamente ao cérebro informações acerca do estado de contração de músculos esqueléticos. Isso requer trajetos nervosos eficientes, os quais são evolucionariamente mais modernos do que os que transmitem os sinais das vísceras e do meio interno. Esses trajetos chegam a regiões cerebrais dedicadas a detectar o estado desses músculos.

Como dissemos, o cérebro também envia mensagens ao corpo. De fato, muitos aspectos dos estados corporais que são continuamente mapeados no cérebro foram primeiro causados por sinais do cérebro ao corpo. Como no caso da comunicação do corpo para o cérebro, este fala ao corpo por canais neurais e químicos. Os canais neurais usam nervos, cujas mensagens levam à contração de músculos e à execução de ações. Os canais químicos envolvem hormônios, como cortisol, testosterona e estrogênio. A liberação de hormônios muda o meio interno e o funcionamento das vísceras.

Corpo e cérebro executam uma dança interativa contínua. Pensamentos implementados no cérebro podem induzir estados emocionais que são implementados no corpo, enquanto este pode mudar a paisagem cerebral e, assim, a base para os pensamentos. Os estados cerebrais, que correspondem a certos estados mentais, levam à ocorrência de determinados estados corporais; os estados do corpo são então mapeados no cérebro e incorporados aos estados mentais correntes. Uma pequena alteração no lado do cérebro nesse sistema pode ter consequências importantes para o estado do corpo (pense na liberação de qualquer hormônio); analogamente, uma pequena alteração no estado do corpo (pense numa restauração dental quebrada) pode ter um efeito importante sobre a mente assim que a mudança é mapeada e percebida como uma dor aguda.

DO CORPO AO CÉREBRO

A notável escola de psicologia que floresceu na Europa de meados do século XIX ao começo do século XX delineou com admirável exatidão a sinalização do corpo ao cérebro, mas a relevância desse esquema geral para a compreensão do problema mente-

-corpo passou despercebida. Os detalhes neuroanatômicos e neurofisiológicos só vieram a ser descobertos nestes últimos anos, o que não é de surpreender.[5]

O estado do *interior* do corpo é transmitido ao cérebro por canais neurais dedicados a regiões cerebrais específicas. Tipos especiais de fibras nervosas (fibras Aδ e C) levam sinais de todas as partes do corpo a determinadas partes do sistema nervoso central (como a seção lâmina I do corno posterior da medula espinhal), verticalmente por todos os níveis da medula espinhal, e à parte caudal do nervo trigêmeo. Os componentes da medula espinhal lidam com os sinais provenientes do meio interno e das vísceras do corpo, exceto a cabeça — tronco, abdome e membros. O núcleo do nervo trigêmeo lida com os sinais do meio interno e das vísceras da cabeça, incluindo o rosto e sua pele, o couro cabeludo e a fundamental membrana meníngea geradora de dor, a dura-máter. Igualmente dedicadas são as regiões cerebrais encarregadas de lidar com os sinais depois que eles entram no sistema nervoso central e quando os sinais subsequentes se encaminham para níveis superiores do cérebro.

O mínimo que podemos dizer é que, com as informações químicas disponíveis na corrente sanguínea, essas mensagens neurais informam o cérebro sobre o estado de boa parte do interior do corpo — o estado dos componentes viscerais e químicos do corpo sob o perímetro exterior da pele.

Complementando o complexo mapeamento da sensibilidade interior acima descrito, que chamamos de *interocepção,* temos os canais do corpo ao cérebro que mapeiam o estado dos músculos esqueléticos quando eles executam movimentos, que são parte da *exterocepção.* As mensagens dos músculos esqueléticos seguem por tipos diferentes de fibras nervosas de condução rápida — Aα e Aγ — e por diferentes estações do sistema nervoso central ao longo de todo o caminho até os níveis superiores do cérebro. O resultado de toda essa sinalização é um quadro multidimensional do corpo no cérebro e, portanto, na mente.[6]

A REPRESENTAÇÃO DE QUANTIDADES E A CONSTRUÇÃO DE QUALIDADES

A sinalização do corpo ao cérebro que descrevi não cuida meramente de representar as quantidades de certas moléculas ou o grau de contração dos músculos lisos. É verdade que os canais corpo-cérebro transmitem informações sobre quantidades (quanto CO_2 ou O_2 está presente, quanto açúcar há no sangue etc.). Mas paralelamente existe também um *aspecto qualitativo* nos resultados da transmissão. Sentimos que o estado do corpo corresponde a alguma variação de prazer ou dor, de relaxamento ou tensão: pode haver uma sensação de energia ou prostração, de leveza ou peso, de fluxo desimpedido ou resistência, de entusiasmo ou desânimo. Como é que esse efeito qualitativo de fundo pode ser obtido? Para começar, organizando os diversos sinais quantitativos que chegam às estruturas do tronco cerebral e córtices insulares de modo que eles *componham* diversas paisagens para os fenômenos que estão ocorrendo no corpo.

Para que o leitor compreenda minha ideia, peço-lhe que imagine um estado de prazer (ou angústia) e tente discriminar seus componentes fazendo um breve inventário das várias partes do corpo que sofrem mudança no processo: endócrinas, cardíacas, circulatórias, respiratórias, intestinais, epidérmicas, musculares. Agora reflita que o sentimento que você vivencia é a percepção integrada de todas essas mudanças ocorrendo na paisagem do corpo. Como exercício, você pode tentar *compor* o sentimento e atribuir valores de intensidade a cada componente. Para cada exemplo que imaginar, obterá uma qualidade diferente.

Existem ainda outros modos de construir qualidades. Primeiro, como já exposto, uma parte significativa dos sinais do corpo passa por um tratamento adicional em certos núcleos do sistema nervoso central. Em outras palavras, os sinais são processados em estágios intermediários que não são meramente estações de retransmissão. O maquinário da emoção localizado nos núcleos da matéria cinzenta periaquedutal provavelmente influencia de modo direto e indireto o processamento de sinais do corpo no nível do núcleo parabraquial. Não se sabe exatamente o que, em termos neurais, é adicionado nesse processo, mas essa adição provavelmente contribui para a qualidade experiencial dos sentimentos. Segundo, as regiões que recebem a sinalização do corpo ao cérebro respondem, por sua vez, alterando o estado corrente do corpo. Imagino que essas respostas iniciem uma alça ressonante estrita, de mão dupla, entre estados do corpo e estados do cérebro. O mapeamento que o cérebro faz do estado corporal e o efetivo estado do corpo nunca estão muito distantes. Sua fronteira é indistinta. Eles se tornam praticamente fundidos. A sensação de que os fenômenos estão ocorrendo na carne resulta dessa situação. Um ferimento que é mapeado no tronco cerebral (no núcleo parabraquial) e é percebido como dor desencadeia várias respostas ao corpo. As respostas são iniciadas pelo núcleo parabraquial e executadas nas proximidades, nos núcleos da matéria cinzenta periaquedutal. Elas causam uma reação emocional e uma mudança no processamento dos sinais de dor subsequentes, que imediatamente alteram o estado corporal e, por sua vez, alteram o próximo mapa que o cérebro fará do corpo. Além disso, as respostas que se originam em regiões sensitivas do corpo provavelmente alteram o funcionamento de outros sistemas perceptuais, e assim modulam não só a percepção corrente do corpo, mas também a percepção do contexto no qual a sinalização corporal está ocorrendo. No

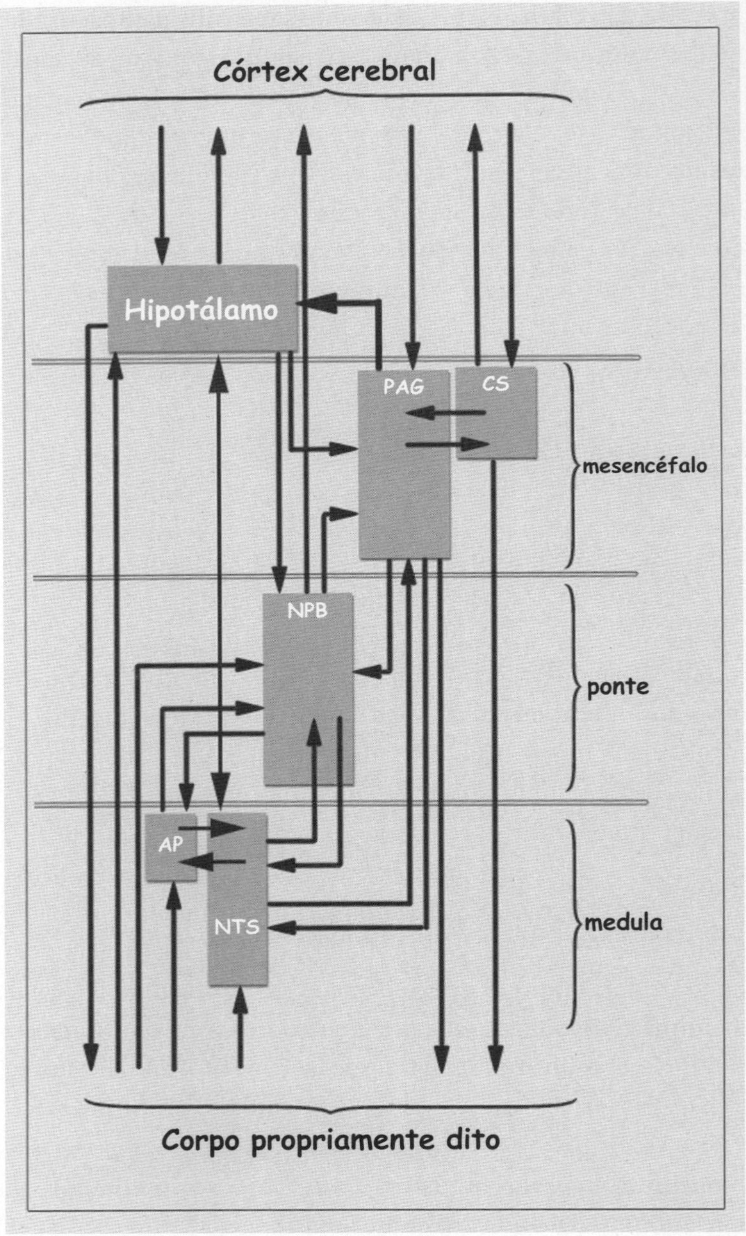
Córtex cerebral
Hipotálamo
PAG
CS
mesencéfalo
NPB
ponte
AP
NTS
medula
Corpo propriamente dito

exemplo do ferimento, paralelamente ao corpo mudado haverá também uma alteração do processamento cognitivo corrente. É impossível continuar a sentir prazer em qualquer atividade que estejamos desempenhando enquanto sentimos a dor do ferimento. Essa alteração da cognição provavelmente é obtida pela liberação de moléculas a partir de núcleos neuromoduladores do tronco cerebral e do prosencéfalo basal. De modo global, esses processos levarão à produção de mapas qualitativamente distintos, uma contribuição para a base das experiências de dor e prazer.

Figura 4.1. Diagrama dos principais núcleos do tronco cerebral envolvidos na regulação da vida (homeostase). Três níveis do tronco cerebral são mostrados em ordem descendente (mesencéfalo, ponte e medula); o hipotálamo (que é um componente funcional do tronco cerebral apesar de anatomicamente pertencer ao diencéfalo) também está incluído. A sinalização enviada e recebida no corpo propriamente dito e no córtex cerebral é representada por setas verticais. Estão indicadas apenas as conexões básicas e só os principais núcleos envolvidos na homeostase. Não estão incluídos os núcleos reticulares clássicos nem os núcleos monoaminérgicos e colinérgicos.

O tronco cerebral frequentemente é considerado um mero conduto para sinais do corpo ao cérebro e do cérebro ao corpo, mas a realidade é diferente. Estruturas como o NTS (núcleo do trato solitário) e o NPB (núcleo parabraquial) realmente transmitem sinais do corpo para o cérebro, mas não passivamente. Esses núcleos, cuja organização topográfica é precursora da que existe no córtex cerebral, respondem a sinais do corpo, e assim regulam o metabolismo e protegem a integridade dos tecidos corporais. Além disso, suas ricas interações recursivas (indicada por setas mútuas) sugerem que no processo de regulação da vida podem ser criados novos padrões de sinais. A PAG (matéria cinzenta periaquedutal), geradora de respostas químicas e motoras complexas voltadas para o corpo (como as respostas envolvidas na reação a dor e nas emoções) também é ligada recursivamente ao NPB e ao NTS. A PAG é um elo essencial nessa alça ressonante entre o corpo e o cérebro.

Faz sentido a hipótese de que, no processo de regulação da vida, as redes formadas por esses núcleos também originem estados neurais compostos. O termo "sentimentos" descreve o aspecto mental desses estados.

OS SENTIMENTOS PRIMORDIAIS

A questão de como os mapas perceptuais dos nossos estados corporais tornam-se sensações físicas — como esses mapas são *sentidos* e *vivenciados* — não é apenas importante para compreendermos a mente consciente; ela é essencial a essa compreensão. Não podemos explicar plenamente a subjetividade sem conhecer a origem dos sentimentos e sem reconhecer a existência de *sentimentos primordiais*, reflexos espontâneos do estado do corpo vivo. A meu ver, os sentimentos primordiais resultam tão somente do corpo vivo e precedem as interações entre o maquinário da regulação da vida e quaisquer objetos. Os sentimentos primordiais baseiam-se no funcionamento de núcleos do tronco cerebral superior, que são parte indissociável do maquinário da regulação da vida. Os sentimentos primordiais são as "primitivas", a origem de todos os outros sentimentos. Retornarei a essa ideia na parte III.

MAPEAMENTO E SIMULAÇÃO DE ESTADOS DO CORPO

Está comprovado que o corpo, na maioria de seus aspectos, é continuamente mapeado no cérebro e que uma quantidade variável mas considerável das informações correspondentes entra na mente consciente. Para que o cérebro coordene os estados fisiológicos no corpo propriamente dito, o que ele pode fazer sem que estejamos conscientes do processo, precisa ser informado sobre os vários parâmetros fisiológicos nas diferentes regiões do corpo. As informações têm de ser atuais e coerentes, de momento a momento, para permitir um controle ótimo.

Mas essa não é a única rede que liga o corpo e o cérebro. Por volta de 1990 apresentei a hipótese de que, em certas circunstâncias, por exemplo, no decorrer de uma emoção, o cérebro com rapidez constrói mapas do corpo comparáveis aos que ocorreriam se o corpo efetivamente houvesse sido mudado por essa emoção. A construção pode ocorrer antes das mudanças emocionais em decurso no corpo, ou até mesmo *em vez* dessas mudanças. Em outras palavras, o cérebro pode *simular*, em regiões somatossensitivas, certos estados corporais *como se* eles estivessem ocorrendo; e como nossa percepção de qualquer estado corporal está alicerçada nos mapas corporais das regiões somatossensitivas, percebemos o estado do corpo como se ele estivesse efetivamente ocorrendo, mesmo que não esteja.[7]

Na época em que apresentei essa hipótese da "alça corpórea virtual" [*as-if body loop*], as evidências que consegui coligir para dar-lhe respaldo eram circunstanciais. Faz sentido para o cérebro saber sobre o estado do corpo que ele está prestes a produzir. As vantagens dessa espécie de "simulação antecipada" evidenciam-se em estudos do fenômeno da cópia eferente. A cópia eferente é o que permite a estruturas motoras que estão na iminência de comandar a execução de determinado movimento informar as estruturas visuais da consequência provável desse movimento no que respeita ao deslocamento espacial. Por exemplo, quando nossos olhos estão prestes a mover-se na direção de um objeto situado na periferia da visão, a região visual do cérebro é avisada do movimento iminente e fica pronta para facilitar a transição para o novo objeto sem criar um borrão na imagem. Em outras palavras, permite-se que a região visual preveja a consequência do movimento.[8] Simular um estado do corpo sem de fato produzi-lo reduziria o tempo de processamento e pouparia energia. A hipótese da alça corpórea virtual implica que as estruturas cerebrais incumbidas de desencadear determinada emoção são capazes de se conectar às estruturas nas quais seria mapeado o estado corporal correspondente à emoção. Por exemplo, a amígdala (um sítio desencadeador do medo) e o córtex pré-frontal ventromediano (o sítio que desencadeia a compaixão) teriam de conectar-se com regiões somatossensitivas, áreas como o córtex insular, sii, si e os córtices associativos somatossensitivos, onde estados correntes do corpo são processados continuamente. Tais conexões existem, e assim possibilitam a implementação do mecanismo da alça corpórea virtual. Recentemente várias fontes trouxeram subsídios para essa hipótese. Uma delas é a série de experimentos feitos por Giacomo Rizzolatti e colegas. Eles implantaram eletrodos no cérebro de macacos e puseram esses animais para observar um pesquisador que executava diversas ações. Quando um macaco via o pesquisador mover a mão, neurônios nas regiões cerebrais do macaco relacionadas aos movimentos de sua própria mão ativavam-se, "como se" o macaco, e não o investigador, estivesse executando a ação. Na realidade, porém, o macaco permanecia imóvel. Os autores denominaram neurônios-espelho aqueles neurônios que se comportaram desse modo.[9]

Os chamados neurônios-espelho são, com efeito, o supremo dispositivo de simulação dos estados do corpo no cérebro. A rede na qual esses neurônios estão inseridos realiza conceitualmente o que visualizei como o sistema da alça corpórea virtual: a simulação, em mapas cerebrais do corpo, de um estado corporal que não está ocorrendo de verdade no organismo. O fato de que o estado corporal simulado pelos neurônios-espelho não é o estado corporal do indivíduo amplifica o poder de sua semelhança funcional. Se um cérebro complexo pode simular o estado corporal de outro indivíduo, é de supor que seria capaz de simular os estados de seu próprio corpo. Um estado que já ocorreu no organismo deveria ser mais fácil de simular, pois já foi mapeado precisamente pelas mesmas estruturas somatossensitivas que agora são responsáveis por simulá-lo. Suponho que o sistema da simulação aplicado a terceiros não se teria desenvolvido se antes de tudo não existisse um sistema de simulação aplicado ao próprio organismo ao qual pertence o cérebro.

A natureza das estruturas cerebrais envolvidas nesse processo reforça a sugestiva semelhança funcional entre a alça corpórea virtual e o funcionamento dos neurônios-espelho. Para a alça corpórea virtual, supus que neurônios em áreas associadas à emoção, como o córtex pré-motor/pré-frontal (no caso da compaixão) e a amígdala (no caso do medo), ativariam regiões que normalmente mapeiam o estado do corpo e, por sua vez, o impelem à ação. Nos humanos essas regiões incluem o complexo somatomotor nos opérculos rolândicos e parietais e o córtex insular. Todas essas regiões têm duplo papel somatomotor: podem manter um mapa do estado do corpo, um papel sensorial, e também participar de uma ação. De modo geral, foi isso que revelaram os experimentos neurofisiológicos com os macacos. Condiz também com estudos em humanos usando magnetoencefalografia[10] e neuroimagens funcionais.[11] Nossos próprios estudos, baseados em lesões neurológicas, apontam nessa mesma direção.[12]

As explicações sobre a existência dos neurônios-espelho ressaltam o possível papel que eles podem ter para nos permitir entender as ações de outros colocando-nos em um estado corporal comparável. Quando observamos uma ação em outro indivíduo, nosso cérebro capaz de sentir o corpo adota o estado corporal que teríamos caso nós mesmos estivéssemos executando essa ação, e muito provavelmente ele faz isso não por meio de padrões sensoriais passivos, mas de uma pré-ativação de estruturas motoras — torna-se pronto para ação, mas ainda sem permissão para agir — e, em alguns casos, por meio de uma ativação motora real.

Como foi que evoluiu um sistema fisiológico assim complexo? Desconfio que ele se originou em um sistema anterior de alça corpórea virtual, que o cérebro complexo já vinha usando havia muito tempo para simular *seus próprios* estados corporais. Isso teria trazido uma vantagem clara e imediata: a ativação rápida e com economia de energia dos mapas de determinados estados corporais, que por sua vez se associavam a um conhecimento do passado e a estratégias cognitivas relevantes. Por fim, o sistema de simulação foi aplicado a terceiros e prevaleceu graças às igualmente óbvias vantagens sociais que um indivíduo pode ter quando conhece os estados corporais dos outros, já que tais estados são expressões de estados mentais. Em suma, considero o sistema da alça corpórea virtual em cada organismo o precursor do funcionamento dos neurônios-espelho.

Como veremos na parte III, o fato de o corpo de um organismo poder ser representado no cérebro é essencial para a criação do self. Mas a representação do corpo pelo cérebro tem outra implicação fundamental: assim como podemos representar os nossos próprios estados corporais, podemos também simular com mais facilidade os estados corporais equivalentes em outros indivíduos. Subsequentemente, a relação que estabelecemos entre nossos próprios estados corporais e a significância que eles adquiriram para nós podem ser transferidas para o estado corporal de terceiros simulado em nosso cérebro, e nessa etapa podemos atribuir uma significância comparável a essa simulação. O conjunto de fenômenos denotado pelo termo "empatia" deve muito a esse processo.

A ORIGEM DE UMA IDEIA

Vislumbrei pela primeira vez a possibilidade acima descrita em um episódio singular e memorável. Numa tarde de verão quando eu trabalhava no laboratório, levantei-me da cadeira e, andando pela sala, de repente me peguei pensando em meu colega B. Não tinha razão alguma para pensar nele. Eu não o vira recentemente, não precisava falar com ele, não lera nada a seu respeito, não estava planejando encontrá-lo. E no entanto, lá estava ele, presente em minha mente, o receptor de toda a minha atenção. É comum pensarmos em pessoas o tempo todo, mas aquilo era diferente, pois se tratava de uma presença inesperada, que exigia uma explicação. Por que eu estava pensando no dr. B. naquele momento?

Quase instantaneamente, uma rápida sucessão de imagens me disse o que eu precisava saber. Refiz na mente os meus movimentos e percebi que, por uns breves instantes, eu me movimentara *de um modo* parecido com o do meu colega B. Era o modo como eu balançava os braços e arqueava as pernas. Uma vez descoberta a razão de eu ter sido forçado a pensar nele, tornei-me capaz de visualizar mentalmente o seu modo de andar. O mais interessante é que as imagens visuais que eu criara haviam sido desencadeadas — ou, melhor ainda, moldadas — pela imagem dos meus próprios músculos e ossos adotando os padrões de movimentação característicos do meu colega B. Em suma, eu estivera andando *como* o dr. B., representara na mente a minha estrutura óssea animada (tecnicamente, gerara uma imagem somatossensitiva) e por fim evocara uma contrapartida visual apropriada para aquela imagem musculoesquelética específica, a qual, como descobri, era a do meu colega.

Assim que a identidade do intruso foi revelada, também me ocorreu que o cérebro humano tem uma capacidade fascinante: eu podia adotar os movimentos característicos de outra pessoa por puro acaso. (Ou quase isso: depois de refletir mais uma vez sobre a situação, lembrei-me de que algum tempo antes eu tinha visto pela janela o dr. B. passar. Eu havia processado a sua presença sem prestar atenção, em grande medida inconscientemente.) Eu era capaz de transformar o movimento representado em uma imagem visual correspondente, e recuperar na memória a identidade de uma pessoa, ou mais de uma, que se encaixasse na descrição. Tudo isso testemunhava em favor da existência de estreitas interligações entre um movimento real do corpo, as representações dessa movimentação nas esferas musculoesquelética e visual, e as memórias que podem ser evocadas em relação a algum aspecto dessas representações.

Esse episódio, enriquecido por observações e reflexões adicionais, levou-me a perceber que nossa ligação com os outros ocorre não só por meio de imagens visuais, linguagem e inferência lógica, mas também através de algo mais entranhado em nossa carne: as ações com as quais podemos representar os movimentos alheios. Podemos fazer traduções por quatro vias entre (1) movimento real, (2) representações somatossensitivas do movimento, (3) representações visuais do movimento e (4) memória. Esse episódio teria seu papel na elaboração da ideia da simulação do corpo e sua aplicação na alça corpórea virtual.

Os bons atores sem dúvida usam muito esses recursos, sabendo disso ou não. O modo como alguns dos melhores canalizam certas personalidades em suas composições serve-se dessa capacidade de representar outros, nos aspectos visuais e auditivos, e então dar-lhes vida em seu próprio corpo. É assim que se encarna um personagem, e, quando esse processo de transferência é decorado por detalhes inesperados e inventados, assistimos a uma representação genial.

O CÉREBRO OCUPADO COM O CORPO

A situação que emerge dos fatos e reflexões acima é estranha e inesperada, mas libertadora.

Todos podemos ter nosso corpo na mente, em todos os momentos, dando-nos um pano de fundo de sentimentos potencialmente disponíveis a cada instante, mas capaz de ser notado apenas quando ele se afasta em grau significativo dos estados relativamente equilibrados e começa a registrar na faixa do agradável ou desagradável. Temos nosso corpo na mente porque isso ajuda a governar o comportamento em todos os tipos de situações que possam ameaçar a integridade do organismo e comprometer a vida. Essa função específica recorre ao mais antigo modo de regulação da vida baseada no cérebro. Remonta à simples sinalização corpo-cérebro, a estímulos básicos para a execução de respostas reguladoras automáticas destinadas a auxiliar na gestão da vida. Mas é impressionante o que foi obtido a partir desses princípios tão modestos. O mapeamento corporal da mais refinada ordem alicerça tanto o processo do self na mente consciente como as representações do mundo externo ao organismo. O mundo interior abriu caminho para nossa capacidade *conhecer* não só esse mundo muito íntimo, mas também o mundo à nossa volta.

O corpo vivo é o lugar central. A regulação da vida é a necessidade e a motivação. O mapeamento no cérebro é o capacitador, o mecanismo que transforma a regulação simples da vida em uma regulação por intermédio da mente e, por fim, na regulação pela mente consciente.

5. Emoções e sentimentos

O CONTEXTO DA EMOÇÃO E DO SENTIMENTO

No esforço para entender o comportamento humano, muitos tentaram passar ao largo da emoção, mas não tiveram êxito. O comportamento e a mente, consciente ou não, assim como o cérebro que os gera, recusam revelar seus segredos, a menos que a emoção (e os muitos fenômenos que se escondem sob seu nome) seja inserida na equação e tenha sua importância reconhecida.

O exame do tema emoção nos leva de volta à questão da vida e valor. Requer que mencionemos recompensa e punição, impulsos e motivações e, necessariamente, sentimentos. Um exame da emoção tem de investigar os variadíssimos mecanismos de regulação da vida que se encontram no cérebro, mas foram inspirados em princípios e objetivos que antecederam o cérebro e em grande medida funcionam automaticamente e meio às cegas, até que comecem a ser conhecidos pela mente consciente na forma de sentimentos. As emoções são as obedientes executoras e servidoras do princípio do valor, a mais inteligente cria do valor biológico até agora. Por outro lado, a cria das próprias emoções, os sentimentos emocionais que colorem nossa vida inteira do berço ao túmulo, paira soberana sobre a humanidade, assegurando que as emoções não sejam negligenciadas.

Na parte III, quando tratarmos dos mecanismos neurais por trás da construção do self, invocarei com frequência os fenômenos da emoção e sentimento porque seu maquinário é usado na construção do self. O objetivo deste capítulo é apresentar brevemente o maquinário em vez de fazer um exame global das emoções e sentimentos.

DEFINIÇÃO DE *EMOÇÃO* E *SENTIMENTO*

Conversar sobre a emoção traz dois problemas. Um é a heterogeneidade dos fenômenos que podemos chamar por esse nome. Como vimos no capítulo 2, o princípio do valor funciona por meio de mecanismos de recompensa e punição, e também de impulsos e motivações, que são uma parte essencial da família da emoção. Quando falamos em emoções propriamente ditas (por exemplo, medo, raiva, tristeza ou nojo), também falamos necessariamente de todos aqueles outros mecanismos, pois eles são componentes de cada emoção e estão independentemente envolvidos na regulação da vida. As emoções propriamente ditas são apenas uma joia da coroa integrante da regulação da vida.

O outro problema importante é a distinção entre emoção e sentimento. Emoção e sentimento, embora façam parte de um ciclo fortemente coeso, são processos distinguíveis. Não importa que palavras usamos para nos referir a esses processos distintos, contanto que reconheçamos que a essência da emoção e a essência do sentimento *são* diferentes. Obviamente, para começar, não há nada de errado com as palavras "emoção" e "sentimento", e elas servem perfeitamente para o propósito, em inglês e nas muitas línguas nas quais têm uma tradução direta. Comecemos, pois, pela definição desses termos básicos à luz da neurobiologia atual.

Emoções são programas de *ações* complexos e em grande medida automatizados, engendrados pela evolução. As ações são complementadas por um programa *cognitivo* que inclui certas ideias e modos de cognição, mas o mundo das emoções é sobretudo feito de ações executadas no nosso corpo, desde expressões faciais e posturas até mudanças nas vísceras e meio interno.

Os sentimentos emocionais, por outro lado, são as *percepções* compostas daquilo que ocorre em nosso corpo e na nossa mente quando uma emoção está em curso. No que diz respeito ao corpo, os sentimentos são imagens de ações, e não ações propriamente ditas; o mundo dos sentimentos é feito de percepções executadas em mapas cerebrais. Mas cabe aqui uma ressalva: as percepções que denominamos sentimentos emocionais contêm um ingrediente especial que corresponde aos sentimentos primordiais de que já tratamos anteriormente. Esses sentimentos baseiam-se na relação única entre o corpo e o cérebro que privilegia a *interocepção*. Há outros aspectos do corpo sendo representados em sentimentos emocionais, obviamente, mas a interocepção domina o processo e é responsável pelo que designamos como o aspecto *sentido* dessas percepções.

A distinção geral entre emoção e sentimento, portanto, é razoavelmente clara. Enquanto as emoções constituem ações acompanhadas por ideias e certos modos de pensar, os sentimentos emocionais são principalmente percepções daquilo que nosso corpo faz durante a emoção, com percepções do nosso estado de espírito durante esse mesmo lapso de tempo. Em organismos simples capazes de comportamento mas desprovidos de um processo mental, as emoções também podem estar vivas, mas não necessariamente são seguidas por estados de sentimento emocional.

* * *

Emoções ocorrem quando imagens processadas no cérebro põem em ação regiões desencadeadoras de emoção, por exemplo, a amígdala ou regiões especiais do córtex do lobo frontal. Quando qualquer uma dessas regiões desencadeadoras é ativada, certas consequências sobrevêm: moléculas químicas são secretadas por glândulas endócrinas e por núcleos subcorticais e liberadas no cérebro e no corpo (por exemplo, o cortisol no caso do medo), certas ações são executadas (por exemplo, fugir ou imobilizar-se, contrair o intestino, também em caso de medo), e certas expressões são assumidas (por exemplo, uma expressão facial ou postura de terror). É importante, pelo menos nos humanos, o fato de que certas ideias e planos também vêm à mente. Por exemplo, uma emoção negativa como a tristeza leva à evocação de pensamentos sobre fatos negativos; uma emoção positiva causa o oposto; os planos de ação representados na nossa mente também condizem com o sinal geral da emoção. Certos estilos de processamento mental são imediatamente implementados assim que ocorre uma emoção. A tristeza desacelera o raciocínio e pode nos levar a ficar ruminando a situação que a desencadeou; a alegria pode acelerar o raciocínio e reduzir a atenção para eventos não relacionados. O agregado de todas essas respostas constitui um "estado emocional" que se desenrola no tempo com razoável rapidez e então arrefece até que novos estímulos capazes de causar emoções sejam introduzidos na mente e iniciem outra cadeia de reações emocionais.

Os sentimentos emocionais constituem o passo seguinte. Seguem-se rapidamente à emoção e constituem a legítima, consequente e definitiva realização do processo emocional: a percepção composta de tudo o que ocorreu durante a emoção, as ações, as ideias, o modo como as ideias fluem, devagar ou depressa, ligadas a uma imagem ou rapidamente trocando uma por outra.

Visto de uma perspectiva neural, o ciclo emoção-sentimento começa no cérebro, com a percepção e a avaliação de um estímulo potencialmente capaz de causar uma emoção e o subsequente desencadeamento de uma emoção. O processo dissemina-se então para outras partes do cérebro e pelo corpo propriamente dito, desenvolvendo o estado emocional. Na conclusão, o processo retorna ao cérebro para a parte do ciclo correspondente ao sentimento, embora o retorno envolva regiões cerebrais diferentes daquelas onde tudo começou.

Os programas de emoção incorporam todos os componentes do maquinário da regulação da vida que foram surgindo na história da evolução, como a percepção e a detecção de condições, a mensuração dos graus de necessidade interna, o processo de incentivo com seus aspectos de punição e recompensa, os mecanismos de predição. Os impulsos e as motivações são constituintes mais simples da emoção. É por isso que nossa alegria ou tristeza alteram o estado de nossos impulsos e motivações, mudando imediatamente nossa mistura de apetites e desejos.

DESENCADEAMENTO E EXECUÇÃO DE EMOÇÕES

Como se desencadeiam as emoções? Simplificadamente, por imagens de objetos ou fenômenos que estão acontecendo no momento ou que, ocorridos no passado, agora são recordados. A situação em que nos encontramos faz diferença para o maquinário emocional. Podemos estar realmente em uma cena da nossa vida e reagindo a uma música que é tocada ou à presença de um amigo, ou estar sozinhos, lembrando uma conversa que nos aborreceu no dia anterior. Sejam elas "ao vivo", reconstituídas de memória ou criadas a partir do zero em nossa imaginação, as imagens iniciam uma série de eventos. Os sinais das imagens processadas tornam-

-se disponíveis a várias regiões do cérebro. Algumas dessas regiões estão relacionadas à linguagem, outras ao movimento, outras a manipulações que constituem o raciocínio. A atividade em qualquer uma dessas regiões leva a várias respostas: palavras com que podemos nomear um objeto, rápidas evocações de outras imagens que nos permitem concluir algo a respeito de um objeto etc. É importante o fato de que sinais de imagens que representam determinado objeto também vão para regiões capazes de desencadear tipos específicos de reação emocional em cadeia. Esse é o caso da amígdala, por exemplo, em situações de medo, ou do córtex pré-frontal ventromediano em situações que causam compaixão. Os sinais tornam-se disponíveis a todos esses sítios. Contudo, certas configurações de sinais tendem a ativar um sítio específico — desde que os sinais sejam suficientemente intensos e o contexto seja apropriado — e a não ativar os outros sítios onde os mesmos sinais também estão disponíveis. É quase como se determinados estímulos tivessem a chave certa para abrir determinada fechadura, embora essa metáfora não capte a dinâmica e a flexibilidade do processo. Esse é o caso dos estímulos que nos amedrontam, os quais frequentemente ativam as amígdalas e conseguem desencadear a cascata do medo. Esse mesmo conjunto de estímulos não tende a ativar outros sítios. Ocasionalmente, porém, certos estímulos são ambíguos o bastante para ativar mais de um sítio, conduzindo a um estado emocional composto. Daí resulta, por exemplo, uma experiência que é ao mesmo tempo triste e prazerosa, um sentimento "misto" nascido de uma emoção mista.

Em muitos aspectos, essa é a estratégia que o sistema imunológico usa para reagir a invasores vindos de fora do corpo. Os linfócitos, glóbulos brancos do sangue, possuem na superfície um imenso repertório de anticorpos para confrontar um número igualmente grande de possíveis antígenos invasores. Quando um desses antígenos entra na corrente sanguínea e consegue fazer contato com linfócitos, acaba por ligar-se ao anticorpo que melhor se encaixe em sua forma. O antígeno ajusta-se ao anticorpo como uma chave na fechadura, e o resultdo é uma reação: o linfócito produz tão abundantemente aquele anticorpo que ajuda a destruir o antígeno invasor. Propus o termo "estímulo emocionalmente competente" para fazer uma analogia com o sistema imunológico e para ressaltar a semelhança formal do mecanismo emocional com outro mecanismo básico de regulação da vida.

O que ocorre depois que "a chave se encaixa na fechadura" é perturbador, no sentido estrito do termo, pois desarranja o estado corrente da vida em vários níveis do organismo, desde o cérebro até a maioria das divisões do corpo propriamente dito. Vejamos de novo o caso do medo para descrever as perturbações que sobrevêm.

Os núcleos nas amígdalas enviam comandos ao hipotálamo e ao tronco cerebral, provocando várias ações paralelas. Ocorrem alterações no ritmo dos batimentos cardíacos, na pressão sanguínea, no padrão respiratório e no estado de contração do intestino. Os vasos sanguíneos da pele contraem-se. Cortisol é secretado no sangue, alterando o perfil metabólico do organismo de modo a prepará-lo para um consumo extra de energia. Os músculos da face movem-se e assumem a característica máscara do medo. Dependendo do contexto em que aparecem as imagens causadoras de medo, o indivíduo pode paralisar-se ou fugir correndo da fonte de perigo. Imobilizar-se ou correr, duas respostas muito específicas, são primorosamente controladas a partir de regiões cerebrais separadas da matéria cinzenta periaquedutal (PAG), e cada reação tem sua própria rotina motora e acompanhamento fisiológico. A alternativa da imobilização induz automaticamente à paralisia, à respiração superficial e à desaceleração dos batimentos cardíacos, o que é vantajoso para a tentativa de manter-se parado e escapar à atenção de um atacante; a opção de fugir aumenta automaticamente o ritmo cardíaco e a circulação do sangue para as pernas, já que para correr é preciso músculos bem nutridos nos membros corredores. Além disso, se o cérebro escolhe correr, a PAG automaticamente embota os trajetos de processamento da dor. Por quê? Para reduzir o mais possível o risco de que um ferimento adquirido durante a fuga venha a paralisar o indivíduo com uma dor intensa.

Esse mecanismo é tão refinado que uma estrutura adicional, o cerebelo, se esforçará para modular a expressão de medo. É por isso que em soldados bem treinados de uma tropa de elite a reação de medo terá uma manifestação diferente daquela vista em quem cresceu como uma flor de estufa.

Por fim, o próprio processamento de imagens no córtex cerebral é afetado pela emoção corrente. Por exemplo, recursos cognitivos, como a atenção e a memória de trabalho, são correspondentemente ajustados. Certos assuntos do pensamento tornam-se improváveis, como pensar em sexo ou comida quando se está fugindo de um assassino.

Em poucos décimos de segundo, a cascata emocional consegue transformar o estado de várias vísceras, do meio interno, da musculatura estriada da face e da postura, o próprio ritmo de nossa mente e os assuntos de nosso pensamento. Uma perturbação e tanto, creio que todos concordarão. Quando a emoção é suficientemente forte, *sublevação*, o termo usado pela filósofa Martha Nussbaum, é ainda mais apropriado.[1] Todo esse esforço, complicado em sua orquestração e dispendioso na quantidade de energia que consome (por isso é que as experiências emocionantes nos deixam exaustos), tende a ter um propósito útil, e em geral realmente tem. Mas pode não ter. O medo pode ser apenas um alarme falso induzido por uma cultura que saiu dos eixos. Nesses

casos, em vez de salvar a vida, ele é um agente estressante, e com o passar do tempo o estresse destrói a vida, mental e fisicamente. A sublevação tem consequências negativas.[2]
Alguma versão de todo o conjunto de mudanças emocionais no corpo é transmitida ao cérebro pelos mecanismos descritos no capítulo 4.

O ESTRANHO CASO DE WILLIAM JAMES

Antes de tratarmos da fisiologia dos sentimentos, acho apropriado invocar William James e analisar a situação que suas palavras sobre os fenômenos da emoção e sentimento criaram, para ele próprio e para os estudos posteriores sobre a emoção. Uma citação lapidar de James sintetiza muito bem a questão.

Nosso modo natural de pensar sobre essas emoções é que a percepção mental de um fato excita a disposição mental denominada emoção, e este estado de espírito origina então a expressão corporal. Minha tese, ao contrário, é que as mudanças no corpo sucedem-se diretamente à PERCEPÇÃO do fato excitativo, e o nosso sentimento dessas mesmas mudanças conforme elas vão ocorrendo É a emoção.[3]

Essa é a citação literal das palavras escritas por James em 1884, inclusive a grafia em maiúsculas de *percepção* e *é*.
A importância dessa ideia é incalculável. James inverteu a sequência tradicionalmente suposta dos fenômenos do processo da emoção, e interpôs o corpo entre o estímulo causador e a experiência da emoção. Deixou de haver uma "disposição mental" chamada emoção a "originar os efeitos no corpo". Em vez disso, o que temos é a percepção de um estímulo causando certos efeitos

no corpo. Essa foi uma hipótese ousada, e os estudos atuais a corroboram integralmente. No entanto, a citação contém um problema fundamental. Depois de referir-se inequivocamente ao "nosso sentimento dessas mesmas mudanças", James confunde a questão dizendo que o sentimento, no fim das contas, "é a emoção". Isso equivale a fundir emoção e sentimento. James rejeita a emoção como uma disposição mental que causa mudanças no corpo só para aceitar a emoção como uma disposição mental feita de sentimentos de mudanças corporais: um modo de pensar totalmente diferente daquele que apresentei antes. Não está claro se isso foi um modo infeliz de se expressar ou uma representação precisa do que James efetivamente supunha. Seja como for, minha concepção das emoções como programas de ação não corresponde à concepção de James do modo como ela está expressa nesse texto; sua concepção de sentimento não é igual à minha. Ainda assim, sua ideia do mecanismo do sentimento é bem semelhante ao meu mecanismo do sentimento baseado na alça corpórea. (James não imaginou um mecanismo de simulação, embora uma nota de rodapé em seu texto leve a crer que ele percebeu a necessidade de algo nessas linhas.)

Grande parte das críticas à teoria da emoção de James no século XX deveu-se à formulação desse parágrafo. Eminentes fisiologistas como Charles Sherrington e Walter Cannon tomaram ao pé da letra as palavras de James e concluíram que seus dados experimentais eram incompatíveis com o mecanismo suposto por James. Nem Sherrington nem Cannon têm razão, mas não se pode censurá-los totalmente pelo desapreço.[4]

Por outro lado, existem críticas válidas que podemos fazer à teoria da emoção de James. Por exemplo, ele desconsiderou totalmente a avaliação dos estímulos e restringiu o aspecto cognitivo da emoção à percepção do estímulo e da atividade do corpo. Para James, acontecia a percepção do fato excitador (que equivale ao meu estímulo emocionalmente competente), e então as mudanças corporais decorriam diretamente. Hoje sabemos que, embora as coisas possam suceder-se desse modo, da percepção rápida ao desencadeamento da emoção, a tendência é que se interponham etapas de avaliação, uma filtragem e canalização do estímulo à medida que ele percorre seu trajeto pelo cérebro e é conduzido por fim à região desencadeadora. A etapa de avaliação pode ser muito breve e não consciente, mas precisamos levá-la em consideração. A concepção de James sobre essa questão torna-se uma caricatura: o estímulo sempre vai para o botão que detona logo a explosão. Mais importante é que a cognição gerada por um estado emocional não se restringe às imagens do estímulo e das mudanças do corpo, como James pensava. Nos humanos, como já vimos, o programa da emoção também desencadeia certas mudanças cognitivas que acompanham as mudanças corporais. Podemos considerá-las componentes posteriores da emoção ou mesmo componentes pressentidos, relativamente estereotipados, do iminente sentimento da emoção. Nenhuma dessas ressalvas diminui, em aspecto algum, a extraordinária contribuição de James.

SENTIMENTOS EMOCIONAIS

Comecemos com uma definição prática. Sentimentos emocionais são percepções compostas de (1) determinado estado do corpo, durante uma emoção real ou simulada e (2) um estado de recursos cognitivos alterados e o emprego de certos roteiros mentais. Na nossa mente, essas percepções estão ligadas ao objeto que as causou.

Quando se torna claro que os sentimentos emocionais constituem antes de tudo percepções do nosso estado corporal durante um estado de emoção, é razoável dizer que todos os sentimentos emocionais contêm uma variação do tema dos sentimentos primordiais, independentemente de quais sejam os sentimentos primordiais do momento, aumentada por outros aspectos da mudança corporal que possam estar ou não relacionados à interocepção. Também se torna óbvio que o substrato desses sentimentos no cérebro deve ser encontrado nas regiões formadoras de imagem, especificamente nas regiões somatossensitivas de dois setores distintos: o tronco cerebral superior e o córtex cerebral. Sentimentos são estados mentais baseados em um substrato especial.

No nível do córtex cerebral, a principal região envolvida nos sentimentos é o córtex insular, uma parte de bom tamanho, porém oculta, do córtex cerebral, situada sob os opérculos frontais e parietais. A ínsula, que não se parece com uma ilha como implica seu nome, tem vários giros. A parte frontal da ínsula é antiga na evolução, relaciona-se ao paladar e ao olfato e, só para confundir um pouco as coisas, é uma plataforma não apenas para os sentimentos, mas também para o desencadeamento de algumas emoções. Ela serve como ponto-gatilho para uma emoção importantíssima: o *nojo*, uma das mais antigas do repertório emocional. O nojo surgiu como um modo automático de rejeitar alimentos potencialmente tóxicos e impedir que eles entrassem no corpo. Os humanos podem sentir nojo não só com a visão de comida estragada e o cheiro e gosto horríveis que a acompanham, mas com diversas situações nas quais a pureza de objetos ou comportamentos está comprometida e existe "contaminação". É importante notar que os humanos também se sentem enojados pela percepção de ações moralmente repreensíveis. Como resultado, muitas das ações no programa humano do nojo, inclusive suas expressões faciais características, foram cooptadas por uma emoção social: o *desprezo*. Muitas vezes o desprezo é uma metáfora para o nojo moral.

A parte posterior da ínsula é composta por neocórtex moderno, e a parte do meio tem idade filogenética intermediária. O córtex insular, como se sabe há tempos, está associado a funções viscerais, representando as vísceras e participando de seu controle. Junto com os córtices somatossensitivos primário e secundário (conhecidos como si e sii), a ínsula é uma produtora de mapas do corpo. De fato, em relação às vísceras e ao meio interno, a ínsula é o equivalente dos córtices visual ou auditivo primários.

Em meados dos anos 1980 propus um papel para os córtices somatossensitivos nos sentimentos, e indiquei a ínsula como provável provedora de sentimentos. Eu queria evitar a infrutífera ideia de atribuir a origem dos estados de sentimento a regiões impulsionadoras de ação, como a amígdala. Na época, falar em emoção despertava comiseração, quando não zombaria, e sugerir um substrato separado para os sentimentos causava perplexidade.[5] Mas sabemos agora, desde 2000, que realmente a atividade da ínsula é um correlato importante para todos os tipos concebíveis de sentimento, desde os associados às emoções até os que correspondem a qualquer matiz de prazer e dor, induzidos por variados estímulos: ouvir música que apreciamos ou detestamos, ver imagens de que gostamos, inclusive eróticas, ou que nos causam repulsa, beber vinho, fazer sexo, estar sob efeito de drogas alucinógenas, estar sofrendo efeitos da abstinência de drogas quando se é dependente etc.[6] A ideia de que o córtex insular é de fato um importante substrato dos sentimentos certamente é correta.

No que respeita aos correlatos do sentimento, porém, a ínsula não é a única explicação. O córtex cingulado anterior tende a tornar-se ativo paralelamente à ínsula quando ocorrem sentimentos. A ínsula e o córtex cingulado anterior são regiões estreitamente inter-relacionadas, ligadas por conexões mútuas. A ínsula tem dupla função sensorial e motora, embora privilegie o lado sensorial do processo, enquanto o córtex cingulado anterior funciona como estrutura motora.[7]

Mais importante, obviamente, é o fato (já mencionado nos

dois capítulos anteriores) de que várias regiões subcorticais têm um papel na construção de estados de sentimento. À primeira vista, regiões como o núcleo do trato solitário e o núcleo parabraquial foram consideradas estações intermediárias para sinais vindos do interior do corpo, pois essas regiões os transmitem a um setor dedicado do tálamo, que por sua vez sinaliza para o córtex insular. Porém, como já mencionado, os sentimentos provavelmente começam a surgir a partir de atividade nesses núcleos, em virtude de sua condição especial: são os primeiros receptores de informações das vísceras e do meio interno dotados da capacidade de integrar sinais provenientes de todo o interior do corpo; na progressão ascendente da medula espinhal ao encéfalo, essas estruturas são as primeiras capazes de integrar e modular sinais concernentes a uma abrangente paisagem interna — tórax e abdome, com suas vísceras —, além de aspectos viscerais dos membros e da cabeça.

É plausível supor que os sentimentos surgem subcorticalmente, dadas as evidências já mencionadas: o dano total nos córtices insulares na presença de estruturas do tronco cerebral intactas é compatível com um vasto conjunto de estados de sentimento; crianças hidranencefálicas que não possuem córtice insular e outros córtices somatossensitivos mas têm estruturas do tronco cerebral intactas apresentam comportamentos indicadores de estados de sentimento.

Igualmente importante é a geração de sentimentos em um esquema fisiológico que é central para minha estrutura teórica sobre mente e cérebro: o fato de que as regiões cerebrais que participam da geração de mapas do corpo e, portanto, alicerçam sentimentos, são parte de uma alça ressonante com a própria fonte dos sinais que elas mapeiam. O maquinário do tronco cerebral superior incumbido do mapeamento corporal interage diretamente com a fonte dos mapas que ele produz, em uma ligação estreita, quase uma fusão, de corpo e cérebro. Os sentimentos emocionais emergem de um sistema fisiológico sem paralelos no organismo. Concluirei esta seção lembrando outro componente importante dos estados de sentimento: todos os pensamentos desencadeados pela emoção em curso. Alguns deles, como já mencionei, são componentes do programa da emoção, evocados à medida que ela acontece para que o contexto cognitivo lhe corresponda. Mas outros pensamentos, em vez de ser componentes estereotípicos do programa da emoção, são reações cognitivas posteriores à emoção em curso. As imagens evocadas por essas reações acabam fazendo parte da percepção do sentimento, junto com a representação do objeto que originou a emoção, o componente cognitivo do programa da emoção e a leitura perceptual do estado do corpo.

COMO SENTIMOS UMA EMOÇÃO?

Essencialmente, há três modos de gerar um sentimento emocional. O primeiro e mais óbvio ocorre quando uma emoção modifica o corpo. Qualquer emoção faz isso com rapidez e eficiência, pois uma emoção *é* um programa de ação, e o resultado da ação é uma mudança no estado do corpo.

Ora, o cérebro gera continuamente um substrato para os sentimentos, pois os sinais do estado corporal em curso são ininterruptamente informados, usados e transformados nos sítios mapeadores apropriados. No desenrolar de uma emoção ocorre um conjunto específico de mudanças, e os *mapas de sentimento da emoção* são o resultado do registro de uma *variação* superposto aos mapas correntes gerados no tronco cerebral e na ínsula. Os mapas constituem o substrato de uma imagem composta em múltiplos sítios.[8]

Para que o estado de sentimento seja ligado à emoção, é preciso que haja a devida correspondência entre o objeto causador e a relação temporal entre seu aparecimento e a resposta emocional. Isso difere notavelmente do que ocorre nos casos da visão, audição ou olfato. Como esses outros sentidos são voltados para o mundo exterior, as respectivas regiões mapeadoras podem começar do zero, digamos assim, e construir uma infinidade de padrões. Isso não vale para os sítios relacionados ao mapeamento do corpo, que são obrigatoriamente voltados para o interior e cativos daquilo que o corpo lhes informa em sua infinita constância. O cérebro dedicado ao corpo é efetivamente um servo do corpo e sua sinalização.

O primeiro modo de gerar sentimentos, portanto, requer o que chamo de alça corpórea. Mas existem no mínimo outros dois modos. Um depende da alça corpórea virtual, mencionada no capítulo 4. Como o nome sugere, trata-se de uma simulação. As regiões cerebrais que iniciam a cascata emocional típica também podem comandar regiões que fazem o mapeamento do corpo, como a ínsula, para que adotem o padrão que adotariam assim que o corpo lhes sinalizasse o estado emocional. Em outras palavras, as regiões desencadeadoras dizem à ínsula que se amolde, que configure sua atividade "como se" estivesse recebendo sinais descrevendo o estado emocional X. A vantagem desse mecanismo de atalho é óbvia. Como produzir um estado emocional completo requer um tempo considerável e consome muita energia preciosa, por que não cortar caminho? Sem dúvida isso emergiu no cérebro precisamente graças à economia de tempo e energia possibilitada, e também porque os cérebros inteligentes são muito preguiçosos. Sempre que podem fazer menos em vez de mais, eles o fazem: uma filosofia minimalista que seguem religiosamente.

Só há um problema nesse mecanismo virtual. Como qualquer outra simulação, ele não é *exatamente* como a coisa real. Creio que os estados "virtuais" de sentimento são comuns a todos nós, e eles certamente reduzem os custos da nossa emotividade, porém são apenas versões atenuadas de emoções baseadas em uma verdadeira alça corpórea. Os padrões virtuais não podem produzir uma sensação idêntica aos estados de sentimento baseados na alça corpórea porque são simulações, e não o artigo genuíno, e também porque, em comparação com as versões regulares de alça corpórea, provavelmente é mais difícil para os padrões virtuais, que são mais fracos, competir com os padrões em curso no corpo.

O outro modo de construir estados de sentimento consiste em alterar a transmissão de sinais do corpo para o cérebro. Em decorrência de ações analgésicas naturais ou da administração de drogas que interferem na sinalização corporal (analgésicos, anestésicos), o cérebro recebe uma impressão distorcida do verdadeiro estado corrente do corpo. Sabemos que em situações de medo nas quais o cérebro escolhe a opção da fuga em vez da imobilidade, o tronco cerebral desliga parte dos circuitos de transmissão da dor — mais ou menos como tirar o telefone do gancho. A matéria cinzenta periaquedutal, que controla essas respostas, também pode comandar a secreção de opioides naturais e ter exatamente o efeito de um analgésico: eliminar os sinais de dor.

No sentido estrito, estamos falando aqui de uma *alucinação* do corpo, pois o que o cérebro registra em seus mapas e o que a mente consciente sente não correspondem à realidade que poderia ser percebida. Sempre que ingerimos moléculas capazes de modificar a transmissão ou o mapeamento de sinais do corpo, acionamos esse mecanismo. O álcool faz isso, e também os analgésicos e anestésicos, assim como inúmeras drogas ilícitas. É claro que, além da curiosidade, os humanos são atraídos por tais moléculas em razão de seu desejo de gerar sentimentos de bem-estar, sentimentos nos quais os sinais de dor são anulados e os sinais de prazer, induzidos.

O TEMPO DAS EMOÇÕES E DOS SENTIMENTOS

Em estudos recentes, meu colega David Rudrauf investigou os padrões temporais de emoções e sentimentos no cérebro humano usando magnetoencefalografia.[9] A magnetoencefalografia é muito menos precisa do que a ressonância magnética funcional no que diz respeito à localização espacial da atividade cerebral, porém nos dá uma notável capacidade de estimar o tempo decorrido em certos processos em setores razoavelmente grandes do cérebro. Usamos essa técnica nesses estudos justamente por essa vantagem no aspecto do tempo.

Examinando o interior do cérebro, Rudrauf observou o tempo decorrido em atividades relacionadas a reações de emoção e sentimento a estímulos visuais agradáveis ou desagradáveis. Do momento em que os estímulos eram processados nos córtices visuais até o momento em que os sujeitos relatavam sentimentos pela primeira vez, passavam-se quase quinhentos milissegundos, ou cerca de meio segundo. Isso é pouco ou muito? Depende da perspectiva. Em "tempo cerebral" é um intervalo enorme, se levarmos em conta que um neurônio pode disparar em cerca de cinco milissegundos. Em "tempo de mente consciente", porém, não é muito. Está entre os duzentos milissegundos necessários para que nos tornemos conscientes de um padrão na percepção e os setecentos ou oitocentos milissegundos que requeremos para processar um conceito. Além do marco de quinhentos milissegundos, porém, os sentimentos podem demorar-se por segundos ou minutos, obviamente reiterados em algum tipo de reverberação, especialmente se forem sentimentos marcantes.

AS VARIEDADES DA EMOÇÃO

As tentativas de descrever o conjunto completo das emoções humanas ou de classificá-las não são especialmente interessantes. Os critérios usados para as classificações tradicionais são imperfeitos, e qualquer rol de emoções pode ser criticado por deixar de incluir algumas e incluir outras em excesso. Uma regra prática imprecisa sugere que reservemos o termo "emoção" para um programa de ações razoavelmente complexo (que inclua mais de uma ou duas respostas reflexas) desencadeado por um objeto ou fenômeno identificável, um estímulo emocionalmente competente. Considera-se que as chamadas emoções universais (medo, raiva, tristeza, alegria, nojo e surpresa) encaixam-se nesses critérios. Seja como for, essas emoções certamente são produzidas em todas as culturas e são fáceis de reconhecer, pois uma parte de seu programa de ação — as expressões faciais — é bem característica. Essas emoções estão presentes até em culturas que não possuem designações distintivas para elas. Devemos a Charles Darwin o reconhecimento pioneiro dessa universalidade, não apenas em humanos mas também em animais.

A universalidade das expressões emocionais revela o grau em que o programa de ação emocional é automatizado e não aprendido. A cada execução, a emoção pode ser modulada, por exemplo, com pequenas mudanças de intensidade ou duração dos movimentos componentes. A rotina básica do programa, porém, é estereotípica em todos os níveis do corpo em que ela é executada: movimentos externos, mudanças viscerais no coração, pulmões, intestino e pele e mudanças endócrinas. A execução da mesma emoção pode variar de uma ocasião para outra, mas não o suficiente para torná-la irreconhecível ao próprio indivíduo ou a terceiros. Ela varia tanto quanto uma interpretação de "Summertime" de Gershwin pode mudar conforme o intérprete ou até com um mesmo intérprete em diferentes ocasiões. Continua a ser perfeitamente identificável porque os contornos gerais do comportamento são mantidos.

O fato de que as emoções são programas de ação automatizados, não aprendidos e previsivelmente estáveis trai sua origem na seleção natural e nas resultantes instruções genômicas. Essas instruções foram acentuadamente conservadas no decorrer da evolução e têm como resultado uma montagem do cérebro que se dá de um modo específico, confiável, de maneira que certos circuitos de neurônios possam processar estímulos emocionalmente competentes e levar regiões cerebrais desencadeadoras de emoção a construir uma resposta emocional completa. As emoções e seus fenômenos subjacentes são tão essenciais para a manutenção da vida e para a subsequente maturação do indivíduo que se encontram confiavelmente prontas para uso já em fase inicial do desenvolvimento.

O fato de as emoções serem automatizadas, não aprendidas e estruturadas pelo genoma sempre evoca o espectro do determinismo genético. Não haverá nada pessoal e educável em nossas emoções? A resposta é que há muita coisa. O mecanismo essencial das emoções em um cérebro normal realmente é muito semelhante entre os indivíduos, o que é bom, pois dá à espécie humana, em suas diversas culturas, uma base comum de preferências fundamentais em matéria de prazer e dor. Mas, embora os mecanismos sejam distintamente parecidos, as circunstâncias em que certos estímulos tornam-se emocionalmente competentes para você provavelmente não são as mesmas para mim. Certas coisas me causam medo, mas você não as teme, e vice-versa; há coisas que você adora e eu não e vice-versa, e existem muitas coisas que tanto você como eu tememos e adoramos. Em outras palavras, as respostas emocionais são consideravelmente individualizadas em relação ao estímulo causador. Nesse aspecto, somos todos muito parecidos, mas não idênticos. E essa individuação tem ainda outros aspectos. Influenciados pela cultura em que crescemos, ou como resultado da educação que cada um recebeu, temos a possibilidade de controlar, em parte, nossas expressões emocionais. Todos sabemos que as manifestações públicas de riso ou choro diferem entre as várias culturas e que elas são moldadas, inclusive dentro de cada classe social. As expressões emocionais são parecidas, mas não iguais. Podem ser moduladas e receber um toque distintamente pessoal ou sugestivo de um grupo social.

A expressão das emoções pode, sem dúvida, ser voluntariamente modulada. Mas é claro que o grau do controle modulatório das emoções não pode ir além das manifestações externas. Como as emoções incluem muitas outras reações, várias das quais são internas e invisíveis a olho nu para as outras pessoas, a maior parte do programa emocional ainda é executada, por mais que deliberadamente nos empenhemos para inibir o processo. Mais importante é que os sentimentos da emoção, que resultam da percepção do concerto de mudanças emocionais, ocorrem mesmo quando expressões emocionais externas são parcialmente inibidas. Emoções e sentimentos têm duas faces, condizentes com seus diferentes mecanismos fisiológicos. Quando encontramos uma pessoa que parece estoicamente inabalável diante de uma notícia trágica, não devemos pressupor que ela não sente angústia ou medo. Como diz o ditado, quem vê cara não vê coração.

DEGRAUS DA ESCALA EMOCIONAL

Além das emoções universais, dois grupos de emoção comumente identificados merecem menção especial. Anos atrás, chamei a atenção para um desses grupos e dei-lhe um nome: emoções de fundo. São exemplos o *entusiasmo* e o *desânimo*, duas emoções que podem ser desencadeadas por diversas circunstâncias da vida, mas às vezes também decorrem de estados internos como doença e fadiga. Mais ainda do que em outras emoções, o estímulo emocionalmente competente das emoções de fundo pode atuar imperceptivelmente, desencadeando uma emoção sem que a pessoa se aperceba de sua presença. Refletir sobre uma situação já ocorrida ou sobre a mera possibilidade de que ela venha a ocorrer pode desencadear emoções desse tipo. Os sentimentos de fundo resultantes estão a apenas um pequeno passo dos sentimentos primordiais. As emoções de fundo são parentes próximas dos estados de humor, mas diferem deles por serem mais circunscritas no tempo e por sua identificação mais nítida dos estímulos.

O outro grupo importante é o das emoções sociais. Esse nome talvez cause estranheza, já que todas as emoções podem ser sociais e com frequência o são, mas justifica-se em razão do contexto inequivocamente social desses fenômenos específicos. Exemplos das principais emoções sociais ilustram o porquê da denominação: *compaixão, embaraço, vergonha, culpa, desprezo, ciúme, inveja, orgulho, admiração*. São emoções desencadeadas em situações sociais e certamente têm papéis importantes na vida dos grupos sociais. O funcionamento fisiológico das emoções sociais não difere em nenhum aspecto do das outras emoções. Elas requerem um estímulo emocionalmente competente, dependem de sítios desencadeadores específicos, são constituídas por elaborados programas de ação que envolvem o corpo e são percebidas pelo indivíduo na forma de sentimentos. No entanto, existem algumas diferenças dignas de nota. A maioria das emoções sociais é recente na trajetória evolucionária, e algumas podem ser exclusivamente humanas. Esse parece ser o caso da admiração e da variedade de compaixão baseada no sofrimento mental e social de outros, e não na dor física. Muitas espécies, em especial os primatas e os grandes símios, apresentam os preâmbulos de algumas emoções sociais.

Compaixão por sofrimento físico, embaraço, inveja e orgulho são bons exemplos. Macacos-capuchinhos certamente dão mostras de reagir ao perceber alguma injustiça. As emoções sociais incorporam princípios morais e formam um alicerce natural para os sistemas éticos.[10]

NOTA SOBRE A ADMIRAÇÃO E A COMPAIXÃO

Os atos e os objetos que admiramos definem a qualidade de uma cultura, e o mesmo vale para nossas reações àqueles que são responsáveis por esses atos e objetos. Sem recompensas apropriadas, menor é a probabilidade de que comportamentos admiráveis venham a ser imitados. Assim é também com a compaixão. A vida diária apresenta toda sorte de problemas, e a menos que os indivíduos se comportem de modo compassivo em relação aos demais, as perspectivas de uma sociedade sadia tornam-se muito reduzidas. A compaixão tem de ser recompensada para que seja imitada.

O que ocorre no cérebro quando sentimos admiração ou compaixão? Os processos cerebrais que correspondem a essas emoções e sentimentos assemelham-se de algum modo aos que identificamos para emoções mais básicas, como medo, alegria e tristeza? São diferentes? As emoções sociais parecem tão dependentes do ambiente no qual o indivíduo cresce, tão ligadas a fatores educacionais, que podem sugerir um mero verniz cognitivo aplicado levemente na superfície do cérebro. É importante examinar também como o processamento dessas emoções e sentimentos, que claramente envolve o self de seu possuidor, usa, ou não usa, as estruturas cerebrais que começamos a associar com estados do self.

Decidi buscar as respostas para essas questões com Hanna Damásio e Mary Helen Immordino-Yang, que tem um interesse profundo pelo casamento da neurociência com a educação e, por isso mesmo, sentiu-se atraída pelo assunto. Elaboramos um estudo para investigar, com a ajuda de imagens de ressonância magnética funcional, de que modo histórias podem induzir sentimentos de admiração ou compaixão em seres humanos normais. Queríamos gerar respostas de admiração ou compaixão evocadas por certos tipos de comportamento exibidos em uma narrativa. Não estávamos interessados em fazer os sujeitos do experimento reconhecer a admiração ou a compaixão quando a vissem em outra pessoa. Queríamos que eles *sentissem* essas emoções. Desde o início sabíamos que desejávamos no mínimo quatro condições distintas, duas para a admiração e duas para a compaixão. No primeiro desses dois casos, as condições eram a admiração por atos virtuosos (a virtude admirável de um ato de grande generosidade) ou a admiração por algum virtuosismo (por exemplo, de atletas espetaculares ou solistas musicais talentosos). No segundo caso, as condições incluíam a compaixão pela dor física (o que se sente pela desafortunada vítima de um acidente na rua) e a compaixão pelo sofrimento mental e social (o que se sente por alguém que perdeu sua casa num incêndio, ou um ente querido vitimado por uma doença incompreensível).

Os contrastes eram bem claros, sobretudo porque Mary Helen combinou inventivamente histórias reais a um método eficaz de exibi-las a sujeitos voluntários em um experimento baseado em imagens funcionais.[11]

Testamos três hipóteses. A primeira relacionava-se às regiões mobilizadas pelos sentimentos de admiração e compaixão. O resultado do experimento foi inequívoco: as regiões ativadas eram, de modo geral, as mesmas ativadas pelas supostamente triviais emoções básicas. A ínsula mostrou forte atividade, assim como o córtex cingulado anterior, em todas as condições. Regiões do tronco cerebral superior também participaram, como fora previsto.

Esse resultado certamente refuta a ideia de que as emoções sociais não acionam o maquinário da regulação da vida no mesmo grau que as emoções básicas o fazem. A mobilização do cérebro é profunda, o que condiz com o fato de que fenômenos corporais marcam profundamente nossa vivência dessas emoções. O estudo comportamental de Jonathan Haidt sobre o processamento de emoções sociais comparáveis revela muito claramente o modo como o corpo é mobilizado em tais situações.[12]

A segunda hipótese que testamos relacionava-se ao tema central deste livro: o self e a consciência. Constatamos que sentir essas emoções ativava os córtices posteromediais (CPMs), uma região que julgamos ter um papel na construção do self. Isso condiz com o fato de que a reação do sujeito a qualquer uma das histórias usadas como estímulo requeria que a pessoa se tornasse espectadora e juíza de uma situação, sentisse total empatia com o sofrimento do protagonista, em casos de compaixão, e fosse uma potencial imitadora da boa ação do protagonista, em caso de admiração.

Também constatamos algo não previsto: a parte dos CPMs que se mostrou mais ativa em situações de admiração pela habilidade e de compaixão pela dor física era totalmente distinta da parte dos CPMs que mais foi ativada pela admiração de atos virtuosos e pela compaixão diante da dor mental. Essa divisão foi surpreendente, ainda mais porque o padrão de atividade do CPM relacionado a um par de emoções encaixou-se exatamente no padrão do CPM relacionado ao outro, como uma peça faltante num quebra-cabeça.

A característica em comum em um par de condições — perícia e dor física — foi o envolvimento do corpo em seus aspectos externos, orientados para a ação. A característica central do outro par de condições — a dor psicológica do sofrimento e o ato virtuoso — foi um estado mental. O resultado do CPM indicou que o cérebro havia reconhecido essas características em comum — o aspecto físico em um par, os estados mentais no outro — e prestado muito mais atenção a elas do que ao contraste elementar entre admiração e compaixão.

A provável explicação para esse belo resultado está nas diferentes lealdades que as duas partes do CPM têm, no cérebro de cada indivíduo, para com seu corpo. Um setor relaciona-se intimamente a aspectos musculoesqueléticos; o outro, ao interior do corpo, ou seja, ao meio interno e às vísceras. O leitor atento provavelmente deduzirá as correspondências corretas. O aspecto físico (perícia, dor física) relaciona-se ao componente musculoesquelético. A característica mental (sofrimento mental, virtude) corresponde ao meio interno e às vísceras. Quem pensaria o contrário?

Havia ainda outra hipótese e outro resultado notável. Tínhamos a hipótese de que a compaixão pela dor física, sendo uma resposta cerebral evolucionariamente mais antiga — é sem dúvida encontrada em várias espécies não humanas — deveria ser processada mais depressa no cérebro do que a compaixão pelo sofrimento mental, algo que requer um processamento mais complexo de um sofrimento menos imediatamente óbvio e tende a envolver conhecimentos mais abrangentes.

Os resultados confirmaram a hipótese. A compaixão pela dor física evoca respostas mais rápidas do córtex insular do que a compaixão pela dor mental. As respostas à dor física não só surgem mais depressa como também se dissipam mais rapidamente. As respostas à dor mental demoram mais a se estabelecer, mas também a se dissipar.

Apesar do caráter preliminar desse estudo, conseguimos um vislumbre inicial de como o cérebro processa a admiração e a compaixão. Previsivelmente, são processos com raízes profundas no cérebro e na carne. Também previsivelmente, esses processos são afetados em alto grau pela experiência individual. Tudo vale, de ponta a ponta, para todas as emoções, como deveria mesmo ser.

6. Uma arquitetura para a memória

DE ALGUM MODO, EM ALGUM LUGAR

"Será que algum dia alguém aqui vai conseguir ver um trem partir sem ouvir tiros?" Dick Diver, protagonista de *Suave é a noite*, de Scott Fitzgerald, faz essa pergunta ao grupo que o acompanha na despedida ao amigo Abe North numa manhã parisiense. Diver e os demais acabaram de testemunhar algo insólito: uma moça desesperada tirou da bolsa um pequeno revólver de madrepérola e atirou em seu amante enquanto o trem apitava a partida da Gare St. Lazare.

A pergunta de Diver é um sugestivo lembrete da espetacular capacidade do nosso cérebro para aprender informações compostas e reproduzi-las mais tarde, queiramos ou não, com considerável fidelidade e de várias perspectivas. Diver e seus companheiros estão fadados a *ouvir* na mente o som de tiros toda vez que entrarem em uma estação de trem; será uma aproximação mais fraca porém reconhecível dos sons ouvidos naquela manhã, em uma tentativa não deliberada de reproduzir as imagens auditivas vivenciadas na ocasião fatídica. E, como as memórias compostas de acontecimentos podem ser evocadas a partir da representação de qualquer uma das partes que compuseram o evento, eles também poderão ouvir tiros quando alguém simplesmente mencionar trens de partida, em qualquer contexto, e não apenas quando virem um trem sair da estação; e também poderão ouvir tiros quando alguém mencionar Abe North (estavam lá por causa dele) ou a Gare St. Lazare (foi nessa estação que o fato aconteceu). Isso também é o que ocorre com pessoas que estiveram em uma zona de guerra e revivem eternamente os sons e visões de batalhas em obsedantes e indesejados flashbacks. A síndrome do estresse pós-traumático é um incômodo efeito colateral de uma capacidade esplêndida.

Como nessa história, em geral ajuda quando o evento a ser lembrado é emocionalmente marcante, daqueles que abalam as escalas de valor. Se uma cena tiver algum valor, se o momento encerrar emoção suficiente, o cérebro fará registros multimídia de visões, sons, sensações táteis, odores e percepções afins e os reapresentará no momento certo. Com o tempo, a evocação poderá perder intensidade. Com o tempo e a imaginação de um fabulista, o material poderá ser enfeitado, cortado em pedaços e recombinado em um romance ou roteiro de cinema. Passo a passo, o que começou como imagens fílmicas não verbais pode até se transformar em um relato verbal fragmentário, lembrado tanto pelas palavras da história como pelos elementos visuais e auditivos.

Agora pense no prodígio que é essa evocação, e pense nos recursos que o cérebro precisa possuir para produzi-la. Além de imagens perceptuais em vários domínios sensoriais, o cérebro necessita de uma forma de armazenar os respectivos padrões, de algum modo, em algum lugar, e precisa manter um trajeto para recuperar os padrões, de algum modo, em algum lugar, para que em algum lugar e de algum modo sua tentativa de reprodução funcione. Assim que tudo isso acontece e na presença da dádiva adicional do self, nós *sabemos* que estamos recordando alguma coisa.

A capacidade de manobrar o complexo mundo à nossa volta depende dessa faculdade de aprender e evocar — reconhecemos pessoas e lugares só porque fazemos registros de sua aparência e trazemos parte desses registros de volta no momento certo. Nossa faculdade de imaginar possíveis eventos também depende de aprendizagem e evocação e é o alicerce que nos permite raciocinar e planejar para o futuro e, de modo mais geral, criar soluções inovadoras para um problema. Para que possamos entender como tudo isso ocorre, precisamos descobrir no cérebro os segredos do algum modo e localizar o algum lugar. Esse é um dos intricados problemas da neurociência atual.

O estudo do problema do aprendizado e evocação depende do nível de funcionamento que escolhermos investigar. Estamos aumentando nossos conhecimentos sobre o que é preciso, no nível dos neurônios e pequenos circuitos, para que o cérebro aprenda. Para fins práticos, sabemos como as sinapses aprendem, e até, no nível dos microcircuitos, conhecemos algumas das moléculas e mecanismos de expressão gênica envolvidos no aprendizado.[1] Também sabemos que partes específicas do cérebro têm um papel fundamental no aprendizado de diferentes tipos de informação — objetos como rostos, lugares ou palavras, por um lado, e movimentos, por outro.[2] Mas ainda restam muitas questões antes que os mecanismos do algum modo e do algum lugar possam ser plenamente elucidados. O objetivo aqui é delinear uma arquitetura para o cérebro que possa trazer mais alguma luz ao problema.

A NATUREZA DOS REGISTROS DA MEMÓRIA

O cérebro faz registros de entidades, da aparência que elas têm, de como agem e soam, e as preserva para evocações futuras. Faz o mesmo com os eventos. Geralmente se supõe que o cérebro é um meio de registro passivo, como um filme, no qual as características de um objeto, analisadas por detectores sensitivos, podem ser fielmente mapeadas. Se o olho é a câmera passiva e inocente, o cérebro seria o celuloide passivo e virgem. Pura ficção.

O organismo (o corpo e seu cérebro) interage com objetos, e o cérebro reage a essa interação. Em vez de fazer um registro da estrutura de uma entidade, o cérebro *registra as várias consequências das interações do organismo com a entidade*. O que memorizamos de nosso encontro com determinado objeto não é só sua estrutura visual mapeada nas imagens ópticas da retina. Os aspectos a seguir também são necessários: primeiro, os padrões sensitivo-motores associados à visão do objeto (como os movimentos dos olhos e pescoço ou o movimento do corpo inteiro, quando for o caso); segundo, o padrão sensitivo-motor associado a tocar e manipular o objeto (se for o caso); terceiro, o padrão sensitivo-motor resultante da evocação de memórias previamente adquiridas relacionadas ao objeto; quarto, os padrões sensitivo-motores relacionados ao desencadeamento de emoções e sentimentos associados ao objeto.

O que normalmente denominamos memória de um objeto é *a memória composta das atividades sensitivas e motoras relacionadas à interação entre o organismo e o objeto* durante dado tempo. O conjunto das atividades sensitivo-motoras varia conforme as circunstâncias e o valor do objeto, e o mesmo se dá com a retenção de tais atividades. Nossas memórias de certos objetos são governadas por nosso conhecimento prévio de objetos comparáveis ou de situações semelhantes. Nossas memórias são *preconceituadas*, no sentido estrito do termo, pela nossa história e crenças prévias. A memória perfeitamente fiel é um mito, aplicável tão somente a objetos triviais. A ideia de que o cérebro retém alguma coisa parecida com uma "memória do objeto" isolada parece insustentável. O cérebro retém uma memória do que ocorreu durante uma interação, e essa interação inclui fundamentalmente nosso passado, e até, muitas vezes, o passado de nossa espécie biológica e de nossa cultura.

O fato de que percebemos mediante uma interação, e não com uma receptividade passiva, é o segredo do "efeito proustiano" na memória, a razão pela qual frequentemente recordamos contextos e não apenas coisas isoladas. Mas também é importante entender como surge a consciência.

DISPOSIÇÕES PRIMEIRO, MAPAS DEPOIS

A marca registrada dos mapas cerebrais é a ligação relativamente transparente entre a coisa representada — forma, movimento, cor, som — e os conteúdos do mapa. O padrão do mapa tem alguma correspondência clara com a coisa mapeada. Em teoria, se um observador inteligente pudesse deparar com o mapa ao longo de suas perambulações científicas, seria capaz de deduzir imediatamente o que o mapa representa. Sabemos que isso ainda não é possível, embora novas técnicas de imageamento estejam fazendo um bom progresso nessa direção. Em estudos de imagens por ressonância magnética funcional (fMRI na sigla em inglês) em humanos, análises multivariadas de padrões demonstram a presença de padrões específicos de atividade cerebral para certos objetos vistos ou ouvidos pelo sujeito. Em um estudo recente do nosso grupo (Meyer *et al.*, 2010, citado no capítulo 3), detectamos padrões no córtex auditivo que correspondem ao que os sujeitos ouviram "mentalmente" (isto é, sem que nenhum som real fosse ouvido). Os resultados respondem diretamente à pergunta feita por Dick Diver.

O desenvolvimento biológico do mapeamento e sua consequência direta, as imagens e a mente, é uma transição evolucionária insuficientemente enaltecida. Transição do quê, alguém poderia perguntar. Transição de um modo de representação neural que tinha reduzida conexão patente com a coisa representada. Vejamos um exemplo. Primeiro, imagine que um objeto atinge um organismo e que um conjunto de neurônios é ativado em resposta. O objeto pode ser pontudo ou rombudo, grande ou pequeno, lançado manualmente ou por mecanismo próprio, feito de plástico, aço ou carne. Importa apenas o fato de que ele *atinge* o organismo em alguma parte de sua superfície e, em consequência, um conjunto de neurônios responde ao contato tornando-se ativo, sem efetivamente representar as propriedades do objeto. Agora imagine outro conjunto de neurônios que é ativado ao receber sinal do primeiro conjunto e então faz o organismo mover-se de sua posição estacionária. Nenhum desses conjuntos realmente representou *onde* o organismo estava no início ou *onde* ele devia parar, e nenhum dos conjuntos representou as *propriedades físicas* do objeto. O necessário era a detecção do contato com o objeto, um dispositivo de comando e a capacidade de movimento. Mais nada. O que parece ter sido representado por esses conjuntos no cérebro não são mapas, mas *disposições* — prescrições ou fórmulas para um modo de fazer, codificando algo mais ou menos assim: se for atingido de um lado, mova-se na direção oposta por um número X de segundos, não importa que objeto o atingiu nem onde você está.

Por muito tempo ao longo da evolução, os cérebros funcionaram com base em disposições, e alguns dos organismos assim equipados saíram-se perfeitamente bem em ambientes adequados. A rede dispositiva realizava muita coisa e foi se tornando cada vez mais complexa e abrangente em suas realizações. Mas quando surgiu a possibilidade do mapeamento, os organismos puderam ir além de respostas formularizadas e reagir com base nas informações mais ricas agora disponíveis em mapas. A qualidade da gestão melhorou. As respostas tornaram-se adequadas aos objetos e situações em vez de ser genéricas, e por fim também passaram a ser mais precisas. Posteriormente, as redes dispositivas não produtoras de mapas juntariam forças com as redes mapeadoras, e com isso os organismos ganhariam ainda mais flexibilidade na gestão da vida.

O fato fascinante, portanto, é que o cérebro não descartou seu velho e bem testado mecanismo (as disposições) em favor da nova invenção (mapas e suas imagens). A natureza manteve os dois sistemas em funcionamento, e a vantagem foi imensa: juntando-os, levou-os a trabalhar em sinergia. Como resultado dessa combinação, o cérebro tornou-se mais rico. Esse é o tipo de cérebro que o ser humano recebe ao nascer.

O ser humano apresenta o mais complexo exemplo desse modo de operação híbrido e sinérgico quando percebe o mundo, aprende sobre ele, recorda o que aprendeu e manipula criativamente as informações. Herdamos, de muitas espécies ancestrais, abundantes redes de disposições que operam nossos mecanismos básicos de gestão da vida. Elas incluem os núcleos que controlam nosso sistema endócrino e os núcleos responsáveis pelos mecanismos de recompensa e punição e de desencadeamento e execução das emoções. Em uma bem-vinda inovação, essas redes dispositivas entraram em contato com muitos sistemas de mapas dedicados a produzir imagens do mundo interior e exterior. Em consequência, os mecanismos básicos de gestão da vida influenciam o funcionamento das regiões mapeadoras no córtex cerebral. A meu ver, porém, a inovação não termina aqui, e o cérebro dos mamíferos deu um passo além.

Quando o cérebro humano decidiu criar arquivos prodigiosamente grandes de imagens registradas mas não dispunha de espaço para armazená-los, tomou emprestada a estratégia da disposição para resolver esse problema de engenharia. Realizou com isso uma façanha de conciliação: conseguiu inserir numerosas memórias em um espaço limitado e ainda assim conservou a capacidade de recuperá-las com rapidez e considerável fidelidade. Nós e nossos colegas mamíferos nunca precisamos microfilmar um sem-número de imagens variadas e armazená-las em arquivos permanentes; simplesmente armazenamos uma fórmula engenhosa para a reconstrução dessas imagens e usamos o maquinário perceptual existente para reconstituí-las o melhor que pudermos. Sempre fomos pós-modernos.

A MEMÓRIA EM AÇÃO

Eis, assim, o problema. Além de criar representações mapeadas que resultem em imagens perceptuais, o cérebro realiza outra proeza igualmente notável: cria registros de memória dos mapas sensoriais e reproduz uma aproximação de seu conteúdo original. Esse processo é conhecido como *recall*, ou evocação. Lembrar uma pessoa ou evento ou contar uma história requer a evocação; reconhecer objetos e situações a nossa volta também, e o mesmo vale para pensar em objetos com os quais interagimos e acontecimentos que percebemos, e para todo o processo imaginativo com o qual planejamos para o futuro.

Para que possamos entender como a memória funciona, temos de entender como o cérebro faz o registro de um mapa e de sua localização. Ele cria um fac-símile da coisa a ser memorizada, uma espécie de cópia permanente gravada num arquivo? Ou reduz a imagem a um código, como se a digitalizasse? Qual dessas alternativas? Como? Onde?

Existe ainda outra questão fundamental relacionada ao *onde*. Onde o registro é reproduzido durante a evocação para que as propriedades essenciais da imagem original possam ser recuperadas? Quando Dick Diver, em *Suave é a noite*, ouvir novamente os tiros, onde, no seu cérebro, eles serão reproduzidos? Quando você pensa em um amigo que perdeu ou em uma casa onde morou, conjura uma coleção de imagens dessas entidades. Elas são menos vívidas do que a coisa real ou do que uma fotografia. Mas imagens recordadas podem manter as propriedades básicas do original, tanto assim que um engenhoso neurocientista cognitivo, Steve Kosslyn, consegue estimar o tamanho relativo de um objeto evocado e inspecionado na mente.[3] Onde as imagens são reconstituídas para que possamos estudá-las em nossas cogitações?

As respostas tradicionais a essa questão (na verdade, suposições seria um termo melhor) inspiram-se em uma explicação convencional da percepção sensorial. Assim, diferentes córtices sensoriais iniciais (boa parte em seções posteriores do cérebro) trariam os componentes de informações perceptuais por trajetos cerebrais até os chamados córtices multimodais (boa parte em seções frontais), e estes as integrariam. A percepção operaria com base em uma cascata de processadores seguindo uma direção. A cascata extrairia, passo a passo, sinais cada vez mais refinados, primeiro nos córtices sensitivos de uma única modalidade (por exemplo, visual) e depois nos córtices multimodais, os que recebem sinais de mais de uma modalidade (por exemplo, visual, auditiva e somática). A cascata seguiria, em geral, uma direção caudo-rostral (da parte posterior para a frontal) e culminaria nos córtices anteriores temporais e frontais, onde presumivelmente ocorrem as representações mais integradas da apreensão multissensorial corrente da realidade.

Essas suposições são captadas pela noção de "célula-avó". Uma célula-avó é um neurônio em alguma parte próxima do topo da cascata de processamento (por exemplo, o lobo temporal anterior) cuja atividade representaria, inerentemente e com abrangência, a nossa avó quando a *percebemos*. Essas células (ou pequenos grupos de células) reteriam uma representação abrangente de objetos e fenômenos durante a percepção. E mais: elas também manteriam um *registro* desses conteúdos percebidos. Os registros de memória estariam onde estão as células-avós. Numa proeza ainda maior, e em resposta direta à questão feita anteriormente, células-avós reativadas permitiriam a evocação desses mesmos conteúdos percebidos de imediato e em sua totalidade. Em suma, a atividade nesses neurônios seria responsável pela recordação de imagens variadas e adequadamente integradas, entre elas o rosto da nossa avó ou os tiros que Dick Diver ouviu na estação. Esse seria o *onde* da recordação.

A meu ver, a hipótese acima é pouco prometedora. Nessa interpretação, um dano nos córtices do lobo temporal e frontal, as regiões anteriores do cérebro, deveriam impossibilitar *tanto* a percepção *como* a evocação normais. A percepção normal não ocorreria porque os neurônios capazes de criar a representação totalmente integrada de uma experiência perceptual coesa não seriam mais funcionais. A recordação normal seria impossível porque as mesmas células que alicerçam a percepção integrada também fundamentariam os registros de memória integrados.

Infelizmente para a visão tradicional, essa predição não é corroborada pela realidade dos dados neuropsicológicos. Exponho a seguir o essencial dessa realidade discordante. Pacientes com dano nas regiões anteriores do cérebro — frontais e temporais — relatam percepção normal e apresentam apenas deficiências seletivas na evocação e reconhecimento de objetos e eventos únicos.

Esses pacientes conseguem descrever minuciosamente os conteúdos de uma fotografia quando a veem, classificam-na corretamente, por exemplo, como uma fotografia de uma festa (de aniversário, de casamento), e no entanto não conseguem reconhecer que a festa era deles mesmos. O dano em regiões anteriores não compromete a percepção integrada da cena como um todo nem a interpretação do seu significado. Também não compromete a percepção dos numerosos objetos que compõem o quadro e a recuperação do seu significado — pessoas, cadeiras, mesas, bolo de aniversário, velas, trajes de festa etc. A lesão em região anterior permite a visão integrada e a visão das partes. É preciso que a lesão esteja localizada em uma região totalmente diferente para que fique comprometido o acesso aos componentes separáveis da memória, aqueles que correspondem aos vários objetos ou características de objetos, como cor e movimento. Esse acesso é comprometido, mas apenas por danos que envolvem setores do córtex cerebral situados mais posteriormente do cérebro, próximo às principais regiões sensitivas e motoras.

Em conclusão, uma lesão nos córtices responsáveis pela associação e integração não impossibilita a percepção integrada, nem a evocação das partes que constituem um conjunto ou a recordação do significado de conjuntos não únicos de objetos e características. Um dano desse tipo causa uma deficiência específica e importante no processo de evocação: *impede a recordação do que existe de único e específico nos objetos e cenas.* Uma festa de aniversário única continua a ser uma festa de aniversário, porém não é mais a festa específica de determinada pessoa, com o lugar e a data em que ela aconteceu. Somente um dano nos córtices sensoriais iniciais e adjacências, onde a mente é produzida, impossibilita a recordação das informações que um dia foram processadas nesses córtices e gravadas nas proximidades.

NOTA SOBRE OS TIPOS DE MEMÓRIA

As distinções que podemos fazer entre os tipos de memória estão relacionadas não só ao assunto que constitui o centro da recordação, mas também ao conjunto de circunstâncias em torno desse centro como ele é representado na evocação de uma situação específica. Dessa perspectiva, as várias denominações tradicionais aplicadas a memórias (*genérica* ou *única*, *semântica* ou *episódica*) não captam a riqueza do fenômeno. Por exemplo, se me perguntarem sobre certa casa em que já morei, verbalmente ou me mostrando uma fotografia, provavelmente evocarei uma profusão de recordações que tenho sobre o que vivenciei naquela casa; isso inclui a reconstituição de várias modalidades e tipos de padrões sensitivo--motores e permite, inclusive, o ressurgimento de sentimentos pessoais. Se, em vez disso, me pedirem para evocar o conceito geral de casa, posso até recordar essa mesma casa única, visualizá-la, e então articular o conceito genérico de casa. Em tais circunstâncias, porém, a natureza da questão altera o curso do processo de evocação. A finalidade do segundo pedido provavelmente inibe a evocação dos ricos detalhes pessoais que ganhavam tanto destaque no primeiro caso. Em vez de uma lembrança pessoal, eu simplesmente processarei um conjunto de fatos que satisfaçam minha necessidade do momento, definir *casa*.

A distinção entre o primeiro e o segundo exemplo está no grau de complexidade do processo de recordação. Essa complexidade pode ser medida pelo número e variedade dos itens recordados em relação a determinado alvo ou evento. Em outras palavras, *quanto maior o contexto sensitivo-motor reconstituído em relação a determinada entidade ou evento, maior a complexidade*. A memória de entidades e eventos únicos, isto é, que são ao mesmo tempo singulares e pessoais, requer contextos altamente complexos. Podemos vislumbrar uma progressão hierárquica da complexidade do seguinte modo: entidades e eventos singulares e pessoais requerem maior complexidade; entidades e eventos singulares e não pessoais vêm em seguida; entidades e eventos não únicos requerem menor complexidade.

Para fins práticos, é útil dizer que dado termo é evocado em um dos níveis acima, por exemplo, não único ou único e pessoal. Essa distinção é mais ou menos comparável à distinção entre *semântica* e *episódica*, ou *genérica* e *contextual*. Também é útil preservar a distinção entre memória *factual* e memória *procedural*, pois ela capta uma divisão fundamental entre as "coisas" — entidades que, em repouso, têm certa estrutura — e o "movimento" das coisas no espaço e no tempo. No entanto, mesmo aqui a distinção pode ser arriscada.

No fim das contas, a validade dessas categorias de memória depende de o cérebro honrar tais distinções. De modo geral, o cérebro honra as distinções entre os níveis único e não único de processamento no processo da evocação, e entre os tipos de memória factual e procedural, tanto na produção de uma memória como na evocação.

UMA POSSÍVEL SOLUÇÃO PARA O PROBLEMA

Refleti sobre essas observações e propus um modelo de arquitetura neural que procura explicar a evocação e o reconhecimento.[4] Esse modelo permite a interpretação a seguir.

Imagens podem ser experienciadas durante a percepção e durante a evocação. Seria impossível armazenar no formato original os mapas que fundamentam todas as imagens que um indivíduo já percebeu. Por exemplo, os córtices sensoriais iniciais estão continuamente construindo mapas sobre o ambiente do momento e não têm recursos para armazenar os mapas descartados. Mas em um cérebro como o nosso, graças às conexões recíprocas entre o espaço cerebral onde são produzidos os mapas e o espaço dispositivo, é possível registrar mapas de forma dispositiva. Nesse tipo de cérebro, as disposições são também um mecanismo poupador de espaço para a armazenagem de informações. Finalmente, as disposições podem ser usadas para reconstituir os mapas nos córtices sensoriais iniciais, no mesmo formato em que as informações do mapa foram vivenciadas pela primeira vez.

O modelo levou em consideração as descobertas da neuropsicologia já mencionadas e postulou que os grupos de células nos níveis superiores das hierarquias de processamento não manteriam representações explícitas dos mapas de objetos e eventos. Em vez disso, esses grupos manteriam o know-how, ou seja, as *disposições*, para que as representações explícitas possam vir a ser reconstituídas quando necessário. Em outras palavras, servi-me do mecanismo simples da disposição que já descrevi anteriormente, só que agora, em vez de comandar um movimento trivial, a disposição *comanda o processo de reativação e reunião de aspectos da percepção passada*, onde quer que eles tenham sido processados e em seguida registrados em seus respectivos locais. Especificamente, as disposições atuariam sobre vários córtices sensoriais iniciais originalmente ocupados com a percepção. As disposições poderiam produzir esse resultado graças a conexões que saem do sítio dispositivo e divergem na direção dos córtices sensoriais iniciais. No fim, o lócus onde os registros de memória seriam efetivamente reconstituídos não diferiria muito do lócus original da percepção.

ZONAS DE CONVERGÊNCIA-DIVERGÊNCIA

A peça principal da hipótese proposta era uma arquitetura neural de conexões corticais dotada de propriedades sinalizadoras convergentes e divergentes para certos nodos. Chamei os nodos de *zonas de convergência-divergência* (ZCDs). As ZCDs registravam a *coincidência* de atividade em neurônios provenientes de diferentes sítios cerebrais, neurônios que haviam sido ativados, por exemplo, pelo mapeamento de determinado objeto. Nenhuma parte do mapa geral do objeto precisava ser permanentemente representada uma segunda vez nas ZCDS para ficar registrada na memória. Somente a coincidência de sinais de neurônios ligados ao mapa precisava ser registrada. Para reconstituir o mapa original e assim produzir a recordação, propus o mecanismo da *retroativação sincrônica* [*time-locked retroactivation*]. O termo "retroativação" aludia ao fato de que o mecanismo requeria um processo de "volta" para induzir a atividade; a ideia de *sincronização* chamava a atenção para outro requisito: era necessário retroativar os componentes do mapa aproximadamente no mesmo intervalo temporal, de modo que o que ocorria simultaneamente (ou quase) na percepção pudesse vir a ser reconstituído simultaneamente (ou quase) na evocação.

O outro elemento fundamental da estrutura teórica estava na suposição de uma divisão de trabalho entre dois tipos de sistema cerebral, um que gerenciava os mapas/imagens, e outro que gerenciava as disposições. No que diz respeito aos córtices cerebrais, propus que o *espaço de imagem* consistia em várias ilhas ou córtices sensoriais iniciais — por exemplo, o conjunto de córtices visuais que circundam o córtex visual primário (área 17 ou V_1), o conjunto de córtices auditivos, o dos córtices somatossensitivos, e assim por diante.

O *espaço dispositivo* cortical incluía todos os córtices associativos de ordem superior nas regiões temporais, parietais e frontais; além disso, um conjunto antigo de mecanismos dispositivos permanecia sob o córtex cerebral no prosencéfalo basal, gânglios basais, tálamo, hipotálamo e tronco cerebral.

Em suma, o espaço de imagem é o espaço onde podem ocorrer imagens explícitas de todos os tipos sensoriais, tanto as que se tornam conscientes como as que permanecem inconscientes. O espaço de imagem está localizado no cérebro produtor de mapas,

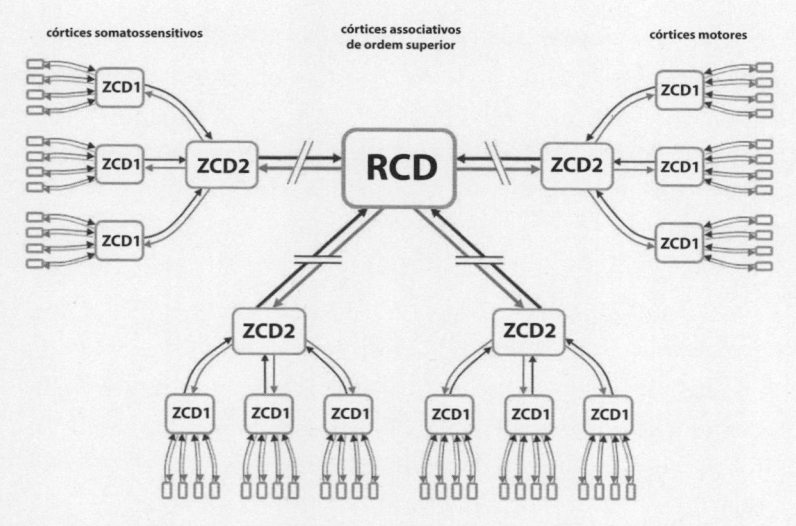

Figura 6.1. Esquema da arquitetura de convergência-divergência. Quatro níveis hierárquicos estão representados. O nível cortical primário é mostrado em retângulos pequenos, e três níveis de convergência-divergência (em retângulos maiores) estão marcados como ZCD_1, ZCD_2 e RCD. Entre níveis ZCD e RCD (setas interrompidas) são possíveis numerosas ZCDs. Note que, em toda a rede, cada projeção para a frente tem uma projeção de retorno recíproca (setas).

o vasto território formado pelo agregado de todos os córtices sensoriais iniciais [*early sensory cortices*], ou seja, as regiões do córtex cerebral situadas no ponto de entrada dos sinais sensitivos dos tipos visual, auditivo e outros e em áreas próximas. Também inclui os territórios do núcleo do trato solitário, do núcleo parabraquial e dos colículos superiores, que são dotados de capacidade para criar imagens.

O *espaço dispositivo* é onde as disposições mantêm a base de conhecimento e os mecanismos para a reconstituição desse conhecimento na evocação. É a fonte das imagens no processo de imaginação e raciocínio, e também é usado para gerar movimento. Situa-se nos córtices cerebrais que não são ocupados pelo espaço de imagem (os córtices de ordem superior e partes dos córtices límbicos) e em numerosos núcleos subcorticais. Quando os circuitos dispositivos são ativados, sinalizam a outros circuitos e causam a geração de imagens ou ações.

Os conteúdos exibidos no espaço de imagem são *explícitos*, enquanto os conteúdos do espaço dispositivo são *implícitos*. Podemos acessar os conteúdos de imagens, se estivermos conscientes, mas nunca podemos acessar diretamente os conteúdos das disposições. Necessariamente, *os conteúdos das disposições são sempre inconscientes*. Eles existem de forma codificada e latente.

As disposições produzem vários resultados. Em um nível básico, podem gerar ações de diversos tipos e muitos níveis de complexidade, como a liberação de um hormônio na corrente sanguínea, a contração de músculos em vísceras, em um membro ou no aparelho vocal. Mas as disposições corticais também mantêm registros de uma imagem que foi efetivamente percebida em alguma ocasião anterior, e participam da tentativa de reconstituir a partir da memória um esboço dessa imagem. As disposições também contribuem com o processamento de uma imagem percebida no momento, por exemplo, influenciando o grau de atenção dispensado à imagem em curso. Nunca nos damos conta do conhecimento necessário para executar qualquer uma dessas tarefas, nem dos passos intermediários no processo. Só nos apercebemos dos resultados, por exemplo, um estado de bem-estar, o coração disparado, o movimento da mão, um fragmento de som recordado, uma versão editada da percepção corrente de uma paisagem.

Nossas memórias das coisas, de propriedades das coisas, de pessoas e lugares, de eventos e relações, de habilidades, de proces-

sos de gestão da vida — em suma, todas as nossas memórias, herdadas da evolução e disponíveis já quando nascemos ou adquiridas depois pelo aprendizado — existem no cérebro sob a forma dispositiva, aguardando para tornar-se imagens explícitas ou ações. Nossa base de conhecimento é implícita, codificada e inconsciente.
    Disposições não são palavras; são registros abstratos de potencialidades. A base para a produção de palavras ou sinais também existe sob a forma dispositiva antes que ganhem vida como imagens e ações, como na produção da fala ou na linguagem de sinais. As regras pelas quais juntamos as palavras e sinais, a gramática da linguagem, também são mantidas sob a forma dispositiva.

OBSERVAÇÕES ADICIONAIS SOBRE AS ZONAS DE
CONVERGÊNCIA-DIVERGÊNCIA

    Uma zona de convergência-divergência (ZCD) é um conjunto de neurônios onde muitas alças de sinalização *feedforward/feedback* [*feedforward-feedbak loops*] fazem contato. Uma ZCD recebe conexões "*feedforward*" de áreas sensoriais situadas "mais inicialmente" nas cadeias de processamento de sinais, áreas que começam no ponto de entrada de sinais sensitivos no córtex cerebral. Uma ZCD envia projeções de "feedback" recíprocas a essas áreas de origem. Uma ZCD também envia projeções de "feedforward" a regiões localizadas no nível seguinte de conexão na cadeia e delas recebe projeções de retorno.
    As ZCDs são microscópicas e situam-se em regiões de convergência-divergência (RCDs), que são macroscópicas. Imagino que o número de ZCDs seja da ordem dos milhares. Por outro lado, as RCDs totalizam algumas dezenas. ZCDs são micronodos; RCDs são macronodos.
    As RCDs estão localizadas em áreas estratégicas em córtices

associativos, áreas para as quais convergem vários trajetos importantes. Podemos visualizar as RCDs como eixos em um mapa de navegação aérea. Pense, por exemplo, nos eixos centrados em grandes cidades americanas como Chicago, Washington, Nova York, Los Angeles, San Francisco, Denver ou Atlanta. Os eixos recebem aviões cujo trajeto é pautado pelos raios que convergem para o eixo, e devolvem os aviões ao longo desses mesmos trajetos. É importante o fato de que os próprios eixos são interligados, ainda que alguns sejam mais periféricos do que outros. Finalmente, alguns eixos são maiores do que outros, o que significa simplesmente que mais ZCDs servem-se deles.

Sabemos por estudos neuroanatômicos experimentais que esses padrões de conectividade existem no cérebro primata.[5] Também sabemos, por estudos de neuroimagem por ressonância magnética usando técnicas de espectro de difusão, que tais padrões existem no ser humano.[6] Veremos, em capítulos seguintes, que as RCDs têm um papel importante na produção e organização de conteúdos fundamentais da mente consciente, incluindo os que compõem o self autobiográfico.

Tanto as RCDs como as ZCDs nascem sob controle genético. Conforme o organismo interage com o ambiente durante seu desenvolvimento, o fortalecimento ou enfraquecimento de sinapses modifica as regiões de convergência em um grau significativo e as ZCDs em um grau muito grande. O fortalecimento sináptico ocorre quando circunstâncias externas condizem com as necessidades de sobrevivência do organismo.

Em suma, o trabalho que imagino para as ZCDs consiste em recriar conjuntos separados de atividade neural que alguma vez já foram aproximadamente simultâneos durante a percepção — ou seja, que coincidiram durante a janela de tempo necessária para que lhes prestássemos atenção e estivéssemos cônscios deles. Para isso, a ZCD desencadearia uma sequência extremamente rápida de ativações que poria regiões neurais separadas para funcionar em alguma ordem, sendo a sequência imperceptível à nossa consciência.

Nessa arquitetura, a recuperação de conhecimento seria baseada na atividade assistida relativamente simultânea em muitas regiões corticais iniciais, engendrada durante várias reiterações desses ciclos de reativação. Essas atividades separadas seriam a base das representações reconstituídas. O nível no qual o conhecimento é recuperado dependeria da abrangência da ativação multirregional. Por sua vez, isso dependeria do nível da ZCD que é ativada.[7]

O MODELO EM AÇÃO

Que indícios temos de que o modelo de convergência-divergência reflete a realidade? Recentemente, meu colega Kaspar Meyer e eu examinamos numerosos estudos sobre percepção, imagens mentais e mecanismo de espelho [*mirror processing*] e analisamos os resultados da perspectiva do modelo de convergência-divergência.[8] Muitos dos resultados que examinamos constituem testes interessantes do modelo. Vejamos um exemplo.

Ao conversarmos com alguém, ouvimos sua voz e ao mesmo tempo vemos seus lábios em movimento. O modelo ZCD prediz que, conforme certo movimento dos lábios ocorre repetidamente junto com sua contrapartida sonora específica, os dois eventos neurais, respectivamente nas áreas iniciais de córtices visuais e auditivos, tornam-se associados em uma ZCD compartilhada. No futuro, quando nos confrontarmos com apenas uma parte dessa cena — por exemplo, vendo um movimento labial específico em um filme mudo —, o padrão de atividade induzido nos córtices visuais iniciais desencadeará a ZCD compartilhada, e a ZCD retroativará, nos córtices auditivos iniciais, a representação do som que originalmente acompanhou o movimento labial.

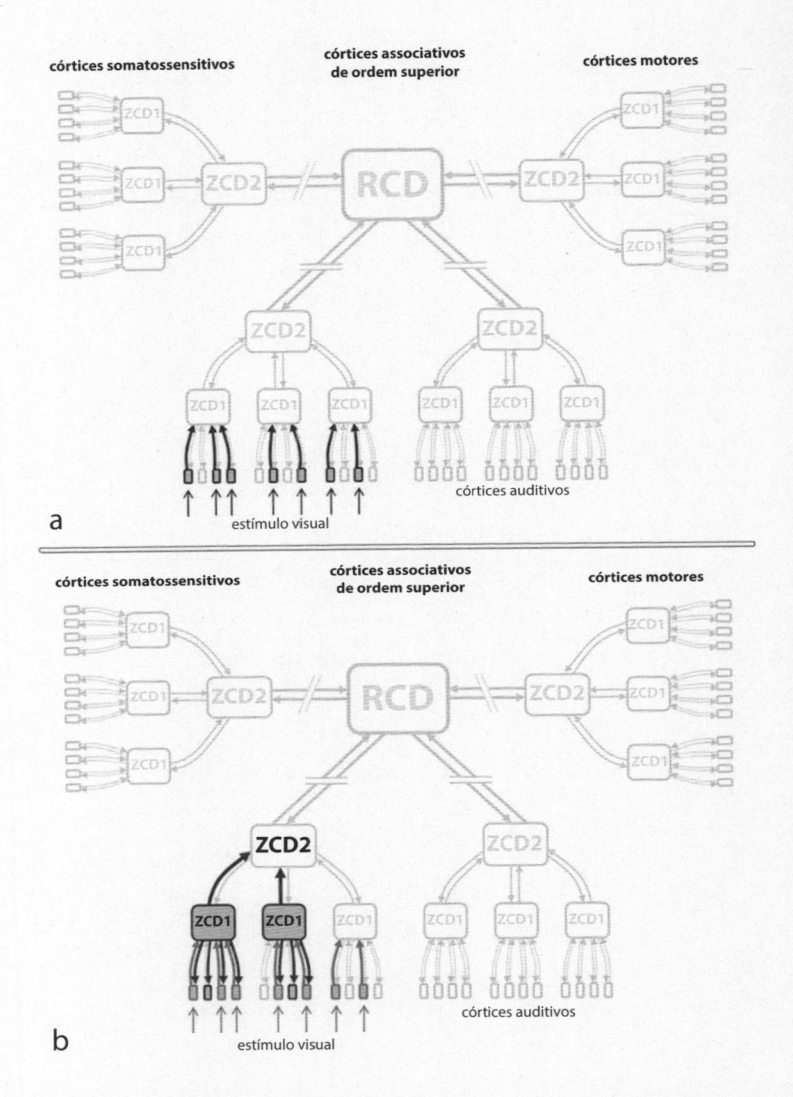

Figura 6.2. Uso da arquitetura CD para evocar memórias desencadeadas por estímulo visual específico. Nos painéis a *e* b, *um dado estímulo visual entrante (conjunto seletivo de retângulos pequenos sombreados) impele atividade progressivamente* (forward) *em ZCDs de níveis 1 e 2 (setas em negrito e retângulos sombreados). No painel* c, *atividade progressiva ativa RCDs especí-*

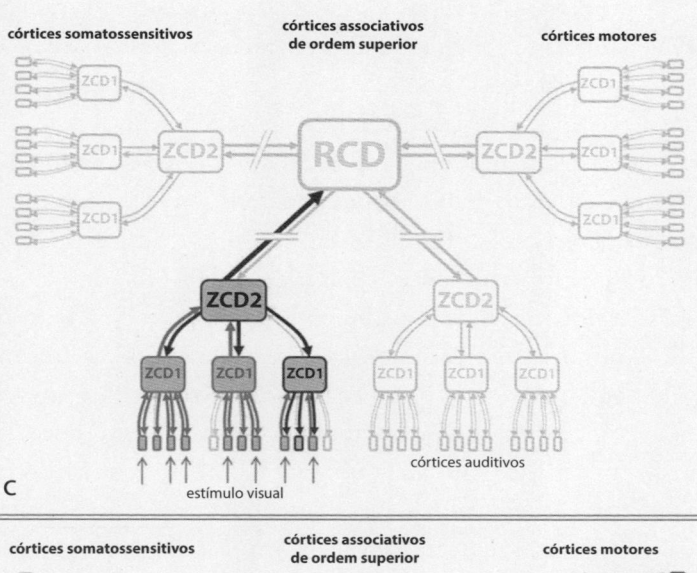

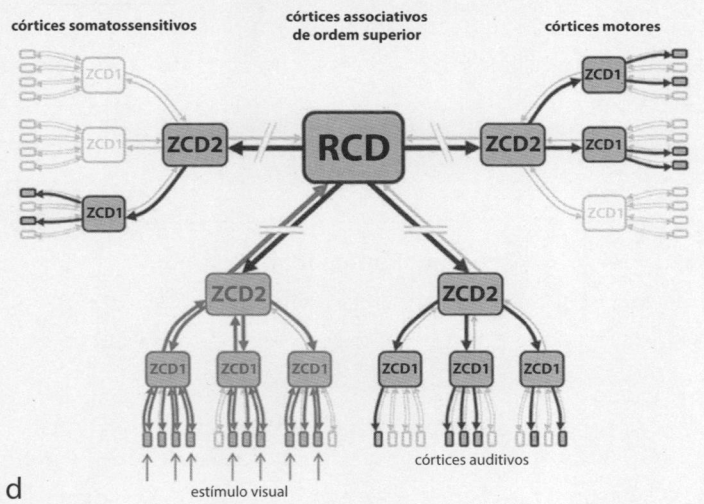

ficas, e no painel d, a retroativação a partir de RCDs impele atividade nas áreas iniciais de córtices somatossensitivos, auditivos, motores e em outros córtices visuais (setas em negrito, retângulos sombreados). A retroativação gera exibições no "espaço de imagem" e também movimento (conjunto seletivo de retângulos pequenos sombreados).

Em conformidade com a hipótese das ZCDs, a leitura labial na ausência de sons induz atividade nos córtices auditivos, e os padrões de atividade evocados coincidem com aqueles gerados durante a percepção de palavras faladas.[9] O mapa auditivo do som torna-se parte integrante da representação do movimento labial. A hipótese das ZCDs explica como podemos "ouvir" mentalmente um som ao receber o estímulo visual apropriado e vice-versa.

Se alguém pensar que a proeza do cérebro quando ele sincroniza elementos visuais e sonoros é apenas uma tarefa trivial, basta lembrar como é incômodo e irritante assistir a um filme quando sua qualidade de projeção é ruim e o som e a imagem estão dessincronizados. Ou, pior ainda, quando temos de assistir a um bom filme italiano mal dublado. Vários outros estudos sobre percepção envolvendo outras modalidades sensitivas (olfato, tato) e até estudos neuropsicológicos em primatas não humanos apresentam resultados que são satisfatoriamente explicados pelo modelo das ZCDs.[10]

Outro interessante conjunto de dados provém de estudos sobre imagens mentais. O processo da imaginação, como o termo sugere, consiste na evocação de imagens e sua subsequente manipulação — cortar, ampliar, reordenar etc. Quando usamos a imaginação, será que a imagem ocorre na forma de "quadros" (visuais, auditivos etc.) ou se baseia em descrições mentais semelhantes às da linguagem?[11] A hipótese das ZCDs corrobora a ideia dos quadros. Supõe que regiões comparáveis são ativadas quando percebemos objetos ou eventos e quando os reconstituímos de memória. As imagens construídas durante a percepção são *re*construídas durante o processo de visualização mental dessas imagens. São aproximações, e não réplicas, tentativas de recuperar uma realidade que, por já ter ocorrido, não é mais tão vívida e acurada.

Numerosos estudos indicam inequivocamente que em geral as tarefas de produção de imagens mentais em modalidades como a visual e a auditiva evocam padrões de atividade cerebral que coincidem em grau considerável com os padrões observados durante a percepção real.[12] Ao mesmo tempo, resultados de estudos de lesões também fornecem evidências eloquentes em favor do modelo das zcds e da ideia de que as imagens mentais ocorrem como quadros. Muitas lesões focais no cérebro causam deficiências simultâneas na percepção e na formação de imagens mentais. Um exemplo é a incapacidade de perceber e imaginar cores, causada por lesão na região occipitotemporal. Os pacientes com lesão focal nessa região veem seu mundo visual em preto e branco, ou mais exatamente em tons de cinza. São incapazes de "imaginar" as cores na mente. Sabem perfeitamente que o sangue é vermelho, mas não conseguem visualizar sua cor, do mesmo modo que não conseguem enxergar o vermelho quando olham para um objeto dessa cor.

Os resultados dos estudos fundamentados em imageamento funcional e em lesões indicam que a recordação de objetos e eventos baseia-se, ao menos em parte, em atividade próxima dos pontos de entrada de sinais sensitivos no córtex e também nas proximidades de sítios de saída de informações motoras. Certamente não é por coincidência que esses são os sítios envolvidos na percepção original de objetos e eventos.

Os estudos sobre neurônios-espelho também geraram evidências de que a arquitetura de convergência-divergência é satisfatória para explicar certas operações mentais e comportamentos complexos. A principal descoberta nessa área de investigação (capítulo 4) é que a mera observação de uma ação impele atividade em áreas motoras relacionadas.¹³ O modelo das ZCDs é ideal para explicar essa constatação. Considere o que acontece quando agimos. Uma ação não consiste apenas em uma sequência de movimentos gerada pelas regiões motoras do cérebro. A ação abrange representações sensoriais simultâneas que emergem nos córtices somatossensitivos, visuais e auditivos. O modelo das ZCDs sugere que a co-ocorrência repetida dos vários mapas sensitivo-motores que descrevem uma ação específica leva a repetidos sinais convergentes na direção de uma ZCD específica. Em ocasião posterior, quando a mesma ação for percebida, digamos que pelo sentido da visão, a atividade gerada em córtices visuais ativa a ZCD correspondente. Subsequentemente, a ZCD usa projeções retroativas divergentes na direção dos córtices sensoriais iniciais para reativar as respectivas associações da ação em modalidades como a somatossensitiva e a auditiva. A ZCD também pode sinalizar em direção a córtices motores e gerar um movimento-espelho. Da nossa perspectiva, os neurônios-espelho são neurônios de ZCD envolvidos no movimento.¹⁴

Segundo o modelo das ZCDs, os neurônios-espelho, sozinhos, não permitiriam que um observador apreendesse o significado de uma ação. As ZCDs não contêm o significado de objetos e eventos; elas reconstituem o significado por meio de uma retroativação multirregional sincronizada [*time-locked*], em vários córtices iniciais. Como é provável que os neurônios-espelho sejam ZCDs, o significado de uma ação não pode ser incorporado apenas por neurônios-espelho. É preciso que uma reconstrução de vários mapas sensoriais previamente associados à ação ocorra sob o controle das ZCDs nas quais foi registrada uma ligação com esses mapas originais.¹⁵

O COMO E O ONDE DA PERCEPÇÃO E EVOCAÇÃO

A percepção ou evocação da maioria dos objetos e eventos depende de atividade em várias regiões cerebrais formadoras de imagem e frequentemente envolve também partes do cérebro relacionadas ao movimento. Esse padrão de atividade acentuadamente disperso ocorre no *espaço de imagem*. É essa atividade, e não aquela encontrada em neurônios na parte inicial das cadeias de processamento, que nos permite perceber imagens explícitas de objetos e eventos. De um ponto de vista funcional e também anatômico, a atividade no final das cadeias de processamento ocorre no *espaço dispositivo*. Esse espaço é composto de ZCDs e RCDs em córtices associativos, que não são córtices produtores de imagens. O espaço dispositivo guia a formação de imagens, mas não participa de sua exibição.

Nesse sentido, o espaço dispositivo contém "células-avós", liberalmente definidas como neurônios cuja atividade correlaciona-se com a presença de um objeto específico, mas não como neurônios cuja atividade, por si, permite imagens mentais explícitas de objetos e eventos. Neurônios em córtices temporais mediais anteriores podem realmente responder a objetos únicos, na percepção ou na recordação, com grande especificidade, sugerindo que recebem sinais convergentes.[16] No entanto, a mera ativação desses neurônios, sem a retroativação que decorreria, não nos permitiria reconhecer nossa avó nem recordá-la. Para reconhecê-la ou recordá-la, temos de reconstituir uma parte substancial da coleção de mapas explícitos que, em sua totalidade, representam o significado da nossa avó. Como neurônios-espelho, os chamados neurônios-avós são ZCDs. Eles permitem a retroativação multirregional sincronizada de mapas explícitos nos córtices sensitivo--motores iniciais.

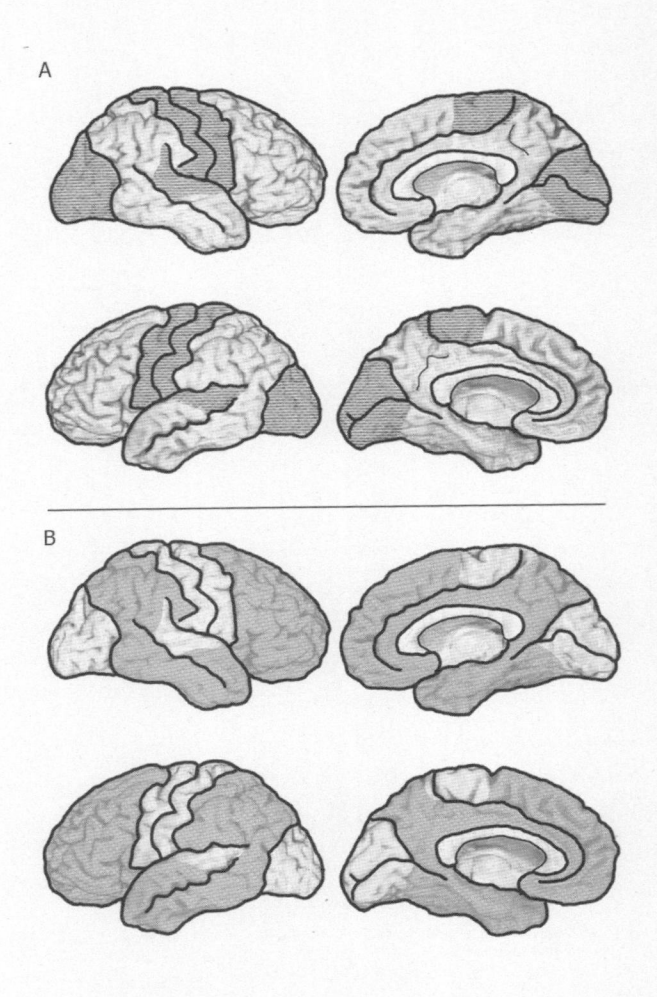

Figura 6.3. O espaço de imagem (mapeado) e o espaço dispositivo (não mapeado) no córtex cerebral. O espaço de imagem é indicado pelas áreas sombreadas dos quatro painéis A, com o córtex motor primário.

O espaço dispositivo é indicado nos quatro painéis B, também em sombreado.

Os componentes separados do espaço de imagem lembram ilhas no oceano de espaço dispositivo mostrado nos quatro painéis inferiores.

Em conclusão, a estrutura teórica das ZCDS supõe dois "espaços cerebrais" mais ou menos separados. Um espaço constrói mapas explícitos de objetos e eventos durante a percepção e os reconstrói durante a evocação. Tanto na percepção como na evocação, existe uma correspondência manifesta entre as propriedades do objeto e o mapa. O outro espaço contém, em vez de mapas, disposições, ou seja, fórmulas implícitas sobre como reconstituir os mapas no espaço de imagem.

O espaço de imagem explícito é constituído pelo agregado de córtices sensitivo-motores iniciais. Quando falamos em "espaço de trabalho" em relação aos locais onde as imagens são constituídas, penso nesse espaço como um palco para os espetáculos de marionetes que vemos na mente consciente. O espaço dispositivo, implícito, é constituído pelo agregado dos córtices associativos. Esse é o espaço onde muitos manipuladores impremeditados manejam os cordões invisíveis das marionetes.

Os dois espaços indicam idades distintas na evolução do cérebro, uma na qual disposições bastavam para guiar o comportamento adequado, e a outra na qual mapas originaram imagens e uma melhora da qualidade do comportamento. Hoje os dois são inextricavelmente integrados.

PARTE III

ESTAR CONSCIENTE

7. A consciência observada

DEFINIÇÃO DE CONSCIÊNCIA

Procure a definição de *consciência* em um dicionário comum e provavelmente encontrará alguma variação desta: "consciência é um estado de percepção de si mesmo e do mundo circundante". Substitua *percepção* por *conhecimento* e *si mesmo* por *a própria existência*, e o resultado é uma definição que capta alguns aspectos essenciais da consciência como a vejo: consciência é *um estado mental no qual existe o conhecimento da própria existência e da existência do mundo circundante*. Consciência é um *estado mental* — se não há mente, não há consciência; consciência é um estado mental *específico*, enriquecido por uma sensação do organismo específico no qual a mente atua; e o estado mental inclui o conhecimento que *situa* essa existência: o conhecimento de que existem objetos e eventos ao redor. Consciência é um estado mental ao qual foi adicionado o processo do self.

O estado mental consciente é vivenciado da perspectiva exclusiva, em primeira pessoa, de cada organismo, e nunca é observado por terceiros. A experiência pertence a cada organismo e a nenhum outro. Mas embora ela seja privada, ainda assim podemos adotar uma visão relativamente "objetiva" em relação a ela. Por exemplo, adoto essa visão na tentativa de vislumbrar uma base neural para o self-objeto, o eu material. Um eu material enriquecido também é capaz de gerar conhecimento para a mente. Em outras palavras, o self-objeto também pode atuar como conhecedor.

Podemos ampliar essa definição com algumas observações: os estados mentais conscientes sempre têm conteúdo (sempre são a respeito de alguma coisa), e alguns dos conteúdos tendem a ser percebidos como coleções integradas de partes (por exemplo, quando vemos e ouvimos alguém que está falando e andando em nossa direção); os estados mentais conscientes revelam propriedades qualitativas distintas em relação aos diferentes conteúdos de que tomamos conhecimento (é qualitativamente diferente ver ou ouvir, tocar ou provar); *sentir* é obrigatoriamente um aspecto dos estados mentais conscientes *elementares* — eles nos dão alguma sensação. Por fim, nossa definição provisória tem de dizer que os estados mentais conscientes são possíveis somente quando estamos acordados, embora uma exceção parcial a essa definição aplique-se à forma paradoxal de consciência que ocorre durante o sono, quando sonhamos. Em conclusão, em sua forma elementar, a consciência é um estado mental que ocorre quando estamos acordados e no qual existe o conhecimento pessoal e privado de nossa existência, situada em relação ao ambiente circundante do momento, seja ele qual for. Necessariamente, os estados mentais conscientes lidam com o conhecimento servindo-se de diferentes materiais sensitivos — corporais, visuais, auditivos etc. — e manifestam propriedades qualitativas diversas para os diferentes fluxos sensitivos. Os estados mentais conscientes são *sentidos*.

Quando falo em consciência, não me refiro simplesmente ao estado de vigília, um mau uso que comumente se faz do termo, pois em geral quando a vigília se vai, vai-se também a consciência elementar. (A consciência do sonho é um estado *alterado* da consciência.) A definição também deixa claro que o termo "consciência" não se refere a um processo mental simples, destituído do elemento do self. Lamentavelmente, conceber a consciência apenas como uma mente é um emprego comum do termo — um emprego errôneo, no meu modo de ver. Muita gente, quando diz que "tem algo na consciência", quer dizer que tem algo "na mente", ou que alguma coisa tornou-se um conteúdo destacado em sua mente, por exemplo "o problema do aquecimento global finalmente penetrou na consciência dos países ocidentais"; um número significativo de estudos contemporâneos sobre a consciência trata a consciência como uma mente. Além disso, na acepção usada neste livro, consciência não denota aquela "consciência de si" que, por exemplo, nos causa constrangimento quando sentimos que alguém nos fita com insistência. Tampouco significa a "consciência moral", uma função complexa que realmente requer a consciência mas que vai muito além dela e pertence à esfera da responsabilidade moral. Finalmente, a definição não se refere ao sentido coloquial de "fluxo de consciência" empregado por James. Muitos usam essa expressão para denotar o fluxo dos conteúdos manifestos da mente conforme eles avançam no tempo, como água a correr no leito de um rio, em vez de denotar o fato de que esses conteúdos incorporam aspectos sutis ou não tão sutis da subjetividade. Muitas referências à consciência no contexto dos solilóquios de Shakespeare ou Joyce usam essa noção mais simples de consciência. No entanto, os autores originais estavam obviamente explorando o fenômeno em seu sentido abrangente, escrevendo da perspectiva do self de seu personagem — tanto assim que, na opinião de Harold Bloom, Shakespeare pode ter sido o responsável pela introdução do fenômeno da consciência na literatura. (James Wood, porém, fez a afirmação alternativa e muito plausível de que a consciência realmente entrou na literatura por meio do solilóquio, porém isso ocorreu muito antes — na oração, por exemplo, e na tragédia grega.)[1]

A CONSCIÊNCIA EM PARTES

Consciência e vigília não são a mesma coisa. Estar acordado é um requisito prévio para a consciência elementar. Quer a pessoa adormeça naturalmente, quer seja forçada a dormir sob anestesia, a consciência desaparece em seu formato elementar, com uma exceção: o estado consciente específico que acompanha os sonhos, o qual não contradiz de modo algum o requisito prévio da vigília, pois a consciência do sonho não é a consciência típica.

Muitos veem a consciência como um fenômeno do tipo on ou off, zero para o sono, um para a vigília. Em certa medida isso é correto, mas a concepção do tudo ou nada esconde gradações que todos conhecemos bem. Estar adormecido ou sonolento com certeza reduz a consciência mas não a leva ao zero abruptamente. Apagar a luz não é uma analogia acurada; reduzir pouco a pouco a luminosidade refletiria melhor a ideia.

O que revelam as luzes quando são acesas, de repente ou aos poucos? O mais das vezes, revelam algo que comumente descrevemos como "mente" ou "conteúdos mentais". E de que é feita a mente assim revelada? Padrões mapeados no idioma de todos os sentidos possíveis — visual, auditivo, tátil, muscular, visceral etc., em maravilhosas tonalidades, matizes, variações e combinações, fluindo de modo ordenado ou caótico, em suma, *imagens*. No capítulo 3 já apresentei minhas ideias sobre a origem das imagens. Aqui só precisamos relembrar que as imagens são o principal meio circulante de nossa mente e que o termo refere-se a padrões de todas as modalidades sensitivas, não só a visual, e a padrões abstratos e concretos.

O simples ato fisiológico de acender a luz — acordar alguém de um cochilo — necessariamente se traduz em um estado consciente? É certo que não. Não precisamos ir muito longe para refutar essa ideia. Quando acordamos cansados em outro fuso horário depois de uma longa viagem transoceânica, demoramos alguns segundos, felizmente breves mas que nos parecem longos, para nos dar conta de onde estamos. Existe uma mente durante esse curto intervalo, mas ainda não aquela mente organizada com todas as propriedades da consciência. Se eu perco a consciência por bater a cabeça em um objeto duro, terei outro período felizmente breve mas ainda assim mensurável de inconsciência antes de me "reanimar". A propósito, "reanimar", nesse caso, indica recobrar a consciência, retornar a uma mente auto-orientada. No jargão neurológico, recobrar a consciência depois de uma contusão na cabeça leva algum tempo, e nesse ínterim a pessoa não tem plena noção de lugar ou hora, muito menos de si.

Tais situações indicam que as funções mentais complexas não são monólitos e podem ser literalmente separadas em seções. Sim, a luz está acesa e estamos acordando. (Um ponto para a consciência.) Sim, a mente está ativa, e imagens do que temos à nossa frente estão sendo formadas, embora imagens recordadas do passado sejam raras. (Meio ponto para a consciência.) Mas não, ainda há escassos indícios de quem é o dono dessa mente vacilante, não há um self para reivindicar sua propriedade. (Nenhum ponto para a consciência.) Feitas as contas, a consciência foi reprovada. Moral da história: para que nossa consciência alcance média para ser aprovada, é indispensável (1) que estejamos acordados; (2) que tenhamos uma mente em funcionamento; *e* (3) que nessa mente esteja presente um sentido do self automático, espontâneo e não deduzido como protagonista da experiência, por mais sutil que o sentido do self possa ser. Dada a presença do estado de vigília e da mente, ambos necessários para que estejamos conscientes, podemos dizer que a característica distintiva da nossa consciência é, liricamente falando, a própria noção de si. Mas para que o poético seja acurado, temos de dizer "a própria noção *sentida* de si".

Evidencia-se que vigília e consciência não são sinônimos quando analisamos a condição neurológica conhecida como estado vegetativo. Os pacientes em estado vegetativo não têm nenhuma manifestação indicadora de consciência. Como na situação semelhante porém mais grave do coma, as pessoas em estado vegetativo não respondem a perguntas de quem as examina, nem apresentam sinais espontâneos de que têm alguma noção de si mesmas ou do que as cerca. E no entanto seus eletroencefalogramas, ou EEGs (os padrões de ondas elétricas produzidos continuamente pelo cérebro vivo) revelam os padrões alternados característicos do sono/vigília. Além de apresentarem EEGs com padrão de vigília, muitos desses pacientes têm os olhos abertos, ainda que seja um olhar vazio, não dirigido a nenhum objeto específico. Nenhum padrão elétrico desse tipo é visto nos pacientes em coma, uma situação na qual todos os fenômenos associados à consciência (vigília, mente e self) parecem estar ausentes.[2]

A perturbadora condição do estado vegetativo também nos dá valiosas informações sobre outro aspecto das distinções que estou fazendo. Em um estudo que justificavelmente atraiu grande atenção, Adrian Owen conseguiu determinar, usando imagens de ressonância magnética funcional, que o cérebro de uma mulher em estado vegetativo apresentava padrões de atividade congruentes com as perguntas e pedidos que um examinador lhe fazia. Nem é preciso dizer que essa paciente fora diagnosticada como inconsciente. Ela não respondia abertamente às perguntas feitas nem às orientações dadas, e não fornecia espontaneamente nenhum indício de uma mente ativa. No entanto, seu exame de ressonância magnética funcional mostrou que as regiões auditivas de seus córtices cerebrais tornavam-se ativas quando lhe faziam perguntas. O padrão de ativação era semelhante ao que se pode ver em um sujeito normal consciente quando ele responde a uma pergunta comparável. Ainda mais impressionante é o fato de que, quando foi pedido à paciente que se imaginasse andando por sua casa, seus córtices cerebrais mostraram um padrão de atividade do tipo que podemos encontrar em sujeitos normais conscientes quando executam tarefa semelhante. Embora a paciente não revelasse exatamente esse mesmo padrão em outras ocasiões, desde então foram estudados alguns outros pacientes nos quais se encontrou um padrão comparável, embora não em todas as tentativas.[3] Um desses pacientes, em especial, foi capaz de evocar respostas previamente associadas a *sim* ou *não* depois de passar por um treinamento.[4]

O estudo indica que mesmo na ausência de todos os sinais comportamentais de consciência, pode haver sinais do tipo de atividade cerebral comumente correlacionada a processos mentais. Em outras palavras, observações diretas do cérebro fornecem evidências compatíveis com alguma preservação de vigília e mente, enquanto observações do comportamento não fornecem indícios de que a consciência, no sentido descrito antes, acompanha tais operações. Esses importantes resultados podem ser parcimoniosamente interpretados no contexto das abundantes evidências de que processos mentais operam de modo não consciente (como vimos neste capítulo e no capítulo 2). Os resultados decerto são compatíveis com a presença de um processo mental e até de um processo do self em um grau mínimo. Mas apesar da relevância dessas descobertas, cientificamente e também no aspecto dos procedimentos médicos, reluto em considerá-las evidências de uma comunicação consciente ou uma justificativa razoável para abandonarmos a definição de consciência apresentada anteriormente.

SEM SELF, MAS COM MENTE

Talvez o mais convincente indício da dissociação entre vigília e mente, de um lado, e o self do outro, provenha de outro problema neurológico, o automatismo que pode seguir-se a certas crises epilépticas. O paciente nessa situação tem seu comportamento subitamente interrompido por um breve período, durante o qual ele se mantém imóvel; segue-se então um período, em geral também breve, em que o paciente retorna ao comportamento ativo mas não revela indícios de um estado de consciência normal. O paciente, calado, pode mover-se, mas suas ações, como acenar em despedida ou sair da sala, não mostram um propósito geral. Podem mostrar um "minipropósito", como pegar um copo de água e beber, mas não há sinais de que esse propósito faça parte de um conteúdo mais amplo. O paciente não faz nenhuma tentativa de se comunicar com o observador e não responde às tentativas de comunicação deste.

Quando vamos a um consultório médico, nosso comportamento faz parte de um contexto maior, relacionado aos objetivos específicos da visita, ao nosso plano geral para aquele dia e aos planos e intenções mais amplos da nossa vida, em várias escalas temporais, relativamente aos quais essa consulta médica pode ou não ter alguma importância. Tudo o que fazemos na "cena" do consultório está fundamentado nesses vários conteúdos, mesmo que não precisemos mantê-los todos em mente para que nosso comportamento seja coerente. O mesmo acontece com o médico, em relação ao seu papel na cena. Mas em um estado de diminuição da consciência, todas as influências do contexto reduzem-se a pouco ou nada. O comportamento é controlado por estímulos imediatos, sem inserção no contexto mais amplo. Por exemplo, pegar um copo e beber faz sentido quando estamos com sede, e essa ação não precisa estar ligada ao contexto mais amplo.

Lembro-me do primeiro paciente que observei com essa condição porque para mim seu comportamento era totalmente novo, inesperado e perturbador. No meio de nossa conversa, o paciente parou de falar, e seus movimentos ficaram totalmente suspensos. Seu rosto perdeu a expressão, e ele ficou de olhos abertos, fitando a parede atrás de mim. Permaneceu imóvel por vários segundos. Não caiu da cadeira, nem adormeceu, não teve convulsão nem espasmos musculares. Chamei-o pelo nome, ele não reagiu. Quando recomeçou a se mover, com movimentos ínfimos, estalou os lábios. Seus olhos passearam pela sala e pareceram focalizar uma xícara de café na mesa. Ela estava vazia, mas ele a pegou e tentou beber nela. Voltei a falar-lhe, por várias vezes, mas ele não respondeu. Perguntei o que estava acontecendo, ele nada disse. Seu rosto continuava inexpressivo, e ele não me olhava. Pronunciei seu nome, ele não deu resposta. Por fim se levantou, virou-se e andou lentamente na direção da porta. Tornei a chamá-lo. Ele parou e me olhou, e uma expressão perplexa apareceu em seu no rosto. Chamei-o de novo, e ele respondeu "Pois não?".

O paciente sofrera uma convulsão de ausência (um tipo de convulsão epiléptica), seguida por um período de automatismo. Durante esses momentos, ele pareceu estar fora do ar. Certamente estava acordado e apresentava comportamentos. Mostrava uma atenção parcial, estava presente fisicamente, mas não em posse de sua pessoa. Muitos anos depois descrevi sua situação como "ausente sem ter partido", e essa descrição permanece apropriada.[5]

Sem dúvida aquele homem estava acordado, no pleno sentido do termo. Tinha os olhos abertos, e seu tônus muscular adequado permitia-lhe fazer movimentos. Ele podia inquestionavelmente produzir ações, mas elas não indicavam um plano organizado. Ele não tinha um propósito abrangente e não se dava conta das condições de sua situação; havia uma inadequação, e seus atos eram apenas minimamente coerentes. Sem dúvida seu cérebro estava formando imagens mentais, embora não possamos saber se eram abundantes ou coerentes. Para estender a mão na direção de uma xícara, pegá-la, levá-la aos lábios, devolvê-la à mesa, o cérebro precisa formar imagens, muitas imagens, no mínimo dos tipos visual, cinestésica e tátil; do contrário, a pessoa não pode executar os movimentos corretamente. Mas ainda que isso indique a presença da mente, não revela a do self. Aquele homem não parecia saber quem era, onde estava, quem eu era e por que ele estava ali na minha frente.

Não só era evidente que lhe faltavam esses conhecimentos perceptíveis, mas também não havia indícios de que seu comportamento estivesse sendo guiado por algo *oculto*, aquele tipo de piloto automático que nos permite voltar para casa sem ficar pensando conscientemente no trajeto. Além disso, não havia sinais de emoção no comportamento do homem, uma indicação reveladora de consciência em pane.

Casos assim fornecem boas evidências, talvez as únicas decisivas até agora, de uma separação entre duas funções que permanecem disponíveis, a vigília e a mente, e outra função, o self, que por qualquer critério não está disponível. Esse homem não tinha a noção de sua própria existência, e tinha uma noção reduzida do que havia à sua volta.

Como ocorre muito frequentemente quando analisamos o comportamento humano complexo que foi solapado por uma doença cerebral, as categorias que usamos para construir hipóteses sobre o funcionamento cerebral e para entender nossas observações não são rígidas. Vigília e mente não são "coisas" do tipo tudo ou nada. O self, obviamente, não é uma coisa; é um processo dinâmico, mantido em alguns níveis razoavelmente estáveis durante boa parte das horas que passamos acordados, mas sujeito nesse período a variações, pequenas e grandes, em especial nos extremos do período de vigília. A vigília e a mente, como as concebemos aqui, também são processos, e não coisas rígidas. Tratar processos como coisas é um mero artifício para nossa necessidade de comunicar ideias complexas de modo rápido e eficaz.

No caso acima descrito, podemos supor com segurança que a vigília estava intacta e que um processo mental estava presente. Mas não é possível saber até que ponto era rico esse processo mental. Podemos dizer apenas que era suficiente para guiar o limitado universo com que aquele homem defrontava. Quanto à consciência, essa claramente não era normal.

Como interpreto a situação desse paciente à luz dos conhecimentos que tenho hoje? Acredito que sua organização da função do self estava gravemente comprometida. Ele havia perdido a capacidade de gerar, de momento a momento, a maioria das operações do self que lhe permitiriam fazer o exame automático da mente que lhe pertencia. Essas operações do self também teriam incluído elementos de sua identidade, de seu passado recente e de seu futuro planejado, além de lhe dar a sensação de ser capaz de agir. Os conteúdos mentais que um processo do self teria examinado provavelmente estavam empobrecidos. Nessas circunstâncias, aquele homem estava restrito a um agora sem propósito e sem contexto. O self como um eu material quase desaparecera, e o mesmo se pode dizer, quase com certeza, do self como conhecedor.

Estar acordado, ter uma mente e ter um self são processos cerebrais diferentes, arquitetados pelo funcionamento de diferentes componentes cerebrais. No nosso dia a dia eles se fundem, em um fascinante continuum funcional no cérebro, permitindo e revelando diferentes manifestações de comportamento. No entanto, não são "compartimentos" propriamente ditos. Não são salas divididas por paredes rígidas, pois os processos biológicos não se parecem nada com os artefatos produzidos pelo ser humano. Ainda assim, à sua confusa e obscura maneira biológica, eles são separáveis, e se não tentarmos descobrir como diferem e onde ocorre a transição sutil, não teremos chance de compreender como a coisa toda funciona.

Eu diria que, se estamos acordados e há conteúdo em nossa mente, a consciência é o resultado da adição de uma função do self à mente que orienta os conteúdos mentais para nossas necessidades e assim produz a subjetividade. A função do self não é algum tipo de homúnculo onisciente, e sim um surgimento, no processo de projeção virtual que chamamos de mente, de mais um elemento virtual: um *protagonista* imaginado de nossos eventos mentais.

COMPLEMENTO PARA UMA DEFINIÇÃO PRELIMINAR

Quando uma doença neurológica desarticula a consciência, as respostas emocionais tornam-se flagrantemente ausentes, e pode-se presumir que os sentimentos correspondentes também somem. Os pacientes com distúrbios na consciência não apresentam sinais de que estejam sentindo emoções. Têm o rosto inexpressivo e vazio. Não vemos neles o menor sinal de animação muscular, uma característica notável, pois mesmo a expressão de alguém que procura deliberadamente manter-se impassível é emotivamente animada e trai sinais sutis de expectativa, astúcia, desprezo etc. Os pacientes com qualquer variante dos estados de mutismo acinético ou vegetativo, para não falar do coma, têm pouca ou nenhuma expressão emocional. O mesmo ocorre quando estamos sob efeito de anestesia profunda, mas não, previsivelmente, durante o sono, durante o qual podem surgir expressões emocionais nos estágios que permitem a consciência paradoxal.

De uma perspectiva comportamental, o estado mental consciente dos outros é caracterizado pelo comportamento desperto, coerente e deliberado que inclui sinais de reações emocionais em andamento. Logo cedo em nossa vida, aprendemos a confirmar, com base em informações verbais diretas que ouvimos, que essas reações emocionais são sistematicamente acompanhadas por sentimentos. Mais tarde passamos a supor, depois de observar os seres humanos à nossa volta, que eles estão tendo determinados sentimentos, mesmo que não nos digam uma única palavra e sem que falemos com eles. De fato, até a mais sutil expressão emocional pode trair, para uma mente bem sintonizada, empática, a presença de sentimentos, por mais discretos que possam ser. Esse processo de atribuição de sentimentos não tem relação nenhuma com a linguagem. Baseia-se na observação altamente treinada de posturas e rostos conforme mudam e se movem.

Por que as emoções são um indício tão revelador da consciência? Porque a efetiva execução da maioria das emoções fica a cargo da matéria cinzenta periaquedutal (PAG) em estreita cooperação com o núcleo do trato solitário (NTS) e do núcleo parabraquial (NPB), as estruturas cujo conjunto engendra os sentimentos corporais (como os sentimentos primordiais) e suas variações, que chamamos de sentimentos emocionais. Esse conjunto frequentemente é danificado pelas lesões neurológicas que causam perda de consciência, e certos anestésicos que o têm como alvo podem torná-lo disfuncional.

Veremos no próximo capítulo que, assim como os sinais de emoção fazem parte do estado consciente que se pode observar externamente, as experiências de sentimentos corporais são uma parte profunda e vital da consciência considerada da perspectiva introspectiva do indivíduo.

TIPOS DE CONSCIÊNCIA

A consciência tem flutuações. Não funciona abaixo de certo limiar, e funciona do modo mais eficiente ao longo de uma escala nivelada. Vamos chamá-la de escala de "intensidade" da consciência, e vejamos exemplos desses níveis muito diferentes. Em alguns momentos, nos sentimos muito sonolentos e estamos prestes a nos entregar aos braços de Morfeu; em outros, participamos de um acirrado debate que requer muita atenção para os detalhes que vão surgindo. A escala de intensidade varia de entorpecimento a vivacidade, com todos os graus intermediários.

Além da intensidade, existe outro critério para classificar a consciência. Ele está relacionado à *abrangência*. Uma abrangência mínima permite ao indivíduo o sentimento de si, por exemplo, quando está em casa tomando uma xícara de café, sem pensar de onde veio a xícara ou o café, sem se preocupar com o efeito que a cafeína terá sobre seu ritmo cardíaco ou com o que terá de fazer hoje. A pessoa está tranquilamente presente no momento, e mais nada. Agora suponha que você está num restaurante, sentado à mesa tomando café e esperando seu irmão, que quer conversar sobre a herança deixada por seus pais e sobre o que fazer com respeito a sua meia-irmã, que tem andado meio esquisita ultimamente. Você ainda assim está muito presente no aqui-agora, mas além disso vai sendo transportado, alternadamente, a vários outros lugares, com muitas outras pessoas além do seu irmão, e para situações que você não vivenciou mas que são produtos da sua imaginação rica e bem informada. Você é capaz de recordar com rapidez partes da sua vida, e nesse mesmo momento da experiência também pode ter acesso, na imaginação, a partes do que sua vida poderá vir a ser. Está ocupadíssimo passando de um lugar a outro e de uma época a outra da sua vida, do passado ao futuro. Mas você mesmo, quer dizer, seu sentimento de si, nunca é perdido de vista. Todos esses conteúdos estão inextricavelmente ligados a uma referência singular. Mesmo quando você se concentra em algum acontecimento remoto, a ligação permanece. O centro se mantém. Essa é a consciência de grande abrangência, uma das grandiosas realizações do cérebro humano e uma das características que definem a humanidade. Esse é o tipo de processo cerebral que nos trouxe ao ponto em que nos encontramos na civilização, para o bem ou para o mal. É o tipo de consciência ilustrado em romances, filmes e músicas e celebrado na reflexão filosófica.

Dei nomes a esses dois tipos de consciência. A de abrangência mínima chamei de consciência *central*, o sentimento do aqui-agora, desembaraçado de muito passado e futuro. Ela gira em torno de um self central e nos dá a pessoalidade, mas não necessariamente uma identidade. A de grande abrangência chamei de *consciência ampliada ou autobiográfica*, pois ela se manifesta mais acentuadamente quando uma parte substancial da nossa vida está acontecendo, e tanto o passado vivenciado como o futuro esperado dominam a ação. Ela nos dá a pessoalidade e uma identidade. É presidida pelo self autobiográfico.

O mais das vezes, quando pensamos em consciência, temos em mente a consciência mais abrangente associada a um self autobiográfico. Nesse caso, a mente consciente amplia-se e engloba sem esforço conteúdos reais e imaginários. As hipóteses sobre como o cérebro produz estados conscientes precisam levar em conta tanto esse nível elevado de consciência como o nível central.

Hoje em dia, em comparação com minhas suposições iniciais, vejo mais volatilidade na abrangência da consciência. A abrangência sobe ou desce constantemente ao longo de uma escala, como que movida por um cursor deslizante. Quando necessário, a subida ou descida pode ocorrer rapidamente *durante* um mesmo evento. Essa fluidez e esse dinamismo da abrangência não diferem muito da rápida mudança de intensidade que sabidamente ocorre ao longo do dia e à qual já nos referimos. Quando nos entediamos assistindo a uma conferência, nossa consciência fica embotada, e podemos cochilar e perdê-la. Espero que isso não esteja acontecendo agora com meu leitor. O mais importante a ressaltar, sem dúvida, é que os níveis de consciência flutuam durante uma situação. Por exemplo, se eu agora tirasse os olhos da página para refletir e minha atenção fosse atraída por uns golfinhos nadando no mar aqui próximo, eu não acionaria plenamente o meu self autobiográfico porque não seria preciso; seria um desperdício de capacidade de processamento cerebral, sem falar de combustível, considerando as necessidades do momento. Também não precisaria de um self autobiográfico para lidar com os pensamentos que precederam minha redação das sentenças precedentes. No entanto, se um entrevistador estivesse sentado à minha frente e quisesse saber por que e como eu me tornei neurologista e neurocientista em vez de engenheiro ou cineasta, eu precisaria acionar meu self autobiográfico. Meu cérebro honra essa necessidade.

O nível de consciência também muda rapidamente quando divagamos, deixamos nossa mente vaguear, no processo que está na moda chamar de *mind wandering*. Bem que poderíamos dizer deixar o self vaguear, pois divagar requer não apenas uma deriva lateral que nos afasta dos conteúdos da atividade do momento, mas também uma descida ao self central. Os produtos da nossa imaginação "off-line" vêm para a linha de frente — planos, ocupações, fantasias, aqueles tipos de imagens que se insinuam sorrateiramente quando ficamos empacados no trânsito. Mas a consciência on-line que desce até o self central e se deixa distrair com outro assunto continua a ser uma consciência normal. Não podemos dizer o mesmo da consciência de um sonâmbulo, ou de alguém hipnotizado ou sob o efeito de substâncias que "alteram a mente". Com respeito a estas últimas, o catálogo dos estados resultantes de consciência anormal é vasto e variado e inclui as mais inventivas aberrações da mente e do self. A vigília também pode ser interrompida, pois tais aventuras frequentemente terminam em sono ou estupor.

Em conclusão, o grau em que o self protagonista está presente em nossa mente varia muito conforme as circunstâncias. Vai de um retrato ricamente detalhado e bem situado de quem somos até uma levíssima insinuação de que somos os donos da nossa mente, pensamentos e ações. Mas quero salientar a ideia de que, mesmo em seu grau mais tênue e sutil, o self é uma presença necessária na mente. Dizer que o self está ausente quando alguém está escalando uma montanha, ou quando estou escrevendo esta frase, não é uma afirmação acurada. Em tais casos, o self não está em primeiro plano, é verdade; ele convenientemente se retira para o fundo e dá lugar, em nosso cérebro produtor de imagens, a todas as outras coisas que requerem espaço de processamento — a face da montanha, as ideias que desejo registrar na página. Mas arrisco dizer que, se o processo do self entrasse em colapso e desaparecesse totalmente, a mente perderia a orientação, a capacidade de juntar suas partes. Nossos pensamentos correriam sem rédeas, sem proprietário. Nossa eficácia no mundo real se reduziria a pouco ou nada, e estaríamos perdidos para quem nos observasse. Como pareceríamos estar, então? Ora, pareceríamos estar inconscientes.

Infelizmente não é fácil lidar com o self porque, dependendo da perspectiva, o self pode ser muitas coisas. Pode ser um "objeto" de estudo de psicólogos e neurocientistas; pode ser um fornecedor de conhecimento para a mente na qual ele surge; pode ser sutil e retirar-se para trás da cortina ou apresentar-se decididamente sob os holofotes; pode ficar confinado no aqui-agora ou abranger toda uma história de vida; finalmente, alguns desses registros podem misturar-se, como quando um self conhecedor é sutil mas ainda assim autobiográfico, ou então está destacadamente presente mas ocupado apenas com o aqui-agora. O self é realmente uma festa movediça.

CONSCIÊNCIA HUMANA E NÃO HUMANA

Assim como a consciência não é uma coisa, os tipos de consciência central e ampliada/autobiográfica não são categorias rígidas. Sempre concebi vários graus entre esses extremos da escala. No entanto, salientar esses tipos diferentes de consciência tem uma vantagem prática: permite-nos aventar que os graus inferiores na escala da consciência não são exclusividade do ser humano. Muito provavelmente estão presentes em numerosas outras espécies dotadas de um cérebro complexo o bastante para construí-los. O fato de que a consciência humana, em seus níveis superiores, é imensamente complexa, abrangente e, portanto, *distintiva*, é tão óbvio que dispensa comentários. Mas o leitor se surpreenderá ao saber que muita gente ficou melindrada com afirmações comparáveis que fiz no passado, ou porque eu estava atribuindo pouca consciência a espécies não humanas ou porque eu estava diminuindo a excepcional natureza da consciência humana incluindo animais. Deseje-me sorte desta vez.

Ninguém pode provar a contento que seres não humanos e sem linguagem têm consciência, central ou de outro tipo, embora racionalmente possamos fazer uma triangulação dos dados substanciais já disponíveis e concluir que é grande a probabilidade de que eles a possuam.

A triangulação seria como se segue: (1) se uma espécie tem comportamentos que são mais bem explicados por um cérebro dotado de processos mentais do que por um cérebro que possui apenas disposições para ações (por exemplo, reflexos) e (2) se a espécie possui um cérebro dotado de todos os componentes que nos capítulos seguintes deste livro são apontados como necessários para produzir a mente consciente no ser humano, (3) então, caro leitor, a espécie é consciente. Tudo sopesado, estou disposto a aceitar qualquer manifestação de comportamento animal que sugira a presença de sentimentos como um sinal de que a consciência não deve estar muito atrás.

A consciência central não requer linguagem e deve tê-la precedido, obviamente em espécies não humanas mas também no homem. Aliás, provavelmente a linguagem não teria evoluído em indivíduos desprovidos de consciência central. Por que precisariam dela? Ao contrário, nos degraus superiores da escala, a consciência autobiográfica apoia-se acentuadamente na linguagem.

O QUE A CONSCIÊNCIA NÃO É

Para compreender o significado da consciência e os méritos de seu surgimento em seres vivos, precisamos avaliar a fundo o que veio antes, ter uma ideia do que os seres vivos com cérebro normal e mente em pleno funcionamento eram capazes de fazer antes que sua espécie viesse a possuir consciência e antes que a consciência passasse a dominar a vida mental dos seus donos. Observar a dissolução da consciência em um paciente epiléptico ou em estado vegetativo pode dar, a um observador desavisado, a impressão errônea de que os processos que normalmente jazem sob a consciência são triviais ou pouco eficazes. No entanto, claramente o espaço inconsciente da nossa mente refuta essa ideia. Refiro-me aqui não só ao inconsciente freudiano de famosa (e polêmica) tradição, identificado com certos tipos de conteúdo, situação e processo. Estou falando do vasto inconsciente composto de dois ingredientes: um ingrediente ativo, constituído por todas as imagens que estão sendo formadas em associação com cada assunto e cada nuança, imagens que não conseguem competir com êxito pelos favores do self e, portanto, permanecem em grande medida inconscientes, e um ingrediente latente, constituído pelo repositório de registros codificados, a partir dos quais as imagens podem ser formadas.

Um fenômeno típico das festas revela a contento a presença do não consciente. Enquanto você está ocupado conversando com o anfitrião, rigorosamente falando também está *entreouvindo* outras conversas, um fragmento aqui, outro ali, nas margens do fluxo da consciência — ou melhor, da sua corrente *principal*. Mas entreouvir não significa necessariamente escutar, muito menos escutar com atenção e entrar em sintonia com o que se ouve. Assim, você entreouve muita coisa que não lhe exige os serviços do self. Mas de repente, num clique, um fragmento de conversa liga-se a outros, e emerge um padrão coerente relacionado a algumas das coisas que você estava ouvindo muito vagamente. Nesse instante forma-se um significado que "atrai" o self e leva você para longe da última sentença do seu anfitrião. Ele, aliás, nota sua distração momentânea, e você, enquanto luta para se livrar daquele assunto que se intrometeu no rio da sua consciência, volta à última sentença do anfitrião e, meio sem jeito, pede "Desculpe, pode repetir?".

Pelo que se sabe, esse fenômeno decorre de várias condições. Primeiro, o cérebro está sempre produzindo imagens em profusão. O que vemos, ouvimos e tocamos, com o que recordamos constantemente — impelido pelas novas imagens perceptuais e também por fatores não identificáveis —, é responsável por um número imenso de imagens explícitas, acompanhadas por um conjunto igualmente vasto de outras imagens referentes ao nosso estado corporal durante o curso de toda essa produção imagética.

Segundo, o cérebro tende a organizar essa abundância de

material de um modo bem parecido com o trabalho um editor de imagens: dando-lhe algum tipo de estrutura narrativa coerente na qual certas ações supostamente causam determinados efeitos. Isso requer *selecionar* as imagens certas e *ordená-las* em uma procissão de unidades temporais e enquadramentos espaciais. Não é fácil essa tarefa, pois nem todas as imagens são iguais, da perspectiva de seu possuidor. Algumas estão mais ligadas do que outras à necessidade do indivíduo, portanto são acompanhadas por sentimentos diferentes. As imagens são valorizadas em graus diferentes. Aliás, quando digo "o cérebro tende a organizar" e não "o self organiza", faço-o de propósito. Em algumas ocasiões a edição ocorre naturalmente, com mínima gestão autoimposta. Nesses casos, o êxito da edição depende do quanto nossos processos não conscientes foram "bem-educados" por nosso self maduro. Retomarei essa questão no último capítulo.

Em terceiro lugar, só um pequeno número de imagens pode ser exibido claramente em um dado momento, visto que o espaço de formação de imagens é muito escasso: apenas um número determinado de imagens pode estar ativo, e só para essas imagens existe a potencialidade de serem acompanhadas em dado momento. O que isso significa, na verdade, é que as "telas" metafóricas nas quais nosso cérebro projeta as imagens selecionadas e ordenadas são bem limitadas. No atual jargão dos computadores, isso significa que o número de janelas que podemos abrir na nossa tela é bastante limitado. (Na geração multitarefas nascida e criada nesta nossa era digital, os limites superiores da atenção no cérebro humano estão subindo depressa, e isso provavelmente mudará certos aspectos da consciência em um futuro não tão distante, se é que já não o fez. Romper o teto de vidro da atenção tem vantagens óbvias, e as capacidades associativas geradas pelas situações multitarefas são uma vantagem espetacular. No entanto, pode haver *trade-offs*, contrapartidas de custos nas esferas do aprendizado, consolidação de memórias e emoção. Não temos ideia de quais podem vir a ser esses custos.) Essas três restrições (abundância de imagens, tendência a organizá-las em narrativas coerentes e escassez de espaço para exibição) prevaleceram por longo tempo na evolução e necessitam de eficazes estratégias de gestão a fim de impedir que danifiquem o organismo na qual ocorrem. Dado que a produção de imagens evoluiu por seleção natural porque elas permitiam uma avaliação mais precisa do ambiente e uma melhor resposta às circunstâncias que ele impunha, a gestão estratégica de imagens provavelmente evoluiu de baixo para cima, nas fases iniciais, muito antes da evolução da consciência. A estratégia consistia em selecionar automaticamente as imagens que fossem mais valiosas para a gestão da vida no momento — precisamente o mesmo critério que pauta a seleção natural dos mecanismos produtores de imagens. As imagens especialmente valiosas, por serem importantes para a sobrevivência, foram "destacadas" por fatores emocionais. O cérebro provavelmente produz esse destaque gerando um estado emocional que acompanha a imagem em uma trilha paralela. O grau da emoção serve como "marcador" da importância relativa da imagem. Esse é o mecanismo descrito na "hipótese do marcador somático".[6] O marcador somático não precisa ser uma emoção totalmente formada, vivenciada abertamente como um sentimento. Pode ser um sinal despercebido, relacionado a uma emoção da qual o indivíduo não se dá conta, um caso que denominamos *predisposição*. A noção de marcador somático é aplicável não só aos níveis superiores de cognição, mas também àqueles estágios de evolução anteriores. A hipótese do marcador somático oferece um mecanismo para explicar como o cérebro executaria uma seleção de imagens com base no valor e como essa seleção se traduziria em continuidades de imagens editadas. Em outras palavras, o princípio para a seleção de imagens ligou-se às necessidades da gestão da vida. Desconfio que esse mesmo princípio comandou a formação das estruturas narrativas primordiais sobre o corpo do organismo, sua condição, suas interações e seus deslocamentos pelo ambiente.

Suponho que todas as estratégias acima começaram a evoluir muito antes de a consciência existir, praticamente tão logo surgiu a formação de imagens, talvez assim como pela primeira vez surgiram verdadeiras mentes. O vasto inconsciente provavelmente faz parte do processo de organização da vida há muito, muito tempo, e o curioso é que ainda continua conosco, como o grande subterrâneo sob a nossa limitada existência consciente.

Por que a consciência prevaleceu quando foi oferecida como opção aos organismos? Por que a seleção natural favoreceu os mecanismos cerebrais produtores de consciência? Uma resposta possível, sobre a qual refletiremos no final do livro, é que gerar, orientar e organizar imagens do corpo e do mundo exterior segundo as necessidades do organismo aumentava a probabilidade de uma gestão da vida eficiente e, em consequência, elevava as chances de sobrevivência. Por fim, a consciência aumentava para seu possuidor a possibilidade de *saber* da existência de seu organismo e de suas lutas para se manter vivo. É claro que esse conhecimento dependia não só da criação e exibição de imagens explícitas, mas também de seu armazenamento em registros implícitos. O conhecimento ligava as lutas pela existência a um organismo unificado, identificável. Depois que esses estados de conhecimento começaram a ser gravados na memória, puderam ser associados a outros fatos registrados, possibilitando o começo da acumulação de conhecimento sobre a existência individual. Por sua vez, as imagens contidas no conhecimento puderam ser evocadas e manipuladas em um processo de raciocínio que abriu caminho para a reflexão e a deliberação. O maquinário de processamento de imagens pôde, então, ser guiado pela reflexão e usado efetivamen-

te na *antevisão de situações, predição de resultados possíveis, imaginação do futuro possível e invenção de soluções gestoras.*
A consciência permitiu ao organismo tornar-se conhecedor de suas próprias dificuldades. O organismo já não tinha apenas sentimentos que podiam ser sentidos, mas também sentimentos que podiam ser *conhecidos,* em um contexto específico. Conhecer, em comparação com ser e fazer, foi uma novidade revolucionária.

Antes de surgirem o self e a consciência elementar, os organismos já vinham aperfeiçoando um maquinário de regulação da vida, e sobre esses ombros a consciência veio a ser construída. Antes mesmo de a mente consciente ser capaz de conhecer algumas das premissas de seus interesses, essas premissas já estavam presentes, e a máquina de regulação da vida evoluíra ao redor delas. A diferença entre a regulação da vida antes e depois do surgimento da consciência está simplesmente no contraste entre automação e deliberação. Antes da consciência, a regulação da vida era totalmente automatizada; uma vez nascida a consciência, a regulação da vida conservou sua automatização mas gradualmente foi posta sob a influência de deliberações auto-orientadas.

Portanto, os alicerces dos processos da consciência são os processos inconscientes que fazem a regulação da vida: as disposições cegas que regulam as funções metabólicas e residem nos núcleos do tronco cerebral e hipotálamo; as disposições que aplicam recompensas e punições e promovem os impulsos, motivações e emoções; e o maquinário mapeador que fabrica as imagens percebidas e evocadas e é capaz de selecionar e editar tais imagens no filme que chamamos de mente. A consciência é apenas uma recém-chegada no trabalho de gerir a vida, mas move todo o jogo uma casa à frente. Espertamente, mantém os velhos truques em funcionamento e deixa para eles os trabalhos braçais.

O INCONSCIENTE FREUDIANO

A mais interessante contribuição de Freud para a consciência está em seu último texto, que ele escreveu na segunda metade de 1938 e deixou incompleto ao morrer.[7] Só recentemente vim a ler esse artigo, motivado por um convite para fazer uma conferência sobre Freud e a neurociência. Esse é o tipo de incumbência que se deve recusar terminantemente, mas me senti tentado e aceitei. Passei então semanas analisando os escritos de Freud, dividido entre irritação e admiração, como ocorre toda vez que leio suas obras. No fim dessa trabalheira veio esse texto derradeiro, que Freud escreveu em Londres e em inglês, e no qual ele adota a única posição sobre o tema da consciência que considero plausível. A mente é um resultado muito natural da evolução e, em vasta medida, é não consciente, interna e não revelada. Vem a ser conhecida graças à exígua janela da consciência. É precisamente meu modo de pensar. A consciência proporciona uma experiência direta da mente, mas o intermediário dessa experiência é um self, que é um informante interno e imperfeitamente construído, e não um observador externo confiável. A cerebralidade da mente não pode ser diretamente avaliada pelo observador interno natural nem pelo cientista externo. A cerebralidade da mente tem de ser imaginada da quarta perspectiva. As hipóteses têm de ser formuladas com base nessa visão imaginária. As predições têm de ser feitas com base nas hipóteses. É preciso um programa de estudo para chegar mais perto delas.

Embora o pensamento freudiano sobre o inconsciente fosse dominado pela questão do sexo, Freud tinha noção da imensa abrangência e poder dos processos mentais que ocorrem abaixo do nível da consciência. Aliás, ele não estava sozinho, pois a noção de processamento inconsciente foi muito popular no campo da psicologia durante o último quartel do século xix. Tampouco

Freud estava sozinho em sua incursão à esfera sexual, cuja ciência também começava a ser explorada na época.[8] Freud certamente se beneficiou de um manancial de indícios sobre o inconsciente quando se concentrou nos sonhos. Essa tática prestou-se bem a seus propósitos, fornecendo-lhe material de estudo. Artistas, compositores, escritores e todo tipo de mentes criativas exploraram essa mesma fonte, na tentativa de libertar-se das peias da consciência em busca de imagens inéditas. Vemos aqui uma tensão interessantíssima: criadores muito conscientes procuram conscientemente ver o inconsciente como fonte e, ocasionalmente, como método para seus esforços conscientes. Isso de modo nenhum contradiz a ideia de que a criatividade não poderia ter começado, e muito menos florescido, na ausência da consciência. Apenas ressalta o quanto é notavelmente híbrida e flexível a nossa vida mental.

Nos sonhos, bons ou maus, o raciocínio relaxa, para dizer o mínimo, e ainda que a causalidade possa ser respeitada, a imaginação corre solta e a realidade vai para o espaço. Mesmo assim, os sonhos oferecem indícios diretos de processos mentais que ocorrem sem a assistência da consciência regular. A profundidade do processamento inconsciente acessada pelos sonhos é considerável. Para quem reluta em aceitar isso, os exemplos mais convincentes podem provir dos sonhos que lidam com questões claras de regulação da vida. Um deles: a pessoa que sonha elaboradamente com água fresca e sede depois de ter comido algo muito salgado no jantar. Ah, mas espere aí, posso ouvir o leitor argumentar, o que você quer dizer quando afirma que a mente no sonho está "sem a assistência da consciência regular"? Não é verdade que, quando lembramos de um sonho, é porque estávamos conscientes quando ele aconteceu? Bem, sim, em muitos casos. Durante os sonhos, algum modo não típico de consciência está em funcionamento, e isso decerto possibilita o processo do self. Mas o que quero dizer aqui é que o processo imaginativo retratado em sonhos não é guiado por um self regular em seu funcionamento apropriado, do tipo que empregamos para refletir e deliberar. (A exceção é a situação do chamado sonho lúcido, durante o qual um sonhador treinado consegue dirigir seus sonhos até certo ponto.) Nossa mente, consciente e não consciente, provavelmente tem sua marcha regulada pelo mundo exterior, cujas informações auxiliam na organização dos conteúdos mentais. Privada desse marca-passo externo, seria fácil a mente perder-se em sonhos.[9]

A questão da recordação dos sonhos é complicada. Sonhamos profusamente, várias vezes por noite, quando estamos no sonho REM (sigla em inglês para movimentos rápidos dos olhos), e também sonhamos, embora em muito menor grau, durante o sono de ondas lentas, também conhecido como NREM (sem movimentos rápidos dos olhos). Mas parece que nos lembramos melhor de sonhos que ocorrem próximo ao retorno à consciência, conforme subimos, de modo gradual ou não tão gradual, à superfície.

Eu me esforço para recordar meus sonhos, mas se não anotá-los, eles desaparecem sem deixar vestígios. Sempre foi assim. Isso não é de surpreender se refletirmos que, quando acordamos, o maquinário de consolidação da memória mal foi ligado e está como um forno que o padeiro acabou de acender na madrugada.

O único tipo de sonho que eu costumava recordar um pouco melhor, talvez por ser frequente, era um leve pesadelo recorrente na véspera das minhas conferências. As variações continham sempre a mesma essência: eu estou atrasado, atrasadíssimo, e me falta alguma coisa indispensável. Ora são os sapatos que sumiram, ora a barba está enorme e não há barbeador à vista, ou o aeroporto está fechado por mau tempo e não posso viajar. Eu me sinto torturado e às vezes embaraçado, como no dia em que (sonhando, é claro) acabei tendo que entrar descalço no palco (mas de terno Armani). É por isso que, até hoje, nunca deixo os sapatos do lado de fora do quarto de hotel para serem limpos.

8. A construção da mente consciente

HIPÓTESE DE TRABALHO

É desnecessário dizer que a construção de uma mente consciente se dá através de um processo muito complexo, resultante de adições e eliminações de mecanismos cerebrais ao longo de milhões de anos de evolução biológica. Isoladamente, nenhum mecanismo ou dispositivo pode gerar a complexidade da mente consciente. As diversas partes do quebra-cabeça da consciência devem ser examinadas uma a uma e ter sua importância reconhecida antes que possamos aventar uma explicação abrangente.

Ainda assim, será útil começarmos com uma hipótese geral. Minha hipótese contém duas partes. A primeira especifica que o cérebro constrói a consciência gerando um processo do self em uma mente em estado de vigília. A essência do self é um enfoque da mente sobre o organismo material que ela habita. Vigília e mente são componentes indispensáveis da consciência, mas o self é o elemento distintivo.

A segunda parte da hipótese supõe que o self é construído em

> **Primeiro estágio: protosself**
>
> o protosself é uma descrição neural de aspectos relativamente estáveis do organismo
>
> o principal produto do protosself são os sentimentos espontâneos do corpo (*sentimentos primordiais*)
>
> **Segundo estágio: self central**
>
> um pulso de self central é gerado quando o protosself é modificado por uma interação entre o organismo e um objeto e, como resultado, as imagens do objeto também são modificadas
>
> as imagens modificadas do objeto e do organismo ligam-se momentaneamente em um padrão coerente
>
> a relação entre o organismo e o objeto é descrita em uma sequência narrativa de imagens, algumas das quais são sentimentos
>
> **Terceiro estágio: self autobiográfico**
>
> o self autobiográfico ocorre quando objetos na biografia do indivíduo geram pulsos de self central que são, em seguida, momentaneamente ligados em um padrão coerente amplo

Figura 8.1. Três estágios do self.

estágios. O estágio mais simples tem origem na parte do cérebro que representa o organismo (o *protosself*) e consiste em uma reunião de imagens que descreve aspectos relativamente estáveis do corpo e gera sentimentos espontâneos do corpo vivo (os sentimentos primordiais). O segundo estágio resulta do estabelecimento de uma relação entre o *organismo* (como ele é representado pelo protosself) e qualquer parte do cérebro que represente um *objeto a ser conhecido*. O resultado é o *self central*. O terceiro estágio permite que múltiplos objetos, previamente registrados como experiência vivida ou futuro antevisto, interajam com o protoself e produzam pulsos de self central em profusão. O resultado é o *self autobiográfico*. Os três estágios são construídos em espaços de trabalho separados, mas coordenados. São os espaços de imagem, a arena onde se dá a influência da percepção corrente e das disposições contidas em regiões de convergência-divergência.

Para situar nossa exposição, e antes de apresentar os vários mecanismos supostos para o funcionamento da hipótese geral de trabalho, digamos que, de um ponto de vista evolucionário, começaram a ocorrer processos do self só *depois* que a mente e a vigília já se haviam estabelecido como operações cerebrais. Os processos do self eram especialmente eficientes para orientar e organizar a mente em função das necessidades homeostáticas de seus organismos e, com isso, aumentavam as chances de sobrevivência. Assim, como seria de esperar, os processos do self foram favorecidos pela seleção natural e prevaleceram na evolução. Em fases iniciais, os processos do self provavelmente não geravam a consciência no sentido amplo do termo e se limitavam ao nível do protoself. Mais adiante na evolução, níveis mais complexos de self — do self central para cima — começaram a gerar uma subjetividade na mente e a qualificar-se para a consciência. Mais à frente, instruções ainda mais complexas passaram a ser usadas para obter e acumular conhecimentos adicionais sobre os organismos individuais e seu ambiente. Os conhecimentos eram guardados em memórias que residiam no cérebro, mantidos em regiões de convergência-divergência e também em memórias registradas externamente, nos instrumentos da cultura. A consciência no sentido pleno do termo surgiu depois que esses conhecimentos foram categorizados, simbolizados de várias formas (inclusive a linguagem recursiva) e manipulados pela imaginação e pelo raciocínio.

Cabem aqui duas observações. A primeira é que os níveis distintos de processamento — mente, mente consciente e mente consciente capaz de produzir cultura — surgiram em sequência. Isso, porém, não deve deixar a impressão de que quando mentes adquiriram níveis de self, pararam de evoluir como mentes ou que esses níveis de self finalmente chegaram ao fim de sua evolução. Ao contrário, o processo evolucionário continuou (e continua), possivelmente enriquecido e acelerado pelas pressões criadas pelo autoconhecimento, e não há um fim à vista. A atual revolução digital, a globalização das informações culturais e o amadurecimento da empatia são pressões que tendem a impulsionar modificações estruturais da mente e do self, e aqui me refiro a modificações nos próprios processos cerebrais que moldam a mente e o self.

A segunda observação é que, doravante neste livro, trataremos do problema da construção da mente consciente da perspectiva do ser humano, fazendo referência, sempre que possível e apropriado, a outras espécies.

UMA ABORDAGEM DO CÉREBRO CONSCIENTE

A neurociência da consciência é mais comumente estudada da perspectiva da mente do que da do self.[1] Optar pelo estudo da consciência por intermédio do self não implica a intenção de diminuir, e muito menos negligenciar, a complexidade e abrangência da mente em si. No entanto, priorizar o processo do self condiz com a perspectiva adotada logo de saída, ou seja, de que a razão pela qual a mente consciente prevaleceu na evolução foi o fato de que a consciência otimizou a regulação da vida. O self, em cada mente consciente, é o primeiro representante dos mecanismos de regulação da vida individual, o guardião e curador do valor biológico. Em grande medida, a imensa complexidade cognitiva que hoje caracteriza a mente consciente do homem é motivada e orquestrada pelo self, como um representante do valor.

Seja qual for a preferência quanto à tríade vigília, mente e self em um estudo, é evidente que o mistério da consciência não reside na vigília. Ao contrário, temos bons conhecimentos sobre a neuroanatomia e a neurofisiologia que alicerçam os processos da vigília. Talvez não seja por coincidência que a história dos estudos sobre cérebro e consciência tenha começado pelo tema da vigília.²

A mente é o segundo componente da tríade da consciência, e no que diz respeito à sua base neural também não estamos no escuro. Fizemos algum progresso, como vimos no capítulo 3, embora haja muitas questões pendentes. Resta-nos o terceiro e fundamental componente da tríade, o self, cujo estudo com frequência é postergado por ser demasiado complexo para nosso atual estado de conhecimento. Boa parte deste capítulo e do próximo ocupa-se do self, delineando mecanismos para gerá-lo e inseri-lo na mente desperta. O objetivo é identificar as estruturas neurais e os mecanismos que teriam condições de produzir os processos do self, que vão do self simples orientador do comportamento adaptativo à variedade complexa de self capaz de saber que seu organismo existe e guiar a vida em função desse conhecimento.

PRELIMINARES DA MENTE CONSCIENTE

Dentre os muitos níveis de self, os mais complexos tendem a obscurecer a visão dos mais simples, dominando nossa mente com uma exuberante exibição de conhecimento. Mas podemos tentar vencer esse ofuscamento natural e tirar proveito de toda essa complexidade. Como? Pedindo aos níveis complexos de self para *observarem* o que acontece nos níveis mais simples. É um exercício difícil e não isento de riscos. A introspecção, como vimos, pode fornecer informações enganadoras. Mas vale a pena correr o risco, pois a introspecção nos dá a única visão direta daquilo que desejamos explicar. Além disso, se as informações que reunirmos conduzirem a hipóteses falhas, futuros testes empíricos as refutarão. Uma observação fascinante: a introspecção vem a ser uma tradução, na mente, de um processo que os cérebros complexos vêm praticando há muito tempo na evolução, o falar consigo mesmo, literalmente e também na linguagem da atividade neural.

Olhemos, então, para dentro de nossa mente consciente e tentemos observar como é a mente, no fundo de suas ricas texturas em camadas, despida da bagagem da identidade, do passado vivido e do futuro antevisto, a mente consciente deste momento e neste momento. É claro que não posso falar por todos, mas eis o que a minha exploração me diz. Para começar, bem no fundo, a simples mente consciente não difere do que William James descreveu como um rio corrente com objetos em suas águas. Mas os objetos nessa corrente não se destacam no mesmo grau. Alguns parecem estar ampliados, outros não. E os objetos não estão dispostos igualmente em relação a mim. Alguns se encontram em determinada perspectiva em relação a um eu material que, boa parte do tempo, sou capaz de localizar não só em relação ao meu corpo, mas, com maior precisão, em relação a um pequeno espaço atrás dos olhos e entre as orelhas. Também notavelmente, alguns objetos, porém não todos, são acompanhados por um sentimento que os liga inequivocamente a meu corpo e a minha mente. Esse sentimento me diz, sem palavras, que neste momento possuo os objetos e posso atuar sobre eles se desejar. Isso é literalmente o "sentimento do que acontece", o sentimento relacionado ao objeto, e sobre ele já escrevi no passado. Tenho, porém, algo a acrescentar com respeito aos sentimentos na mente: *o sentimento do que acontece não é toda a história*. Há um sentimento ainda mais entranhado que podemos procurar e descobrir nas profundezas da mente consciente. É o sentimento de que meu corpo existe e está presente, independentemente de qualquer objeto com o qual ele interaja, como uma afirmação inabalável e sem palavras de que estou vivo. Esse sentimento fundamental, que não julguei necessário mencionar em estudos anteriores da questão, quero introduzir agora como um elemento fundamental do processo do self. Eu o chamo de *sentimento primordial*, e digo que possui uma *qualidade* definida, uma *valência*, em algum ponto na escala do prazer à dor. É a primitiva por trás de todos os sentimentos emocionais e, portanto, a base de todos os sentimentos causados por interações entre objetos e o organismo. Como veremos, os sentimentos primordiais são produzidos pelo protosself.[3]

Em resumo, quando mergulho nas profundezas da mente consciente, descubro que ela é um conjunto de imagens variadas. Um grupo dessas imagens descreve os *objetos* na consciência. Outras imagens descrevem a *mim*, e esse eu inclui: (1) a *perspectiva* da qual os objetos estão sendo mapeados (o fato de que minha mente tem um ponto de referência para ver, tocar, ouvir etc., e esse ponto de referência é meu corpo); (2) o sentimento de que os objetos estão sendo representados em uma mente que pertence a mim e a mais ninguém (*propriedade*); (3) o sentimento de que posso *agir* em relação aos objetos e de que as ações executadas por meu corpo são comandadas por minha mente; e (4) os *sentimentos primordiais*, que indicam a existência de meu corpo vivo independentemente de como ele interage ou não com objetos.

O agregado dos elementos de (1) a (4) constitui o self em sua versão simples. Quando as imagens do agregado do self são acopladas a imagens de objetos não componentes do self, o resultado é uma mente consciente.

Todo esse conhecimento se faz presente de modo direto. Não chegamos a ele raciocinando por inferência ou interpretação. Para começar, ele nem sequer é verbal. É feito de tênues indícios e intuições, de sentimentos que ocorrem *em relação ao corpo vivo e em relação a um objeto.*

O self simples na base da mente é bem como a música, mas ainda não como a poesia.

OS INGREDIENTES DE UMA MENTE CONSCIENTE

Os ingredientes básicos da construção da mente consciente são *vigília* e *imagens*. No que tange à *vigília*, sabemos que ela depende do funcionamento de certos núcleos do tegmento do tronco cerebral e do hipotálamo. Usando trajetos neurais e químicos, esses núcleos exercem influência sobre o córtex cerebral. O resultado é a diminuição da vigilância (produzindo o sono) ou seu aumento (produzindo o estado desperto). O trabalho dos núcleos do tronco cerebral é assistido pelo tálamo, embora alguns núcleos influenciem diretamente o córtex cerebral; os núcleos hipotalâmicos, por sua vez, funcionam em grande medida pela liberação de moléculas químicas que subsequentemente atuam sobre circuitos neuronais e alteram seu comportamento.

O delicado equilíbrio da vigília depende de uma estreita interação entre hipotálamo, tronco cerebral e córtex cerebral. A função do hipotálamo guarda forte relação com a quantidade de luz disponível, a parte do processo de vigília cuja perturbação causa o jet lag quando chegamos de viagem depois de atravessar vários fusos horários. Por sua vez, essa operação é estreitamente associada aos padrões de secreção hormonal ligados, em parte, a ciclos de dia-noite. Os núcleos hipotalâmicos controlam o funcionamento de glândulas endócrinas por todo o organismo — pituitária, tireoide, adrenais, pâncreas, testículos, ovários.[4]

A participação do tronco cerebral no processo da vigília relaciona-se ao valor natural de cada situação corrente. De modo espontâneo e não consciente, o tronco cerebral responde a perguntas que ninguém faz, por exemplo: qual deve ser o grau de importância desta situação para o observador? O valor determina o sinal e a intensidade das respostas emocionais a uma situação, e também o grau em que devemos estar acordados e atentos. O tédio faz estragos no estado de alerta, mas os níveis metabólicos também podem ser devastadores. Sabemos o que acontece durante a digestão de uma farta refeição, especialmente quando ela contém certos ingredientes químicos, como o triptofano, que é liberado pelas carnes vermelhas. O álcool inicialmente aumenta o estado de alerta, mas depois, quando aumentam seus níveis no sangue, induz à sonolência. Os anestésicos suspendem totalmente a vigília.

Uma última observação importante a respeito da vigília: no que respeita à neuroanatomia e à neurofisiologia, o setor do tronco cerebral envolvido na vigília é distinto do setor do tronco cerebral que gera os alicerces do self, o protoself (que analisaremos na próxima seção). Os *núcleos do tronco cerebral ligados à vigília* são anatomicamente próximos dos *núcleos do tronco cerebral relacionados ao protoself* por uma boa razão: esses dois conjuntos de núcleos participam da regulação da vida. Entretanto, contribuem de modos diferentes para o processo regulador.[5]

No que diz respeito às *imagens*, pode parecer que já sabemos o que precisamos saber, uma vez que analisamos suas bases neurais nos capítulos 3 a 6. Contudo, é necessário dizer mais. Imagens certamente são a fonte dos *objetos a ser conhecidos* na mente consciente, quer se trate de objetos situados no mundo exterior (externos ao corpo), quer pertençam ao corpo (como meu cotovelo dolorido ou o dedo que sofreu uma queimadura). Ocorrem imagens em todas as variedades sensoriais, não apenas a visual, e elas dizem respeito a *qualquer objeto ou ação que está sendo processado no cérebro*, presente no momento ou evocado, concreto ou abstrato. Isso abrange todos os padrões originados *fora do cérebro*, externos ou internos ao corpo. Também engloba padrões gerados no interior do cérebro, resultantes de conjunções de outros padrões. Com efeito, a voraz mania que nosso cérebro tem de produzir mapas leva-o a mapear seu próprio funcionamento — novamente, a falar consigo mesmo. Os mapas que o cérebro faz de seu próprio funcionamento provavelmente são a principal fonte de imagens abstratas que descrevem, por exemplo, a localização espacial e o movimento dos objetos, as relações entre objetos, a velocidade e a trajetória espacial de objetos em movimento e os padrões de ocorrência de objetos no espaço e no tempo. Esses tipos de imagens podem ser convertidos em descrições matemáticas e também em composições e execuções musicais. Os matemáticos e os compositores sobressaem-se nesse tipo de produção de imagens.

A hipótese de trabalho já apresentada supõe que a mente consciente surge do estabelecimento de uma *relação* entre o *organismo* e um *objeto a ser conhecido*. Mas como é que o organismo, o objeto e a relação são implementados no cérebro? Os três componentes são feitos de imagens. O objeto a ser conhecido é mapeado como uma imagem. O organismo também, embora suas imagens sejam especiais. Quanto ao conhecimento que constitui um estado do self e permite o surgimento da subjetividade, ele também é feito de imagens. Toda a urdidura de uma mente consciente é criada com o mesmo fio: *imagens geradas pelas capacidades mapeadoras do cérebro*.

Embora todos os aspectos da consciência sejam construídos com imagens, nem todas as imagens nascem iguais no que respeita às suas origens neurais ou características fisiológicas (ver figura 3.1). As imagens usadas para descrever a maioria dos objetos a ser conhecidos são convencionais, no sentido de que resultam das operações de mapeamento que já analisamos para os sentidos externos. Mas as imagens que representam o organismo constituem uma classe específica. Elas se originam no interior do corpo e representam aspectos do corpo em ação. Têm um status particular e significam um avanço especial: são *sentidas*, de modo espontâneo e natural, desde o início, antes de qualquer outra operação envolvida na construção da consciência. São imagens *sentidas* do corpo, sentimentos corporais primordiais, as primitivas de todos os outros sentimentos, inclusive dos sentimentos de emoções. Adiante veremos que as imagens que descrevem a relação entre organismo e objeto baseiam-se em ambos os tipos de imagens, as imagens sensoriais convencionais e as variações dos sentimentos corporais.

Finalmente, todas as imagens ocorrem em um espaço de trabalho agregado que é formado pelas regiões sensoriais iniciais separadas dos córtices cerebrais e, no caso dos sentimentos, por regiões específicas do tronco cerebral. Esse espaço de imagem é controlado por vários sítios corticais e subcorticais cujos circuitos contêm conhecimentos dispositivos gravados de forma latente na arquitetura neural de convergência-divergência que já examinamos no capítulo 6. Essas regiões podem funcionar consciente ou inconscientemente, mas em qualquer dos casos elas o fazem alicerçadas nos mesmos substratos neurais. A diferença entre os modos de funcionamento consciente e não consciente nas regiões participantes depende do grau de vigília e do nível de processamento do self.

No que diz respeito à implementação neural, a noção de espaço de imagem aqui proposta difere consideravelmente das encontradas nos trabalhos de Bernard Baars, Stanislas Dehaene e Jean-Pierre Changeux. Baars introduziu a ideia de espaço de trabalho global em termos puramente psicológicos, a fim de destacar a intensa comunicação recíproca de diferentes componentes do processo mental. Dehaene e Changeux usaram então o espaço de trabalho, em termos neuronais, para referir-se à atividade neural acentuadamente distribuída e inter-relacionada que deve fundamentar a consciência. Da perspectiva do cérebro, eles salientam o córtex cerebral como um provedor de conteúdos da consciência, e privilegiam os córtices associativos, especialmente o pré-frontal, como um elemento necessário no acesso a esses conteúdos. O trabalho posterior de Baars também põe a noção de espaço de trabalho global a serviço do *acesso* a conteúdos da consciência.

Meu enfoque é sobre as regiões produtoras de imagens, o palco onde as marionetes do espetáculo efetivamente atuam. Os manipuladores das marionetes e os cordões que eles puxam encontram-se fora do espaço de imagem, no espaço dispositivo localizado nos córtices associativos dos setores frontais, temporais e parietais. Essa perspectiva é compatível com estudos de imagem e estudos eletrofisiológicos que descrevem o comportamento desses dois setores distintos (espaço de imagem e espaço dispositivo) em relação às imagens conscientes contrapostas às imagens não conscientes, como no trabalho de Nikos Logothetis ou Giulio Tononi sobre a rivalidade binocular, ou o trabalho de Stanislas Dehaene e Lionel Naccache sobre o processamento de palavras. Os estados conscientes requerem a participação de córtices sensoriais iniciais *e* de córtices associativos, porque, no meu modo de ver, é daí que os manipuladores das marionetes organizam o espetáculo.[6] Acredito que minha interpretação para o problema complementa a abordagem do espaço de trabalho neuronal global, em vez de conflitar com ela.

O PROTOSSELF

O protosself é a base necessária para a construção do self central. É *uma coleção integrada de padrões neurais separados que mapeiam, momento a momento, os aspectos mais estáveis da estru-*

tura física do organismo. Os mapas do protosself são característicos porque geram não só imagens corporais, mas também imagens corporais *sentidas.* Esses sentimentos primordiais do corpo estão espontaneamente presentes no cérebro normal acordado. Contribuem para o protosself os *mapas interoceptivos gerais,* os *mapas gerais do organismo* e os *mapas dos portais sensoriais direcionados para o exterior.* Do ponto de vista anatômico, esses mapas provêm tanto do tronco cerebral como das regiões corticais. O estado básico do protosself é uma média de seu componente interoceptivo e seu componente dos portais sensoriais. A integração de todos esses mapas diversificados e espacialmente distribuídos ocorre por uma sinalização recíproca em uma mesma janela temporal. Não requer um único sítio cerebral onde os diversos componentes possam ser remapeados. Consideremos individualmente cada um dos contribuidores do protosself.

Mapas interoceptivos gerais

São mapas e imagens cujos conteúdos se formam a partir dos sinais interoceptivos procedentes do meio interno e das vísceras. Os sinais interoceptivos dão informações ao sistema nervoso central sobre o estado corrente do organismo, que pode variar entre ótimo, costumeiro ou problemático, quando a integridade de um órgão ou tecido é violada e o corpo sofre uma lesão. (Refiro-me aqui a sinais nociceptivos, que são a base de sensações dolorosas.) Os sinais interoceptivos indicam a necessidade de correções fisiológicas, algo que se materializa na nossa mente, como as sensações de fome e sede. Todos os sinais que indicam temperatura, com um sem-número de parâmetros do funcionamento do meio interno, pertencem a essa categoria. Por último, sinais interoceptivos participam da produção de estados hedônicos e das correspondentes sensações de prazer.

Nível do tronco cerebral

núcleo do trato solitário (NTS)
núcleo parabraquial (NPB)
matéria cinzenta periaquedutal (PAG) } integração
área postrema } interoceptiva
hipotálamo
colículo superior (camadas profundas)

Nível do córtex cerebral

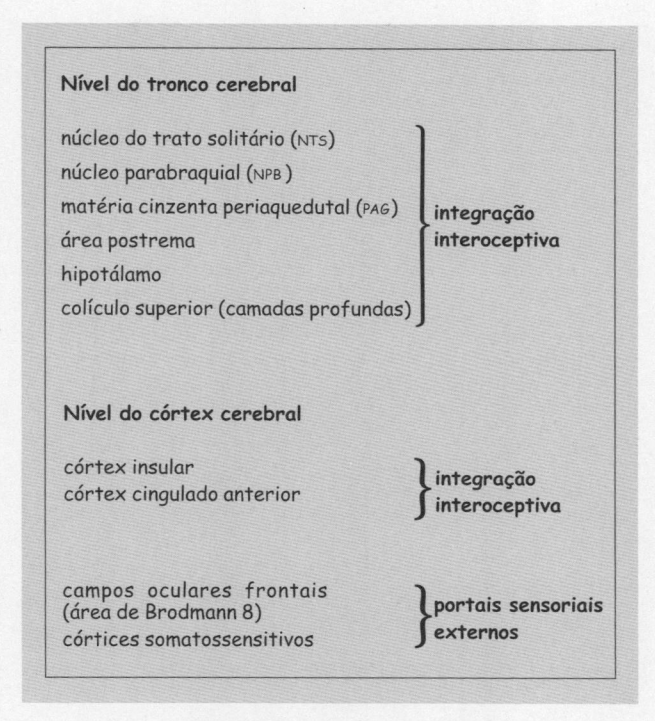

córtex insular
córtex cingulado anterior } integração interoceptiva

campos oculares frontais
(área de Brodmann 8) } portais sensoriais
córtices somatossensitivos } externos

Figura 8.2. Os principais componentes do protosself.

Em qualquer momento, um subconjunto desses sinais, reunidos e modificados em certos núcleos do tronco cerebral superior, gera sentimentos primordiais. O tronco cerebral não é um mero local de passagem dos sinais corporais a caminho do córtex cerebral. É uma estação de decisão, capaz de perceber mudanças e responder de modos predeterminados mas modulados, nesse mesmo nível. O funcionamento desse maquinário de decisão contribui para a *construção* dos sentimentos primordiais, de modo que tais sentimentos sejam mais do que simples "retratos" do corpo, mais elaborados do que mapas diretos. Os sentimentos primordiais são um subproduto de um modo específico de organização de núcleos

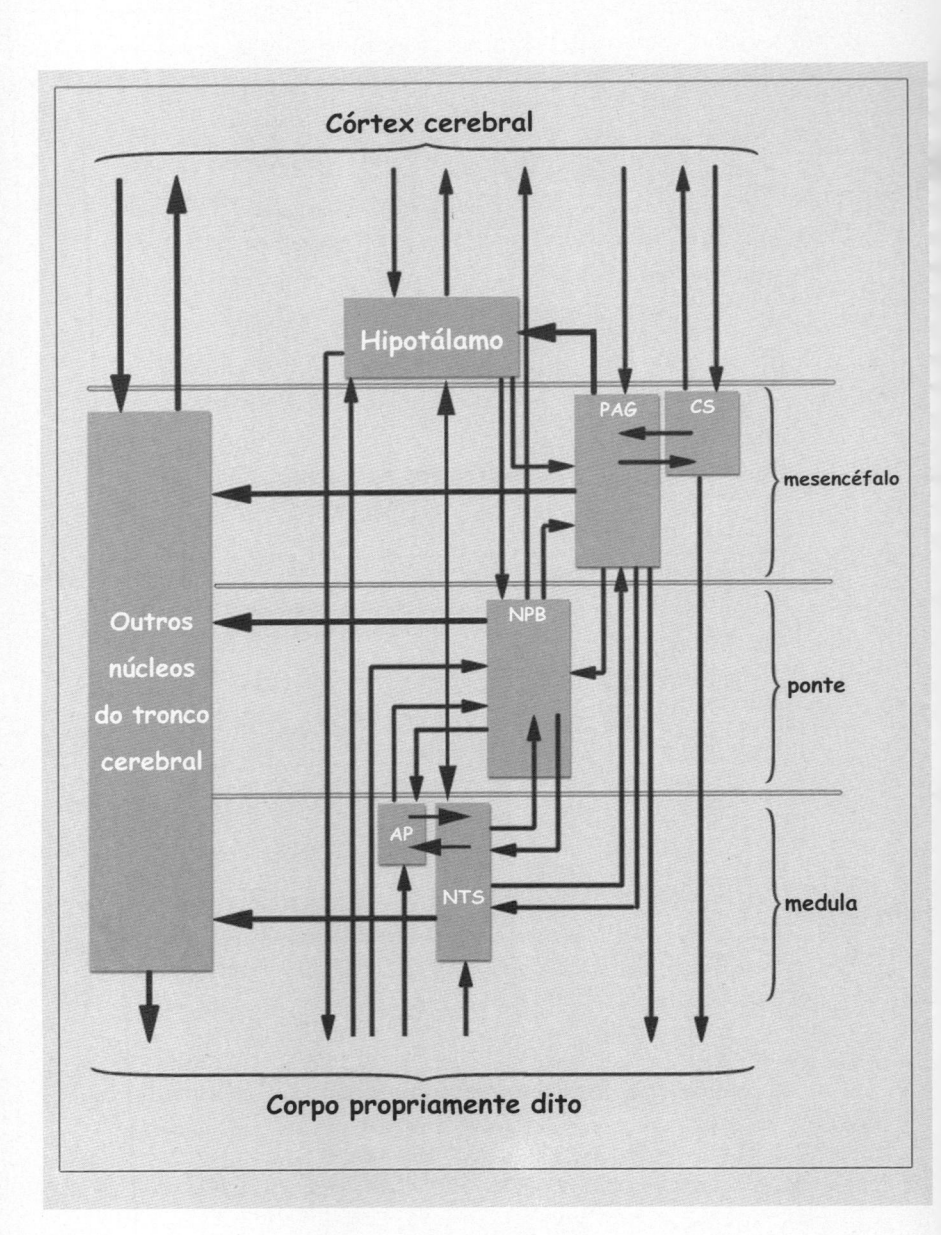

Córtex cerebral

	mesencéfalo
Hipotálamo	
PAG CS	

Outros núcleos do tronco cerebral

NPB — ponte

AP
NTS — medula

Corpo propriamente dito

do tronco cerebral e de sua comunicação ininterrupta com o corpo. Possivelmente, as características funcionais dos neurônios específicos envolvidos na operação também contribuem.

Os sentimentos primordiais precedem todos os outros sentimentos. Eles se referem especificamente e com exclusividade ao corpo vivo que é interligado a seu tronco cerebral específico. Todos os sentimentos emocionais representam variações dos sentimentos primordiais correntes. Todos os sentimentos causados pela interação de objetos com o organismo são variações dos sentimentos primordiais correntes. Os sentimentos primordiais e suas variações emocionais geram um coro observador que acompanha todas as outras imagens em curso na mente.

A importância do sistema interoceptivo para o entendimento da mente consciente é imensurável. Os processos nesse sistema são, em grande medida, *independentes* do tamanho das estruturas onde eles surgem, e constituem um tipo especial de input que está

Figura 8.3. Os núcleos do tronco cerebral envolvidos na geração do self central. Como indicado na Figura 4.1, vários núcleos do tronco cerebral trabalham juntos para garantir a homeostase. Mas os núcleos relacionados à homeostase têm projeções para outros grupos de núcleos do tronco cerebral (outros núcleos do tronco cerebral, nesta figura). Esses outros núcleos agrupam-se em famílias funcionais: os núcleos clássicos da formação reticular, como o núcleo pontino oral e o núcleo cuneiforme, que influenciam o córtex cerebral por intermédio dos núcleos intralaminares do tálamo; os núcleos monoaminérgicos, que liberam diretamente moléculas como noradrenalina, serotonina e dopamina para regiões dispersas no córtex cerebral; e os núcleos colinérgicos, que liberam acetilcolina.

Na hipótese aqui apresentada, os núcleos homeostáticos geram os "sentimentos de conhecer" que compõem o self central. Por sua vez, a atividade neural que baseia esse processo recruta os outros núcleos do tronco cerebral, não ligados à homeostase, para gerar o "destaque do objeto".
Abreviaturas: AP = área postrema; NTS = núcleo do trato solitário; NPB = núcleo parabraquial; PAG = matéria cinzenta periaquedutal; CS = colículo superior.

presente logo no início do desenvolvimento e durante toda a infância e a adolescência. Em outras palavras, a interocepção é uma fonte adequada para a relativa *invariância* necessária ao estabelecimento de algum tipo de andaime estável para sustentar aquilo que por fim constituirá o self.

A questão da relativa invariância é fundamental, pois o self é um processo singular, e precisamos identificar um modo biológico plausível para alicerçar essa singularidade. À primeira vista, o corpo único do organismo já deveria fornecer essa tão necessária singularidade biológica. Vivemos em um corpo, não em dois (nem mesmo gêmeos siameses negam esse fato), temos uma mente que corresponde a esse corpo, e um self que corresponde a ambos. (Mais de um self e mais de uma personalidade não são estados mentais normais.) No entanto, essa plataforma básica singular não pode corresponder ao *corpo inteiro* porque, como um todo, o corpo está continuamente executando diferentes ações e mudando de forma de acordo com elas, isso sem mencionar o fato de que ele aumenta de tamanho desde a infância até a idade adulta. A plataforma singular tem de ser buscada em outro lugar, em uma parte do corpo *dentro* do corpo, e não nele como um todo. Deve corresponder aos setores do corpo que mudam minimamente ou que não sofrem mudança alguma. O meio interno e muitos parâmetros viscerais a ele associados constituem os aspectos mais invariantes do organismo, em qualquer idade, ao longo de toda a vida, não porque não mudem, mas porque seu funcionamento requer que sua condição varie apenas dentro de limites extremamente pequenos. Os ossos crescem no decorrer do desenvolvimento, e o mesmo vale para os músculos que os movimentam; mas a essência do banho químico na qual a vida acontece — a variação média de seus parâmetros — é aproximadamente a mesma, quer a pessoa tenha três anos, cinquenta ou oitenta. Além disso, não importa se o indivíduo tem um ou dois metros de altura, a essência biológica de um estado de medo ou alegria é muito provavelmente a mesma no que respeita ao modo como tais estados são construídos a partir das reações químicas no meio interno e no estado de contração ou dilatação dos músculos lisos nas vísceras. Vale a pena mencionar que as causas de um estado de medo ou alegria — os pensamentos que causam esses estados — podem variar muito ao longo da vida, mas o perfil das reações emocionais de um indivíduo, não.

Onde é que funciona o sistema interoceptivo geral? As respostas tornaram-se muito elaboradas ao longo desta última década graças a vários tipos de estudos, como registros fisiológicos no nível celular, estudos neuroanatômicos experimentais em animais e estudos de neuroimagens funcionais em humanos. O resultado dessas investigações (que mencionamos no capítulo 4) é um conhecimento incomumente detalhado sobre os trajetos que conduzem esses sinais ao sistema nervoso central.[7] Os sinais neurais e químicos que descrevem os estados do corpo entram no sistema nervoso central em muitos níveis da medula espinhal, no núcleo trigeminal do tronco cerebral e nos conjuntos especiais de neurônios próximos das margens dos ventrículos cerebrais. A partir de todos esses pontos de entrada, os sinais são retransmitidos a importantes núcleos integrativos situados no tronco cerebral; os mais importantes são o núcleo do trato solitário, o núcleo parabraquial e o hipotálamo. Dali, depois de serem processados localmente e usados para regular o processo da vida e gerar sentimentos primordiais, eles são retransmitidos *também* ao setor mais claramente identificado com a interocepção, o córtex insular, depois de uma conveniente parada nos núcleos talâmicos de retransmissão. Não obstante a importância do componente cortical nesse sistema, vejo o componente do tronco cerebral como fundamental para o processo do self. Ele pode fornecer um protosself em condições de funcionar eficazmente, como especificado na hipótese, mesmo quando o componente cortical está vastamente comprometido.

Mapas gerais do organismo

Os mapas gerais do organismo representam um esquema do corpo inteiro em repouso, com seus principais componentes — cabeça, tronco e membros. Os movimentos do corpo são mapeados em relação a esse mapa geral. Em contraste com os mapas interoceptivos, os mapas gerais do organismo sofrem mudanças radicais durante o desenvolvimento porque retratam o sistema musculoesquelético e seus movimentos. Necessariamente, esses mapas acompanham os aumentos no tamanho do corpo e as variações da amplitude e da qualidade dos movimentos corporais. Não poderiam, concebivelmente, ser os mesmos no indivíduo quando ele começa a andar, na adolescência e na idade adulta, embora acabe sendo atingido algum tipo de estabilidade temporal. Como resultado, os mapas gerais do organismo não são a fonte ideal da singularidade requerida para constituir o protosself.

O sistema interoceptivo geral tem de encaixar-se na arquitetura global que o esquema geral do organismo cria em cada fase de crescimento. Um esboço tosco representaria o sistema interoceptivo geral *dentro* do perímetro da estrutura geral do organismo. Mas são duas coisas distintas. O encaixe de um sistema no outro não implica uma efetiva transferência de mapas, e sim uma coordenação de modo que os dois conjuntos de mapas possam ser evocados ao mesmo tempo. Por exemplo, o mapeamento de uma região específica do interior do corpo seria sinalizado para o setor da estrutura geral do organismo onde a região melhor correspondesse ao esquema anatômico global. Quando sentimos náusea, frequentemente a sensação vem relacionada a uma região do corpo — o estômago, por exemplo. Apesar da imprecisão, o mapa interoceptivo é feito para corresponder ao mapa geral do organismo.

Mapas dos portais sensoriais direcionados para o exterior

Referi-me indiretamente aos portais sensoriais no capítulo 4, quando descrevi a armação em que estão engastadas as sondas sensitivas, os diamantes. Aqui eu os colocarei a serviço do self. A representação dos vários portais sensoriais do corpo — como as regiões corporais que contêm os olhos, as orelhas, a língua, o nariz — é um caso separado e especial de um mapa geral do organismo. Imagino que os mapas de portais sensoriais "encaixam-se" na estrutura dos mapas gerais do organismo do mesmo modo que o sistema interoceptivo geral deve encaixar-se, por meio da coordenação temporal, e não por uma verdadeira transferência de mapas. Onde exatamente se encontram alguns desses mapas é uma questão atualmente em estudo.

Os mapas de portais sensoriais têm um duplo papel: primeiro, na construção da perspectiva (um aspecto fundamental da consciência) e segundo na construção de aspectos qualitativos da mente. Um dos aspectos curiosos da nossa percepção de um objeto é a primorosa relação que estabelecemos entre os conteúdos mentais que o descrevem e os conteúdos mentais que correspondem à parte do corpo usada na respectiva percepção. Sabemos que vemos com os olhos, mas *também sentimos que estamos vendo com os olhos*. Sabemos que ouvimos com as orelhas, não com os olhos ou o nariz. Sentimos sons na orelha externa e na membrana timpânica. Temos sensações táteis nos dedos, sentimos os odores no nariz e assim por diante. Essas podem parecer afirmações triviais à primeira vista, mas de triviais não têm nada. Conhecemos toda essa "localização dos órgãos dos sentidos" desde bem pequenos, provavelmente antes de descobri-la por inferência, associando determinada percepção com um movimento específico, e talvez até mesmo antes que os versinhos e canções nos ensinem, na escola, de onde vêm as informações de nossos sentidos. No entanto, esse é um tipo de conhecimento muito singular. Lembre-se de que as imagens visuais provêm de neurônios na retina, que presumivelmente não devem nos dizer coisa alguma a respeito do setor do corpo onde as retinas se localizam — no interior dos globos oculares, situados nas cavidades oculares, em uma parte específica da face. Como é que descobrimos que as retinas estão onde estão? Obviamente, uma criança nota que a visão some quando ela fecha os olhos e que tapar as orelhas reduz a audição. Mas isso não serve de explicação. Acontece que "sentimos" os sons provenientes das orelhas, e "sentimos" que estamos olhando à nossa volta e vendo com os olhos. Uma criança diante do espelho confirmaria o conhecimento que já teria sido adquirido graças às informações adjuntas originadas em estruturas corporais "próximas" da retina. O conjunto dessas estruturas corporais constitui o que chamo de "portal sensorial". No caso da visão, o portal sensorial inclui não só a musculatura ocular com a qual movemos o olho, mas todo o maquinário usado para focalizar um objeto ajustando o tamanho da lente, o mecanismo de ajuste da intensidade luminosa que reduz ou aumenta o tamanho das pupilas (os obturadores de câmera dos nossos olhos) e, finalmente, os músculos *ao redor* dos olhos, aqueles com os quais franzimos o cenho, piscamos ou indicamos alegria. Mover os olhos e piscar têm um papel essencial na edição de nossas imagens visuais, e notavelmente também têm um papel na edição eficaz e realista de imagens cinematográficas.

    Ver não consiste apenas em obter o padrão luminoso apropriado na retina. Ver engloba todas essas outras respostas concomitantes, algumas das quais são indispensáveis para gerar um padrão claro na retina, algumas são acompanhamentos habituais do processo de ver e algumas já constituem reações rápidas ao próprio processamento de padrões.

Na audição, o caso é comparável. A vibração da membrana timpânica e de um conjunto de minúsculos ossos na orelha média pode ser sinalizada para o cérebro paralelamente ao próprio som, e isso ocorre na orelha interna, no nível das cócleas, onde são mapeados as frequências, o tempo e o timbre dos sons.

O complexo funcionamento dos portais sensoriais pode contribuir para os erros que crianças e adultos às vezes cometem com relação à percepção de um fenômeno — por exemplo, afirmar que determinado objeto foi primeiro visto e depois ouvido, quando ocorreu o oposto. Esse fenômeno é conhecido como erro na atribuição de fonte.

Os pouco enaltecidos portais sensoriais têm um papel fundamental na definição da *perspectiva* da mente em relação ao resto do mundo. Não estou falando aqui da singularidade biológica fornecida pelo protosself. Refiro-me a um efeito que todos nós experienciamos na mente: ter um *referencial* para o que quer que esteja ocorrendo fora da mente. Não se trata de um mero "ponto de vista", embora para as pessoas que enxergam, a maioria da humanidade, a visão mais frequentemente paute o funcionamento mental. Mas também temos um referencial em relação aos sons que nos chegam do mundo exterior, um referencial em relação aos objetos que tocamos e até um referencial para os objetos que sentimos no nosso próprio corpo — novamente, o cotovelo dolorido, ou nossos pés quando andamos na areia.

Não pensamos equivocadamente que vemos com o umbigo ou ouvimos com as axilas (por mais fascinantes que possam ser essas possibilidades). Os portais sensoriais próximos dos quais são coligidos os dados para a produção de imagens fornecem à mente o referencial do organismo em relação ao objeto. O referencial é extraído do grupo de regiões do corpo em torno das quais a percepção surge. Esse referencial só é rompido em condições anormais (experiências extracorpóreas), que podem resultar de doença cerebral, trauma psicológico ou manipulações experimentais com dispositivos de realidade virtual.[8]

Na minha concepção, a perspectiva do organismo tem alicerce em várias fontes. Visão, audição, equilíbrio espacial, paladar e olfato dependem de portais sensoriais localizados na cabeça, não distantes uns dos outros. Podemos imaginar a cabeça como um dispositivo de reconhecimento multidimensional, pronto para examinar o mundo. O tato, com sua grande abrangência, tem um portal sensorial mais amplo, mas ainda assim a perspectiva relacionada a esse sentido aponta inequivocamente para o organismo singular como o executor do reconhecimento, e identifica um local na superfície do observador. A mesma grande abrangência predomina na percepção de nossos movimentos; ela se relaciona a todo o corpo, mas sempre se origina no organismo singular.

No que diz respeito ao córtex cerebral, a maioria dos dados de portais sensoriais tem de aportar no sistema somatossensitivo — sendo as regiões sI e sII favorecidas em relação à ínsula. No caso da visão, os dados do portal sensorial também são transmitidos para os chamados campos oculares frontais, localizados na área de Brodmann 8, nos aspectos superior e lateral do córtex frontal. Também neste caso, essas regiões cerebrais geograficamente separadas precisam ser reunidas funcionalmente por algum tipo de mecanismo de integração.

Resta fazer uma observação a respeito da situação excepcional dos córtices somatossensitivos. Esses córtices transmitem sinais do mundo externo, sendo os mapas do tato o principal exemplo, e do corpo, como no caso da interocepção e dos portais sensoriais. O componente dos portais sensoriais pertence à estrutura do organismo e, portanto, ao protosself.

Existe, pois, um forte contraste entre dois conjuntos distintos de padrões. Por um lado, temos a infinita variedade de padrões que descrevem objetos convencionais (alguns externos ao corpo, como os objetos vistos e ouvidos, os gostos e os odores; outros que são partes do corpo, como as articulações ou trechos de pele). Por outro lado, temos a uniformidade do pequeno conjunto de padrões relacionados ao interior do corpo e sua regulação rigorosamente controlada. Há uma diferença inescapável e fundamental entre o aspecto estritamente controlado do processo da vida no interior do nosso organismo e todas as coisas e fenômenos imagináveis no mundo ou no resto do corpo. Essa diferença é indispensável para compreendermos o alicerce biológico dos processos do self.

Esse mesmo contraste entre variedade e uniformidade também ocorre no nível dos portais sensoriais. As mudanças sofridas pelos portais sensoriais desde seu estado basal até o estado associado a olhar e ver não precisam ser grandes, embora possam sê-lo. Elas simplesmente têm de indicar que ocorreu uma interação entre o organismo e um objeto. Não precisam transmitir coisa alguma a respeito do objeto da interação.

Em suma, a combinação do meio interno, da estrutura visceral e do estado basal dos portais sensoriais direcionados para o exterior proporciona uma ilha de estabilidade em um mar de movimento. Ela preserva uma coerência relativa do estado funcional em meio a processos dinâmicos cujas variações são muito pronunciadas. Imagine uma multidão andando na rua, na qual um pequeno grupo avança em formação constante e coesa, enquanto o resto move-se aleatoriamente, em movimento browniano, alguns elementos arrastando outros atrás de si, outros ultrapassando o grupo central e assim por diante.

Outro elemento deve ser adicionado ao andaime fornecido pela relativa invariância do meio interno: o fato de que o corpo propriamente dito permanece inseparavelmente ligado ao cérebro em todos os momentos. Essa ligação alicerça a geração de sentimentos primordiais e a relação única entre o corpo, como um objeto, e o cérebro que representa o objeto. Quando criamos mapas de objetos e de fenômenos do mundo externo, esses objetos e fenômenos permanecem no mundo externo. Quando mapeamos os objetos e fenômenos do nosso corpo, eles se encontram dentro do organismo e dali não saem. Atuam sobre o cérebro, mas é possível atuar sobre eles o tempo todo; forma-se desse modo uma alça ressonante que produz algo nas linhas de uma fusão corpo-mente. Esses objetos e fenômenos do corpo constituem um substrato animado que fornece um contexto obrigatório para todos os outros conteúdos da mente. O protoself não é uma mera coleção de mapas do corpo comparável à bela coleção de imagens de pinturas expressionistas abstratas que tenho no cérebro. O protoself é uma coleção de mapas que permanecem conectados interativamente com sua fonte, uma raiz profunda que não pode ser extirpada. É uma pena que as imagens das pinturas expressionistas abstratas favoritas que tenho no cérebro não se conectem fisicamente com todas as suas fontes. Bem que eu gostaria, mas elas estão apenas em meu cérebro.

Finalmente, devo mencionar que não se deve confundir o protoself com um homúnculo, assim como o self que resulta de sua modificação também não é homuncular. A tradicional noção do homúnculo corresponde a um homenzinho onisciente dentro do cérebro, capaz de responder a perguntas sobre o que está acontecendo na mente e de dar interpretações para o que ocorre. O bem identificado problema com esse homúnculo está na regressão infinita que ele implica. Seria preciso que o homenzinho cujo conhecimento nos fizesse conscientes tivesse outro homenzinho dentro de si, capaz de fornecer-lhe o conhecimento necessário, e assim por diante ad infinitum. Isso não funciona. O conhecimento que torna nossa mente consciente tem de ser construído de baixo para cima. Nada pode estar mais longe da noção de protosself aqui apresentada do que a ideia do homúnculo. O protosself é uma plataforma razoavelmente estável e, portanto, uma fonte de continuidade. Usamos essa plataforma para inscrever as mudanças causadas pela interação do organismo com seu meio (como quando olhamos para um objeto e o pegamos) ou para inscrever a modificação da estrutura ou estado do organismo (como quando sofremos um ferimento ou temos uma queda excessiva nos níveis de açúcar no sangue). As mudanças são *registradas relativamente ao estado corrente do protosself*, e a perturbação desencadeia eventos fisiológicos subsequentes, mas o protosself não contém nenhuma informação além da existente em seus mapas. O protosself não é um oráculo em Delfos de prontidão para responder a perguntas sobre quem somos.

A CONSTRUÇÃO DO SELF CENTRAL

Quando pensamos em uma estratégia para construir o self, é apropriado começar pelos requisitos do self central. O cérebro precisa introduzir na mente algo que não estava presente antes, ou seja, um protagonista. Assim que um protagonista se torna disponível em meio a outros conteúdos mentais, e assim que esse protagonista é coerentemente ligado a alguns dos conteúdos mentais correntes, a subjetividade começa a ser inerente ao processo. Devemos nos concentrar primeiro no limiar do protagonista, o ponto no qual os elementos indispensáveis do conhecimento aglutinam-se, por assim dizer, para produzir a subjetividade.

No momento em que passa a existir uma ilha unificada de relativa estabilidade correspondendo a parte do organismo, o self poderia surgir dela imediatamente? Se assim fosse, a anatomia e a fisiologia das regiões cerebrais que alicerçam o protosself contariam grande parte da história de como é feito o self. Este derivaria da capacidade do cérebro de acumular e integrar conhecimentos sobre os aspectos mais estáveis do organismo, e caso encerrado. O self se resumiria à representação elementar e *sentida* da vida dentro do cérebro, uma experiência pura, desvinculada de tudo que não fosse seu próprio corpo. O self consistiria no sentimento primordial que o protosself, no estado em que se originou, fornece espontaneamente e sem cessar, instante após instante.

Entretanto, quando se trata da complexa vida mental que você e eu temos neste momento, o protosself e os sentimentos primordiais não bastam para explicar o fenômeno do self que geramos. O protosself e seus sentimentos primordiais são o provável alicerce do eu material, e muito provavelmente constituem uma manifestação importante e culminante da consciência em numerosas espécies vivas. Mas precisamos de algum processo do self que seja intermediário entre, de um lado, o protosself e seus sentimentos primordiais e, de outro, o self autobiográfico que nos dá o sentimento de individualidade e identidade. Algo crucial precisa mudar no próprio estado do protosself para que ele se torne um self propriamente dito, ou seja, um *self central*. Por um lado, o perfil mental do protosself tem de ser elevado e *destacado*. Por outro, ele precisa *conectar-se* aos eventos nos quais está envolvido. Ele deve *protagonizar* a narrativa do momento. A meu ver, a mudança crucial do protosself provém de sua interação de momento a momento com qualquer objeto que esteja sendo percebido. Essa interação ocorre em estreita proximidade temporal com o processamento sensorial do objeto. Toda vez que o organismo encontra um objeto, qualquer objeto, o protosself é mudado por esse encontro. Isso ocorre porque, para mapear o objeto, o cérebro tem de ajustar o corpo de um modo adequado, e porque os resultados desses ajustes, paralelamente ao conteúdo da imagem mapeada, são sinalizados para o protosself.

Mudanças no protosself iniciam a criação momentânea do self central e desencadeiam uma série de eventos. O primeiro evento da cadeia é uma transformação no sentimento primordial que resulta em um "sentimento de conhecer o objeto", um sentimento que diferencia o objeto de outros objetos do momento. O segundo evento da cadeia resulta do sentimento de conhecer. É a geração de um "destaque" para o objeto da interação, um processo geralmente designado pelo termo "atenção", uma convergência de recursos de processamento para um objeto específico mais do que para outros. Assim, o self central é criado pela ligação do protosself modificado com o objeto que causou a modificação, um objeto que agora está marcado pelo sentimento e destacado pela atenção.

No final desse ciclo, a mente inclui imagens concernentes a uma sequência simples e muito comum de eventos: um objeto chamou a atenção do corpo ao ser olhado, tocado ou ouvido, de uma perspectiva específica; isso fez o corpo mudar; a presença do objeto foi sentida; o objeto ganhou destaque.

A narrativa não verbal desses eventos incessantes representa de modo espontâneo na mente o fato de que existe um protagonista em relação a quem certos eventos estão ocorrendo, e esse protagonista é o eu material. A representação nessa narrativa não verbal simultaneamente cria e revela o protagonista, associa a esse protagonista ações que estão sendo produzidas pelo organismo e, com o sentimento gerado pela interação com o objeto, engendra uma sensação de posse.

O que está sendo adicionado ao processo mental simples e, assim, produzindo uma mente consciente, é uma série de imagens, a saber: uma *imagem* do organismo (dada pela representação do protosself modificado); a *imagem* de uma resposta emocional relacionada ao objeto (ou seja, um sentimento); e uma *imagem* do objeto causativo momentaneamente destacado. *O self surge na mente em forma de imagens, contando incessantemente uma história dessas interações.* As imagens do protosself modificado e do sentimento de conhecer nem sequer precisam ser especialmente intensas. Basta que estejam na mente, ainda que muito sutilmente, pouco mais do que insinuações, para fornecer uma conexão entre objeto e organismo. Afinal, é o objeto o que mais importa para que o processo seja adaptativo.

Vejo essa narrativa sem palavras como um relato do que está ocorrendo, na vida e no cérebro, mas ainda não como uma interpretação. Trata-se, na verdade, de uma descrição não solicitada de eventos — o cérebro comprazendo-se em responder perguntas que ninguém fez. Michael Gazzaniga propôs a ideia de um "intérprete" como um modo de explicar a geração da consciência. Além disso, ele o relacionou, judiciosamente, ao maquinário do hemisfério esquerdo e aos processos da linguagem que lá ocorrem. Gosto muito dessa ideia (de fato, ela parece muito verossímil), mas creio que ela só se aplica plenamente ao nível do self autobiográfico, e não muito ao do self central.[9]

Nos cérebros sobejamente dotados de memória, linguagem e raciocínio, as narrativas com essa origem e contornos simples são enriquecidas e têm condições de exibir ainda mais conhecimentos, produzindo assim um protagonista bem definido, um self autobiográfico. É possível adicionar inferências e produzir verdadeiras interpretações do que está ocorrendo. Ainda assim, como veremos no próximo capítulo, o self autobiográfico só pode ser construído por meio do mecanismo do self central. Esse mecanismo do self central como está descrito acima, ancorado no protosself e em seus sentimentos primordiais, é o maquinismo central para a produção da mente consciente. Os recursos complexos necessários para estender o processo ao nível do self autobiográfico são dependentes do funcionamento normal do mecanismo do self central.

O mecanismo para associar o self e o objeto aplica-se apenas a objetos realmente percebidos e não a objetos evocados? Não. Uma vez que, quando aprendemos sobre um objeto, fazemos registros não só de sua aparência, mas também das nossas interações com ele (nossos movimentos dos olhos e cabeça, das mãos etc.), evocar um objeto engloba evocar um conjunto diversificado de interações motoras memorizadas. Como no caso das interações motoras reais com um objeto, as interações evocadas ou imaginadas podem modificar o protosself instantaneamente. Essa ideia, se for correta, explicaria por que não perdemos a consciência quando devaneamos de olhos fechados em um quarto silencioso — o que é tranquilizador, eu acho.

Concluindo, a produção de pulsos de self central referente a um grande número de objetos interagindo com o organismo garante a produção de sentimentos relacionados a objetos. Esses sentimentos, por sua vez, constroem um robusto processo do self que contribui para a manutenção da vigília. Os pulsos de self central também atribuem graus de valor às imagens do objeto causativo, dando-lhe maior ou menor destaque. Essa diferenciação das imagens correntes organiza a paisagem da mente, moldando-a em relação às necessidades e aos objetivos do organismo.

O ESTADO DO SELF CENTRAL

Como o cérebro poderia implementar o estado do self central? A busca leva-nos primeiro a processos razoavelmente localizados, envolvendo um número limitado de regiões cerebrais, e depois a processos que abrangem o cérebro todo e envolvem muitas regiões simultaneamente. Não é difícil imaginar em termos neurais os passos relacionados ao protosself. O componente interoceptivo do protosself baseia-se no tronco cerebral superior e na ínsula; o componente do portal sensorial está alicerçado nos convencionais córtices somatossensitivos e campos oculares frontais.

O surgimento do self central requer uma mudança na condição de alguns desses componentes. Vimos que, quando um objeto percebido precipita uma reação emocional e modifica os mapas interoceptivos gerais, sobrevém uma modificação no protosself, alterando, assim, os sentimentos primordiais. Analogamente, os componentes dos portais sensoriais do protosself mudam quando um objeto aciona um sistema perceptual. Em consequência, as regiões envolvidas na produção de imagens do corpo são inevitavelmente mudadas nos sítios de geração do protosself — tronco cerebral, córtex insular e córtices somatossensitivos. Esses vários fenômenos geram microssequências de imagens que são introduzidas no processo mental. Quero dizer, com isso, que elas são introduzidas no espaço imagético de trabalho dos córtices sensoriais iniciais e de determinadas regiões do tronco cerebral, aquelas nas quais são gerados e modificados os estados de sentimento. As microssequências de imagens sucedem-se como as batidas em uma pulsação, de modo irregular mas confiável, pelo tempo em que os fenômenos continuarem a ocorrer e o nível de vigília for mantido acima do limiar.

Até este ponto, nos graus mais simples do estado do self central provavelmente não há necessidade de um mecanismo de coordenação central e nenhuma necessidade de uma única tela para exibir as imagens. As fichas (as imagens) caem onde devem cair (nas regiões produtoras de imagens) e entram no fluxo mental em seu tempo e ordem apropriados.

Mas para que se complete a construção do estado do self, é preciso que o protosself modificado seja conectado às imagens do objeto causativo. Como isso poderia acontecer? E como é que o conjunto desses agregados díspares de imagens acaba sendo organizado de modo a constituir uma cena coerente e, assim, um pulso de self central pleno?

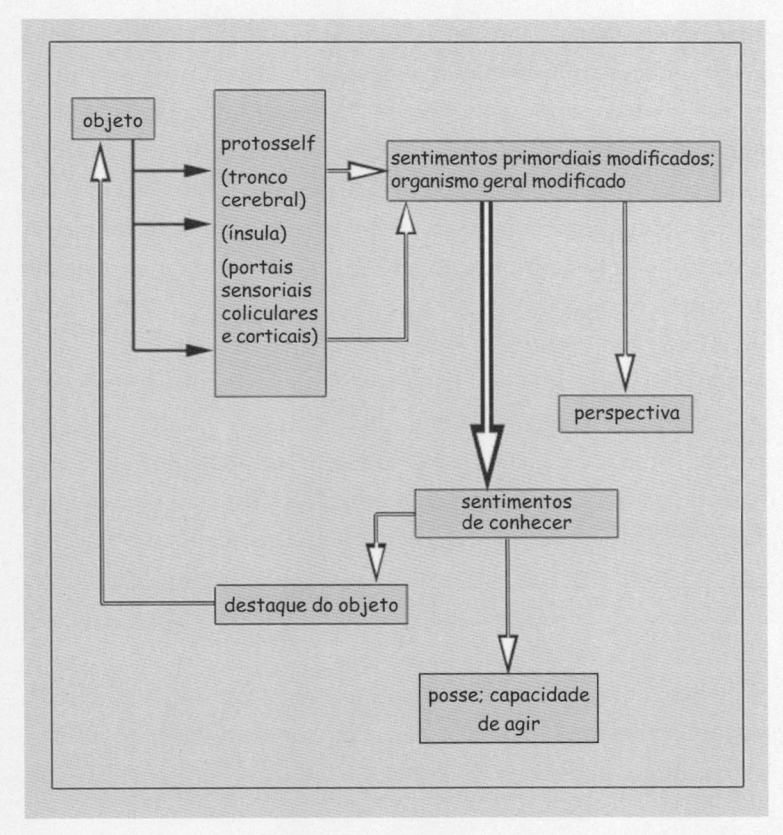

```
┌─────────────────────────────────────────────────────────────┐
│  ┌────────┐    ┌──────────┐    ┌──────────────────────────┐ │
│  │ objeto │───▶│ protosself│──▶│ sentimentos primordiais  │ │
│  └────────┘    │ (tronco   │   │ modificados; organismo   │ │
│      │     ───▶│ cerebral) │   │ geral modificado         │ │
│      │         │ (ínsula)  │   └──────────────────────────┘ │
│      │     ───▶│ (portais  │              │                 │
│      │         │ sensoriais│              │    ┌──────────┐ │
│      │         │ coliculares│             │───▶│perspectiva│ │
│      │         │ e corticais)│            ▼    └──────────┘ │
│      │         └──────────┘      ┌──────────────┐           │
│      │                           │ sentimentos  │           │
│      │         ┌──────────────┐  │ de conhecer  │           │
│      │────────▶│destaque do   │─▶└──────────────┘           │
│                │   objeto     │         │                   │
│                └──────────────┘         ▼                   │
│                                  ┌──────────────┐           │
│                                  │  posse;      │           │
│                                  │  capacidade  │           │
│                                  │  de agir     │           │
│                                  └──────────────┘           │
└─────────────────────────────────────────────────────────────┘
```

Figura 8.4. Esquema dos mecanismos do self central. O estado do self central é um composto. Seus principais componentes são os sentimentos de conhecer e o destaque do objeto. Outros componentes importantes são a perspectiva e o sentimento de posse e capacidade de agir.

Aqui também a sincronia provavelmente tem um papel, quando o objeto causativo começa a ser processado e passam a ocorrer mudanças no protosself. Esses passos acontecem muito próximos no tempo, na forma de uma sequência narrativa imposta por ocorrências em tempo real. O primeiro nível de conexão entre o protosself modificado e o objeto emergiria naturalmente da sequência temporal com a qual as respectivas imagens são geradas e incorporadas ao cortejo da mente. Em suma, o protosself precisa estar "inicializado" — acordado o suficiente para produzir o sentimento primordial de existência, nascido do seu diálogo com o corpo. O processamento do objeto tem então que modificar os vários aspectos do protosself, e esses fenômenos precisam ser associados uns aos outros.

Haveria necessidade de mecanismos neurais de coordenação para criar a narrativa coerente que define o protosself? A resposta depende do grau de complexidade da cena e de ela envolver ou não múltiplos objetos. Quando ela envolve múltiplos objetos, e mesmo se a complexidade nem sequer chegar perto do nível que analisaremos no próximo capítulo, que trata do self autobiográfico, creio que precisamos, sim, de mecanismos coordenadores para obter coerência. Existem bons candidatos para esse papel, e eles se localizam no nível subcortical.

O primeiro candidato é o colículo superior. Sua candidatura provocará sorrisos, ainda que as credenciais de coordenador desse mecanismo já testado e aprovado não possam ser questionadas. Pelas razões expostas no capítulo 3, as camadas profundas dos colículos superiores prestam-se a esse papel. Como possibilitam a sobreposição de imagens de diferentes aspectos dos mundos externo e interno, as camadas profundas dos colículos são um modelo daquilo que por fim se tornou o cérebro produtor da mente e do self.[10] No entanto, as limitações são óbvias. Não podemos esperar que os colículos sejam os principais coordenadores de imagens corticais quando se trata da complexidade do self autobiográfico.

O segundo candidato ao papel de coordenador é o tálamo, especificamente os núcleos talâmicos de associação, cuja situação é ideal para o estabelecimento de ligações funcionais entre conjuntos separados de atividade cortical.

UMA VIAGEM PELO CÉREBRO DURANTE A CONSTRUÇÃO DA MENTE CONSCIENTE

Imagine a seguinte situação: estou observando pelicanos que alimentam seus filhotes. Eles sobrevoam graciosamente o oceano, ora em voo rasante, ora nas alturas. Quando avistam um peixe, lançam-se num mergulho abrupto, o bico em forma de Concorde em posição de aterrissagem, as asas retraídas desenhando um belo delta. Desaparecem na água e um segundo depois reemergem triunfantes com um peixe.

Meus olhos estão ocupados acompanhando os pelicanos; conforme as aves se aproximam ou se distanciam, os cristalinos em meus olhos modificam sua distância focal acompanhando os movimentos, as pupilas ajustam-se às variações da luminosidade, e os músculos oculares trabalham rápido para seguir os velozes deslocamentos dos pelicanos; meu pescoço ajuda com ajustes apropriados, e minha curiosidade e interesse são positivamente recompensados enquanto assisto a esse fascinante ritual. O espetáculo me agrada.

Como resultado de toda essa movimentação na vida real e no cérebro, sinais estão chegando aos meus córtices visuais, recém-enviados dos mapas retinianos que representam os pelicanos e definem sua aparência como o objeto a ser conhecido. Uma profusão de imagens móveis está sendo produzida. Em trilhas paralelas, também estão sendo processados sinais em diversas regiões do cérebro: nos campos oculares frontais (área 8, que se ocupa dos movimentos oculares mas não das imagens visuais em si); nos córtices somatossensitivos laterais (que mapeiam a atividade muscular da cabeça, pescoço e face); em estruturas relacionadas à emoção no tronco cerebral, prosencéfalo basal, gânglios basais e córtices insulares (cujas atividades combinadas ajudam a gerar meus sentimentos agradáveis em relação à cena); nos colículos superiores (cujos mapas estão recebendo informações sobre a cena visual, os movimentos oculares e o estado do corpo); e em núcleos associativos do tálamo, acionados por todo o tráfego de sinais em regiões do córtex e do tronco cerebral.

E qual é o resultado final de todas essas mudanças? Os mapas que representam o estado de portais sensoriais e os mapas que correspondem ao estado interior do organismo estão registrando uma perturbação. Uma modificação do sentimento primordial do protosself agora se transforma em sentimentos diferenciais de conhecer em relação aos objetos que são alvos da atenção. Em consequência, os mapas visuais recentes do objeto a ser conhecido (o bando de pelicanos se alimentando) ganham mais destaque do que outros materiais que estiverem sendo processados na minha mente de modo não consciente. Esses outros materiais poderiam competir por um tratamento consciente, mas isso não ocorre porque, por várias razões, os pelicanos são para mim muito interessantes, o que significa valiosos. Núcleos de recompensa em regiões como a área tegmental ventral do tronco cerebral, o núcleo accumbens e os gânglios basais realizam o tratamento especial das imagens dos pelicanos liberando seletivamente neuromoduladores em áreas formadoras de imagens. Um sentimento de possuir as imagens e de poder agir sobre elas surge a partir desses sentimentos de conhecer. Ao mesmo tempo, as mudanças nos portais sensoriais colocaram o objeto a ser conhecido em uma perspectiva definida em relação a mim.[11]

Desse mapa cerebral em escala global emergem estados de self central em pulsos. Mas de repente toca o telefone e o encanto se desfaz. Minha cabeça e meus olhos, relutantes, movem-se na direção do aparelho. Levanto-me. E todo o ciclo de produção da mente consciente recomeça, dessa vez centrado no telefone. Os pelicanos desaparecem da minha vista e da minha mente; entra o telefone.

9. O self autobiográfico

A MEMÓRIA TRAZIDA PARA A CONSCIÊNCIA

Uma autobiografia é feita de recordações pessoais; é o somatório do que vivenciamos, inclusive as experiências dos planos que fizemos para o futuro, sejam eles específicos ou vagos. O self autobiográfico é uma autobiografia que se tornou consciente. Ele se baseia em toda a nossa história memorizada, tanto a recente como a remota. As experiências sociais de que fizemos parte, ou gostaríamos de ter feito, estão incluídas nessa história, assim como as memórias que descrevem as mais refinadas dentre as nossas experiências emocionais, aquelas que podem ser classificadas de espirituais.

Enquanto o self central pulsa incessantemente, sempre "on-line", variando de sinal vagamente pressentido a presença marcante, o self autobiográfico leva uma vida dupla. Por um lado, pode ser manifesto, produzindo a mente consciente no que ela tem de mais grandioso e mais humano; por outro, pode estar latente, com sua infinidade de componentes aguardando a vez para entrar em atividade. Essa outra vida do self autobiográfico ocorre fora da tela, longe da consciência acessível, e é possivelmente aí que o self amadurece, graças à sedimentação gradual e à reelaboração de nossa memória. Conforme as experiências vividas são reconstruídas e reencenadas, seja na reflexão consciente, seja no processamento inconsciente, sua substância é reavaliada e inevitavelmente rearranjada, modificada em menor ou maior grau no que respeita à sua composição factual e acompanhamento emocional. Entidades e eventos adquirem novos pesos emocionais durante esse processo. Alguns quadros da recordação são extirpados na sala de cortes da mente, outros são restaurados e realçados, e outros ainda são tão habilmente combinados por nossas necessidades ou pelo acaso que criam novas cenas nunca realmente ocorridas. É assim que, com o passar dos anos, nossa história é sutilmente reescrita. Por isso é que fatos adquirem nova importância e que a música da memória toca diferente hoje em comparação com o ano passado.

Neurologicamente falando, esse trabalho de construção e reconstrução ocorre, em grande medida, no processamento não consciente, e pelo que sabemos pode até ocorrer em sonhos, embora por vezes possa emergir na consciência. Ele faz uso da arquitetura de convergência-divergência para transformar o conhecimento criptografado contido no espaço dispositivo em exibições decodificadas e explícitas no espaço de imagem.

Considerando a abundância de registros de nosso passado vivido e futuro antevisto, felizmente não precisamos evocar todos eles, ou mesmo a maioria, toda vez que nosso self opera no modo autobiográfico. Nem mesmo Proust precisaria revirar todo o seu ricamente detalhado passado remoto para construir um típico momento de self proustiano. Por sorte podemos tomar como base episódios principais, na verdade uma coleção deles, e, dependendo das necessidades do momento, simplesmente evocar alguns e aplicá-los ao novo episódio. Em certas situações, o número de episódios evocados pode ser muito elevado, um verdadeiro dilúvio de memórias impregnadas com as emoções e sentimentos que as acompanharam originalmente. (Sempre se pode contar com Bach para ensejar uma situação desse tipo.) Porém, mesmo quando o número de episódios é limitado, a complexidade das memórias envolvidas na estruturação do self é, para ser modesto, enorme. E aí reside o problema da construção do self autobiográfico.

A CONSTRUÇÃO DO SELF AUTOBIOGRÁFICO

Imagino que a estratégia do cérebro para construir o self autobiográfico seja como descrevo a seguir. Primeiro, conjuntos substanciais de memórias biográficas definidoras têm de ser agrupados de modo que cada um possa ser prontamente tratado como um objeto individual. Cada um desses objetos pode modificar o protosself e produzir seu pulso de self central, com os respectivos sentimentos de conhecer e o consequente destaque do objeto a reboque. Segundo, como os objetos em nossa biografia são numerosos, o cérebro precisa de mecanismos capazes de coordenar a evocação de memórias, transmitindo-as ao protosself para a interação requerida e mantendo os resultados da interação em um padrão coerente ligado aos objetos causativos. Esse problema não é nada trivial. De fato, os níveis complexos do self autobiográfico — aqueles que incluem, por exemplo, importantes aspectos sociais — englobam tantos objetos biográficos que requerem numerosos pulsos de self central. Em consequência, construir o self autobiográfico demanda um maquinário neural capaz de obter múltiplos pulsos de self central, em uma breve janela de tempo, para um número substancial de componentes, e ainda por cima exige que os resultados sejam temporariamente mantidos juntos.

Do ponto de vista neural, o processo de coordenação é especialmente complicado pelo fato de que as imagens componentes de uma autobiografia são, em grande medida, implementadas em espaços de trabalho imagéticos do córtex cerebral, evocadas a partir de córtices dispositivos; contudo, para se tornarem conscientes, essas mesmas imagens precisam interagir com o maquinário do protosself, o qual, como vimos, está em boa parte localizado no nível do tronco cerebral. Construir um self autobiográfico exige mecanismos coordenadores elaboradíssimos, algo que, em geral, a construção do self central pode dispensar.

Como hipótese de trabalho, então, digamos que construir o self autobiográfico depende de dois mecanismos conjugados. O primeiro é subsidiário ao mecanismo do self central e garante que cada conjunto biográfico de memórias seja tratado como um objeto e tornado consciente em um pulso de self central. O segundo realiza uma operação de coordenação no cérebro como um todo, com estas etapas: (1) certos conteúdos são evocados da memória e exibidos como imagens; (2) é possibilitada a interação dessas imagens, de modo ordenado, com outro sistema em outra parte do cérebro, ou seja, com o protosself; (3) os resultados dessa interação são mantidos coerentemente durante uma dada janela de tempo.

Entre as estruturas envolvidas na construção do self autobiográfico estão todas aquelas requeridas para o self central no tronco cerebral, tálamo e córtex cerebral, acrescidas das estruturas envolvidas nos mecanismos de coordenação mencionados a seguir.

O PROBLEMA DA COORDENAÇÃO

Antes que eu diga mais uma palavra sobre a coordenação, gostaria de assegurar que minha ideia não seja mal interpretada. Os mecanismos coordenadores que postulo *não são* teatros cartesianos. (Não há uma peça sendo encenada dentro deles.) *Não são*

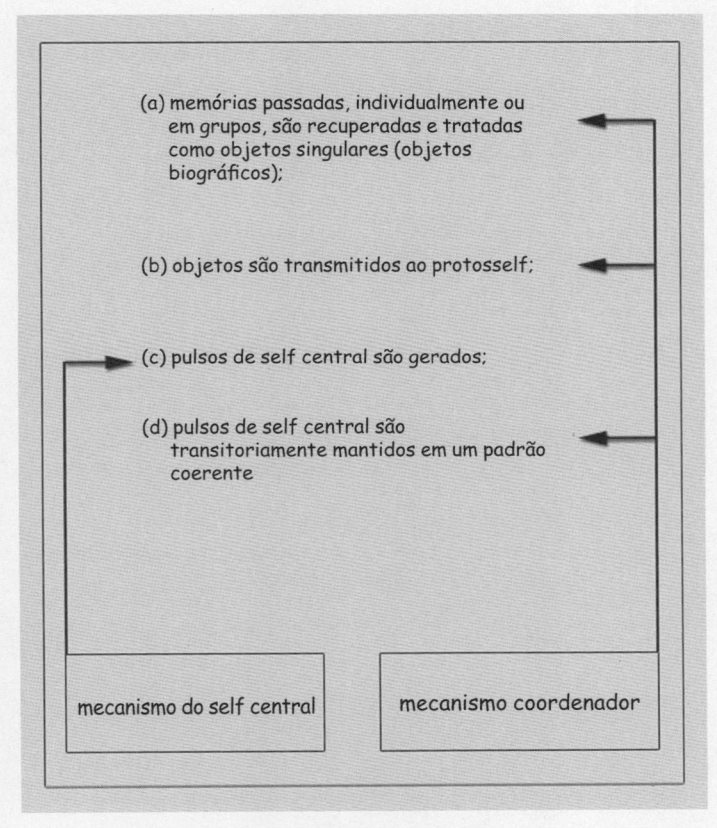

> (a) memórias passadas, individualmente ou em grupos, são recuperadas e tratadas como objetos singulares (objetos biográficos);
>
> (b) objetos são transmitidos ao protosself;
>
> (c) pulsos de self central são gerados;
>
> (d) pulsos de self central são transitoriamente mantidos em um padrão coerente
>
> mecanismo do self central   mecanismo coordenador

Figura 9.1. O self autobiográfico: mecanismos neurais.

centros da consciência. (Não existe tal coisa.) *Não são* homúnculos interpretadores. (Não sabem coisa alguma, não interpretam nada.) Eles são precisamente o que estou supondo que sejam, e só. São *organizadores* espontâneos de um processo. Os resultados de toda a operação *materializam-se não dentro dos mecanismos coordenadores*, e sim *em outras partes*; especificamente, nas estruturas cerebrais que produzem imagens e geram a mente, situadas no córtex cerebral e no tronco cerebral.

* * *

    A coordenação é impelida não por algum misterioso agente externo ao cérebro, mas por fatores naturais, por exemplo, a ordem de introdução de conteúdos imagéticos no processo mental e o valor atribuído a esses conteúdos. Como se obtém a valoração? Considere que qualquer imagem em processamento pelo cérebro é automaticamente avaliada e marcada com um valor em um processo baseado tanto nas disposições originais do cérebro (seu sistema biológico de valor) como nas disposições adquiridas por aprendizado ao longo de toda a vida. O carimbo marcador é aplicado durante a percepção original e gravado junto com a imagem, mas também é revivido durante cada episódio de evocação. Em suma, confrontados com certas sequências de eventos e com uma riqueza de conhecimentos passados filtrados e marcados com seus respectivos valores, os mecanismos coordenadores do cérebro auxiliam na organização dos conteúdos correntes. Além disso, os mecanismos coordenadores transmitem as imagens ao sistema do protosself e finalmente mantêm os resultados da interação (pulsos de self central) em um padrão transitório coerente.

OS COORDENADORES

    Na hipótese de trabalho aqui apresentada, o primeiro estágio da implementação do self autobiográfico neural requer estruturas e mecanismos já mencionados para o self central. Mas há uma diferença no que diz respeito às estruturas e aos mecanismos necessários para implementar o segundo estágio do processo, a já mencionada coordenação no cérebro como um todo.
    Quais são os candidatos a esse papel de coordenador do siste-

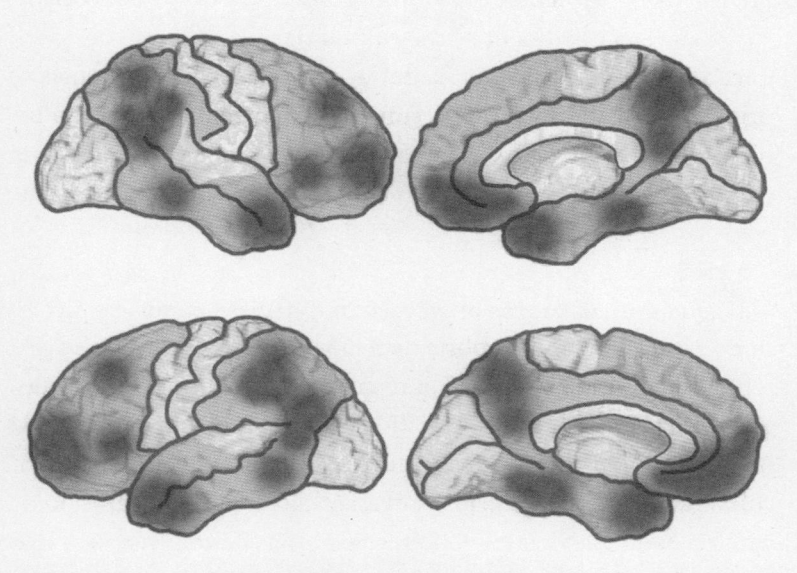

Figura 9.2. A tarefa de coordenar as várias imagens geradas pela percepção corrente e pela evocação é assistida por regiões de convergência-divergência (RCDs), localizadas nos córtices associativos não mapeados. A localização aproximada das principais RCDs é sugerida no diagrama (áreas de sombreado escuro): os córtices temporais polares e mediais, os córtices pré-frontais mediais, as junções temporoparietais e os córtices posteromediais (CPMs). Muito provavelmente, há outras dessas regiões. A maioria das RCDs mostradas na figura também faz parte da "default network" [rede em modo padrão] de Raichle, de que trataremos mais adiante neste capítulo. Ver capítulo 6 e figuras 6.1 e 6.2 para a arquitetura dessas regiões. Ver figura 9.4 para detalhes conectivos de uma RCD, os CPMS.

ma em grande escala? Poderíamos aventar várias estruturas, mas apenas algumas podem ser seriamente consideradas. Um candidato importante é o tálamo, eterna presença em qualquer debate sobre a base neural da consciência. Especificamente, falo de sua coleção de núcleos associativos. A posição intermediária dos núcleos talâmicos, entre o córtex e o tronco cerebral, é ideal para a intermediação de sinais e a coordenação. Embora o tálamo associativo viva ocupadíssimo construindo o pano de fundo de qualquer imagem, ele tem um papel muito relevante, talvez não o principal, na coordenação dos conteúdos que definem o self autobiográfico. No próximo capítulo discorrerei mais a respeito do tálamo e da coordenação.

Quais são os outros prováveis candidatos? Um forte concorrente é uma coleção composta de regiões nos dois hemisférios cerebrais que se distingue por sua arquitetura conectiva. Cada região é um nodo macroscópico situado em um importante entroncamento de sinalizações convergentes e divergentes. Eu as descrevi como regiões de convergência-divergência ou RCDs no capítulo 6, e indiquei que são feitas de numerosas zonas de convergência-divergência. As RCDs estão estrategicamente localizadas em córtices associativos de ordem superior, porém não dentro dos córtices sensoriais produtores de imagens. Elas afloram em sítios como a junção temporoparietal, os córtices temporais laterais e mediais, os córtices parietais laterais, os córtices frontais laterais e mediais e os córtices posteromediais. Essas RCDs mantêm registros de conhecimentos previamente adquiridos concernentes aos mais diversos temas. A ativação de qualquer uma dessas regiões promove a reconstrução, por meio de divergência e retroativação em áreas de produção de imagens, de vários aspectos do conhecimento passado, incluindo os relacionados a nossa biografia, bem como os que descrevem o conhecimento genético, não pessoal.

É concebível que as principais RCDs sejam integradas adicionalmente por conexões corticocorticais de longo alcance, do tipo identificado originalmente por Jules Déjérine um século atrás. Essas conexões introduziriam mais um nível de coordenação intra-áreas.

Uma das principais RCDs, os córtices posteromediais (CPMs) parece ter uma hierarquia funcional superior em relação às demais, e apresenta várias características anatômicas e funcionais que a distinguem do resto. Uma década atrás, aventei que a região dos CPMs estava ligada ao processo do self, embora não no papel que agora suponho. Evidências obtidas em anos recentes sugerem que a região dos CPMs está de fato envolvida na consciência, muito especificamente em processos relacionados ao self. Essas evidências nos forneceram informações antes indisponíveis sobre a neuroanatomia e a fisiologia da região. (Trataremos delas nas últimas seções deste capítulo.)

O último candidato é um azarão: uma estrutura misteriosa conhecida como claustro, que é estreitamente associada às RCDs. O claustro, que se situa entre o córtex insular e os gânglios basais de cada hemisfério, tem conexões corticais com potencial para desempenhar um papel coordenador. Francis Crick estava convencido de que o claustro era uma espécie de diretor de operações sensoriais, incumbido de unir componentes díspares de uma percepção multissensorial. As evidências da neuroanatomia experimental de fato revelam conexões com diversas regiões sensoriais, o que torna bem plausível o papel coordenador. Curiosamente, o claustro tem uma robusta projeção até a importante RCD que mencionei anteriormente, o CPM. A descoberta dessa forte ligação só ocorreu depois da morte de Crick, por isso não foi incluída no artigo publicado postumamente que ele escreveu com Christof Kock apresentando sua ideia.[1] O problema na candidatura do claustro a coordenador está na sua pequena escala quando consideramos o trabalho a ser feito. Por outro lado, uma vez que não devemos esperar que qualquer das estruturas já mencionadas dê conta sozinha do trabalho da coordenação, não há razão para que o claustro não possa dar uma contribuição relevante à construção do self autobiográfico.

UM POSSÍVEL PAPEL PARA OS CÓRTICES POSTEROMEDIAIS

Precisamos de mais estudos para determinar o papel específico dos CPMs na construção da consciência. Ainda neste capítulo analisarei evidências de várias fontes: pesquisas sobre anestesia, sono, várias condições neurológicas (por exemplo, coma, estado vegetativo e doença de Alzheimer) e estudos de neuroimagem funcional sobre processos relacionados ao self. Antes, porém, examinemos as evidências ligadas ao CPM que parecem mais sólidas e interpretáveis — evidências da neuroanatomia experimental. Especulemos sobre o possíveis funcionamento dos CPMs e as razões para que sejam estudados.

Quando propus que os CPMs tinham um papel na geração da subjetividade, duas linhas de pensamento pautavam essa ideia. Uma dizia respeito ao comportamento e estado mental presumido de pacientes neurológicos com lesão focal nessa região, entre os quais se incluem pacientes em fase avançada da doença de Alzheimer, bem como casos extremamente raros de acidente vascular cerebral e metástases de câncer no cérebro. A outra linha provinha de uma investigação teórica em busca de uma região cerebral fisiologicamente adequada para reunir informações a respeito do organismo e dos objetos e eventos com os quais o organismo interage. A região do CPM foi uma das minhas candidatas, uma vez que parecia estar localizada em uma intersecção de trajetos associados a informações provenientes do interior visceral (interoceptivas), do sistema musculoesquelético (proprioceptivas e cinestésicas) e do mundo externo (exteroceptivas). No que respeita aos fatos, não os questiono, mas, quanto ao papel funcional que eu aventara, deixei de ver uma necessidade para ele. Ainda assim, a hipótese motivou investigações que resultaram em novas informações importantes.

Não foi fácil avançar com essa hipótese; o principal problema era a limitação das informações neuroanatômicas disponíveis sobre essa região. Alguns valiosos estudos haviam começado a esboçar a conectividade de partes do CPM,[2] mas o diagrama geral das conexões da região não havia sido estudado. Na verdade, a região não era conhecida por um termo abrangente, e sim por suas partes componentes, o córtex cingulado posterior, o córtex retroesplenial e o pré-cúneo. Os CPMs, independentemente da denominação que lhes fosse dada, sem dúvida ainda não estavam cotados entre as áreas cerebrais notáveis.

Para explorar a hipótese de que o CPM estava envolvido na consciência, era necessário primeiro obter conhecimentos até então indisponíveis sobre a anatomia das conexões dos CPMs. Por essa razão, nosso grupo de pesquisa realizou um estudo neuroanatômico experimental em primatas não humanos. Os experimentos foram feitos no laboratório de Josef Parvizi em colaboração com Gary Van Hoesen. Em essência, o estudo consistiu em aplicar em símios do gênero *Macacus* numerosas injeções de traçadores biológicos em todos os territórios cuja conectividade neural precisávamos investigar. Quando injetados em determinada região cerebral, os traçadores biológicos são absorvidos por neurônios individuais e transportados ao longo de seus axônios até seus destinos naturais, onde quer que os neurônios estejam conectados. Esses traçadores são chamados de anterógrados. Outro tipo de traçador biológico, o retrógrado, é iniciado por terminais de axônios e transportado de modo inverso, de onde quer que estejam os terminais até o corpo celular dos neurônios, em seus pontos de origem. Em consequência, acompanhando todos esses percursos percorridos pelos traçadores podemos mapear, para cada região estudada, os sítios de origem das conexões que a região recebe e os sítios para onde ela envia suas mensagens.

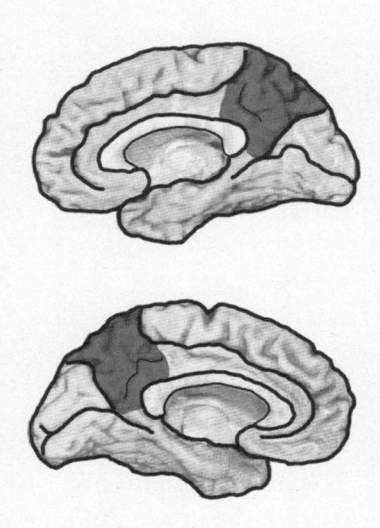

Figura 9.3. Localização dos córtices posteromediais no cérebro humano.

Os CPMs são constituídos por várias sub-regiões. (No mapa citoarquitetônico de Brodmann, são as áreas 23a/b, 29, 30, 31 e 7m.) A interconectividade dessas sub-regiões é tão intricada que, em certa medida, faz sentido tratá-las como uma unidade funcional. Algumas afiliações conectivas distintas dentro dos subsetores trazem a possibilidade de que algumas delas tenham papéis funcionais próprios. O termo geral que cunhamos para o conjunto parece justificado, ao menos por enquanto.

O padrão das conexões do CPM, como será apresentado na primeira publicação resultante dessas laboriosas e demoradas investigações,[3] é resumido na figura 9.4. Podemos descrevê-lo da seguinte forma:

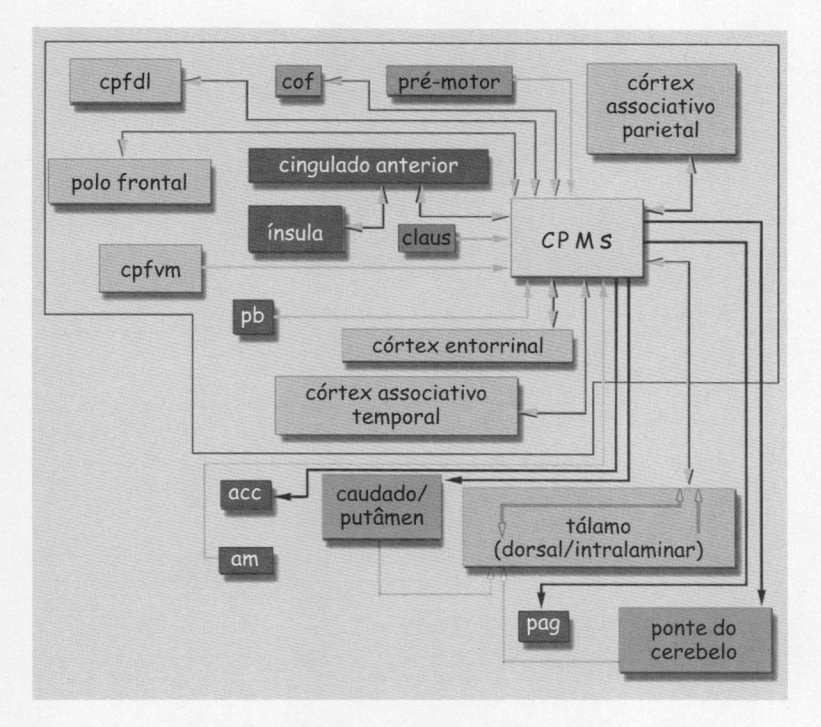

Figura 9.4. Padrão de conexões neurais aferentes e eferentes dos córtices posteromediais (CPMS), determinado em um estudo com macacos. Abreviaturas: cpfdl = córtex pré-frontal dorsolateral; cof = campos oculares frontais; cpfvm = córtex pré-frontal ventromedial; pb = prosencéfalo basal; claus = claustro; acc = núcleo accumbens; am = amígdala; pag = matéria cinzenta periaquedutal.

1. Informações [inputs] provenientes de córtices de associação parietais e temporais, córtices entorrinais e córtices frontais convergem nos CPMS, tal como ocorre com informações vindas do córtex cingulado anterior (um recipiente essencial de projeções da ínsula), do claustro, do prosencéfalo basal, da amígdala, da região pré-motora e dos campos oculares frontais. Núcleos talâmi-

cos, tanto intralaminares como dorsais, também têm projeções para os CPMS.

2. Com poucas exceções, os sítios que originam informações convergentes levadas para os CPMS também recebem destes informações divergentes [*outputs*], com exceção do córtex pré-frontal ventromedial, do claustro e dos núcleos intralaminares do tálamo. Alguns sítios que não projetam para os CPMS recebem projeções dos CPMS: o caudado e o putâmen, o núcleo accumbens e a matéria cinzenta periaquedutal.

3. Não há conexões que vão para os CPMS ou que deles saem relacionadas aos córtices sensoriais iniciais nem aos córtices motores primários.

4. Os resultados descritos em 1 e 2 evidenciam que os CPMS são uma região de convergência e divergência de nível superior. Essa região também é um destacado membro do clube das RCDS que considero boas candidatas a coordenadoras dos conteúdos da mente consciente, e tem, inclusive, uma importante conexão com outro potencial coordenador, o claustro, que apresenta projeções significativas para os CPMS, porém com pouca reciprocidade.

Um estudo recente em humanos deu respaldo à ideia de que os CPMS são neuroanatomicamente distintos.[4] Esse estudo, chefiado por Olaf Sporns, usou uma moderna técnica de ressonância magnética, o imageamento por espectro de difusão, que produz imagens de conexões neurais e sua distribuição espacial aproximada. Os autores usaram os dados do imageamento para mapear a organização das conexões em todo o córtex cerebral humano. Identificaram diversos eixos conectivos em todo o córtex cerebral, vários dos quais correspondem às RCDS que venho analisando.

Concluíram, também, que a região do CPM constitui um eixo único, mais fortemente inter-relacionado a outros eixos do que qualquer uma das outras.

OS CPMS EM AÇÃO

Agora estamos em melhor posição para imaginar como os CPMs poderiam contribuir para a mente consciente. Embora essa seja uma porção de bom tamanho do córtex cerebral, seu poder reside não em suas possessões territoriais, mas na sua rede de contatos. Os CPMs recebem sinais da maioria das regiões associativas sensoriais de ordem superior e das regiões pré-motoras, e retribui os favores prodigamente. Portanto, áreas cerebrais ricas em zonas de convergência-divergência, que possuem a chave para compostos de informações multimodais, são capazes de sinalizar para os CPMs e, de modo geral, podem receber sinais de volta. Os CPMs também recebem sinais de núcleos subcorticais envolvidos na vigília e, por sua vez, sinalizam para várias regiões subcorticais relacionadas à atenção e à recompensa (no tronco cerebral e no prosencéfalo basal), bem como para regiões capazes de produzir rotinas motoras (como os gânglios basais e a matéria cinzenta periaquedutal).

A que corresponderiam os sinais recebidos e o que os CPMs fazem com eles? Não sabemos com certeza, mas a enorme desproporção entre a profusão e a força das projeções para os CPMs e o território em que elas efetivamente aportam sugerem uma resposta. Os CPMs são, em grande medida, estruturas antigas na evolução, territórios que imaginaríamos destinados a abrigar disposições, e não mapas explícitos. Os CPMs não são córtices sensoriais iniciais como os da visão ou os da audição, onde podem ser criados mapas minuciosos de objetos e fenômenos. Digamos que na galeria dos CPMs não há espaço suficiente nas paredes para exibir grandes pinturas ou para apresentar um espetáculo de marionetes. Mas isso não importa, pois tampouco os córtices que enviam sinais para os CPMS são como córtices sensoriais iniciais; também eles, como os CPMS, não podem exibir grandes quadros nem apresentar espetáculos de marionetes, e são, em grande medida, dispositivos, zonas de convergência-divergência que armazenam informações registradas.

Considerando sua organização, provavelmente os CPMS como um todo e seus submódulos componentes atuam, eles próprios, como regiões de convergência-divergência. Imagino que as informações contidas nos CPMS e em seus parceiros só podem ser reacessadas mediante uma devolução de sinais dessa região para outras RCDS do clube, as quais, por sua vez, podem enviar sinais para córtices sensoriais iniciais. Esses sim são os córtices onde as imagens podem ser produzidas e exibidas — ou seja, onde é possível expor os grandes quadros e encenar os espetáculos de marionetes. Quanto às outras regiões de convergência-divergência que têm interconexões com os CPMS, estão situadas em posição superior na hierarquia, sendo capaz de sinalização interativa com as demais RCDS.

Como, então, o CPM participa na geração da consciência? Contribuindo para a formação de estados do self autobiográfico. Eis como imagino o processo: as atividades sensoriais e motoras separadas relacionadas à experiência pessoal teriam de ser originalmente mapeadas nas regiões cerebrais apropriadas, em níveis corticais e subcorticais, e os dados seriam registrados em zonas de convergência-divergência e em regiões de convergência-divergência. Por sua vez, os CPMS criariam um registro em uma RCD de ordem superior interligada às outras RCDS. Esse esquema permitiria que a atividade dos CPMS acessasse conjuntos de dados maiores e bem distribuídos, porém com a vantagem de que o comando para acessá-los proviria de um território que, por ser pequeno, admitiria uma gestão espacial. Os CPMS poderiam sustentar momentânea e temporariamente o estabelecimento de exibições de conhecimento coesas.

Se o padrão de conexões neuroanatômicas dos CPMs é notável, o mesmo podemos dizer da sua localização anatômica. Os CPMs situam-se próximo à linha média, com o conjunto esquerdo olhando para o direito do outro lado da divisão inter-hemisférica. Essa posição geográfica no volume cerebral é conveniente para a conectividade de convergência e divergência relativamente à maioria das regiões do manto cortical, sendo ainda ideal para receber e retribuir sinais do tálamo. Curiosamente, essa localização também fica protegida contra impactos externos e, como é alimentada por três importantes vasos sanguíneos distintos, torna os CPMs relativamente imunes ao tipo de lesão vascular ou trauma que poderiam destruí-los.

Como já ressaltei, as estruturas relacionadas à consciência têm várias características anatômicas em comum. Primeiro, tanto no nível subcortical como no cortical, elas tendem a ser mais antigas na evolução. Isso não deve surpreender, pois embora a consciência tenha aparecido em uma fase mais avançada da evolução biológica, ela não é um evento evolucionário recente. Segundo, as estruturas corticais e subcorticais tendem a localizar-se na linha média ou próximo dela e, assim como os CPMs, gostam de olhar para suas irmãs gêmeas do outro lado dessa linha — é o caso dos núcleos talâmicos e hipotalâmicos e dos núcleos tegmentais do tronco cerebral. A idade evolucionária e a conveniência da localização para uma ampla distribuição de sinais apresentam neste caso uma forte correlação.

Os CPMs funcionariam como parceiros da rede de RCDs corticais. Mas o papel das outras RCDs e a importância do sistema do protosself são tais que provavelmente a consciência é afetada mas não abolida depois de uma hipotética destruição de toda a região dos CPMs se todas as demais RCDs e o sistema do protosself permanecerem intactos. A consciência seria restaurada, porém não em seu mais alto grau. A situação na fase mais avançada da doença de Alzheimer, que descrevo na próxima seção, é diferente, pois o dano que ela causa nos CPMs constitui praticamente o golpe final em um processo gradual de devastação que já incapacitou outras RCDs e o sistema do protosself.

OUTRAS CONSIDERAÇÕES SOBRE OS CÓRTICES POSTEROMEDIAIS

Estudos sobre anestesia

Em alguns aspectos, a anestesia geral é um recurso ideal para investigarmos a neurobiologia da consciência. Ela é um dos mais espetaculares avanços da medicina e salva a vida de milhões de pessoas que, de outro modo, não poderiam ser operadas. É comum pensar na anestesia como um analgésico, pois seus efeitos impedem que o paciente sinta dor ao sofrer incisões cirúrgicas. Mas a verdade é que a anestesia impede a dor da maneira mais radical possível: ela suspende totalmente a consciência — não apenas a dor, mas todos os aspectos da mente consciente.

Os níveis superficiais de anestesia reduzem levemente a consciência, deixando espaço para algum aprendizado inconsciente e uma ocasional "brecha" de processamento consciente. Os níveis profundos de anestesia interferem drasticamente no processo da consciência e são, para todos os efeitos, variações farmacologicamente controladas do estado vegetativo ou mesmo do coma. É disso que o cirurgião precisa para poder trabalhar com tranquilidade dentro do nosso coração ou articulação do quadril. Temos de estar longe, muito longe de tudo isso, tão profundamente adormecidos que nosso tônus muscular seja como uma gelatina e não possamos nos mover. O estágio III da anestesia é o bilhete de embarque, e nele não ouvimos, não sentimos e não pensamos. Quando o cirurgião fala conosco, não respondemos.

A história da anestesia forneceu aos cirurgiões numerosos agentes farmacológicos, e ainda está em andamento a busca por moléculas que possam fazer o trabalho de modo mais eficiente com riscos mínimos e baixa toxicidade. De modo geral, os anestésicos fazem seu trabalho aumentando a inibição em circuitos neuronais. Isso pode ser obtido reforçando a ação do GABA (ácido gama-aminobutírico), o principal transmissor inibitório no cérebro. Os anestésicos atuam hiperpolarizando neurônios e bloqueando a acetilcolina, uma importante molécula na comunicação normal entre os neurônios. Costumava-se pensar que os agentes anestésicos atuavam deprimindo o funcionamento cerebral como um todo, promovendo uma redução da atividade neuronal praticamente por toda parte. No entanto, estudos recentes mostraram que alguns anestésicos atuam de modo muito seletivo sobre sítios cerebrais específicos. Um bom exemplo é o propofol. Como se comprovou em estudos de neuroimagem funcional, o propofol apresenta resultados esplêndidos atuando principalmente em três sítios: os córtices posteromediais, o tálamo e o tegmento do tronco cerebral. Embora não se saiba qual é a importância relativa de cada sítio na produção da inconsciência, as reduções do nível de consciência são correlacionadas à diminuição do fluxo sanguíneo na região dos córtices posteromediais.[5] Mas as evidências vão muito além do propofol. Outros agentes anestésicos parecem ter efeitos comparáveis, como demonstrou uma análise abrangente. Três territórios cerebrais paramedianos essenciais à produção da consciência são seletivamente deprimidos pela anestesia por propofol.

Estudos sobre o sono

O sono é um cenário natural para o estudo da consciência, e os estudos sobre o sono foram pioneiros no caminho para solucionar a questão. Está comprovado que os ritmos eletroencefalográficos, os padrões distintos de atividade elétrica gerada pelo cérebro, estão associados a estágios específicos do sono. É notória a dificuldade para relacionar a origem dos padrões eletroencefalográficos a regiões cerebrais específicas, e é aí que a localização espacial dada pelas técnicas de neuroimageamento funcional vem a calhar para completar o quadro. Com o uso de técnicas de imageamento foi possível, na última década, observar mais pormenorizadamente as regiões do cérebro durante vários estágios do sono. Por exemplo, a consciência está profundamente deprimida durante o sono de ondas lentas, também conhecido como NREM (sigla em inglês que significa "sem movimentos rápidos dos olhos"). Esse é o profundo sono dos justos, aquele sono pesado do qual só o injusto despertador nos arranca. É um "sono sem sonhos", embora a total ausência de sonhos pareça aplicar-se apenas à primeira parte da noite. Estudos de neuroimageamento funcional mostram que, no sono de ondas lentas, a atividade se reduz em algumas regiões cerebrais, com maior destaque para partes do tegmento do tronco cerebral (na ponte e no mesencéfalo), o diencéfalo (o tálamo e o hipotálamo/prosencéfalo basal), as partes mediais e laterais do córtex pré-frontal, o córtex cingulado anterior, o córtex parietal lateral e os CPMS. O padrão de redução funcional no sono de ondas lentas é menos seletivo do que na anestesia geral (não há razão para que o padrão deva ser o mesmo), porém, como na anestesia, isso não sugere uma depressão geral do funcionamento. O padrão inclui, destacadamente, os três correlatos da produção da consciência (tronco cerebral, tálamo e CPMS), e mostra que os três são deprimidos.

A consciência também se reduz durante o sono REM (sigla de movimento rápido dos olhos), quando os sonhos prevalecem. Mas o sono REM permite que conteúdos dos sonhos entrem na consciência, quer por meio de aprendizado e subsequente recordação, quer pela chamada consciência paradoxal. As regiões cerebrais cuja atividade diminui mais acentuadamente durante o sono REM são o córtex pré-frontal dorsolateral e o córtex parietal lateral; previsivelmente, a redução da atividade dos CPMs é muito menos marcante.[6]

Em suma, o nível de atividade dos CPMs é mais elevado durante a vigília e mais baixo no sono de ondas lentas. Durante o sono REM os CPMs funcionam em níveis intermediários. Isso não deixa de fazer sentido. A consciência fica em grande medida suspensa durante o sono de ondas lentas; já no sono com sonhos, acontecem coisas com um "self". O self do sonho obviamente não é o self normal, mas o estado cerebral que o acompanha parece recrutar os CPMs.

A participação dos CPMs na default network

Em uma série de estudos de neuroimagens funcionais usando tomografia por emissão de pósitrons e ressonância magnética funcional, Marcus Raichle chamou a atenção para o fato de que quando os sujeitos estão em repouso, não ocupados em nenhuma tarefa que requeira concentração e atenção, um subconjunto específico de regiões cerebrais mostra-se constantemente ativo; quando a atenção é dirigida para uma tarefa específica, a atividade dessas regiões sofre ligeira diminuição, porém nunca no grau encontrado na anestesia, por exemplo.[7] Esse subconjunto de regiões inclui o córtex pré-frontal medial, a junção temporoparietal, estruturas do córtex temporal medial e anterior e os CPMs — todas elas regiões que agora sabemos ser extensivamente interconecta-

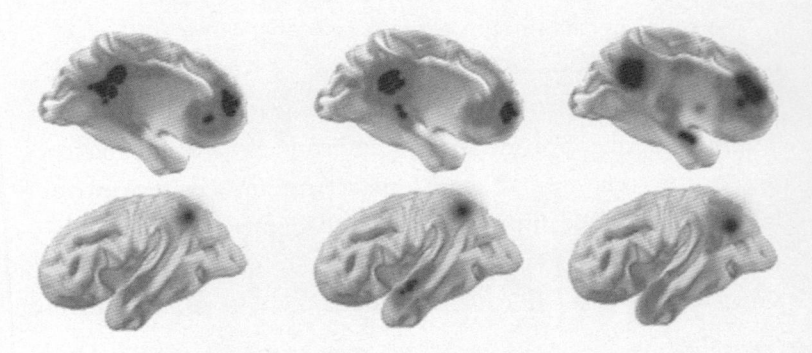

Figura 9.5. Os CPMs, com outras RCDs, são ativados com destaque em imagens funcionais captadas durante a execução de várias tarefas que envolvem referências ao self, como evocar a memória autobiográfica, prever acontecimentos e formular juízos morais.

das. Boa parte da atenção dada aos CPMs deve-se à sua filiação a esse clube de regiões.

Raichle aventou que a atividade dessa rede representa um "modo de operação padrão" [*default mode*] que é interrompido por tarefas que requerem atenção direcionada para o exterior. Em tarefas que exigem atenção dirigida para o interior e para o self, como na recuperação de informações autobiográficas e em certos estados emocionais, nossa equipe e outras demonstraram que a redução de atividade nos CPMs é menos pronunciada ou pode não aparecer. De fato, nessas condições pode até ocorrer um aumento.[8] Exemplos disso são a evocação de memórias autobiográficas, a recordação de planos feitos para um possível futuro, algumas tarefas que envolvem a teoria da mente e numerosas tarefas que exigem julgar pessoas ou situações em bases morais.[9] Em todas essas tarefas, a tendência é haver uma zona de atividade mais significativa, embora não extensa: outro território medial, situado anteriormente no córtex pré-frontal. Sabemos que neuroanatomicamente essa também é uma região de convergência-divergência.

* * *

Raichle ressaltou o aspecto intrínseco do modo de funcionamento padrão e, com grande plausibilidade, o associou ao altíssimo consumo de energia decorrente de atividade cerebral intrínseca, em contraste com a atividade impelida por estímulos externos — muito provavelmente, os CPMS são a região de metabolismo mais elevado de todo o córtex cerebral.[10] Isso também é compatível com o papel que suponho para os CPMS na consciência, o de um importante integrador/coordenador que permaneceria ativo em todos os momentos, tentando manter em um padrão coerente conjuntos diversificados de atividades de fundo. Como o padrão oscilante do modo default se encaixa na ideia de que uma região como os CPMS auxiliaria na produção da consciência? Possivelmente, ele reflete a dança do self entre o primeiro e o segundo plano na mente consciente. Quando precisamos dar atenção a estímulos externos, nossa mente consciente traz o objeto observado para primeiro plano e deixa que o self se retire para o fundo da cena. Quando o mundo exterior não nos solicita, nosso self vai para o centro do palco, e pode até avançar mais quando o objeto observado é a nossa pessoa, isoladamente ou em um contexto social.

Estudos sobre condições neurológicas

Felizmente é pequena a lista de condições neurológicas em que a consciência se vê comprometida: o coma e os estados vegetativos, certos tipos de estado epiléptico e os chamados estados de mutismo acinético que podem ser causados por acidente vascular cerebral, tumores e doença de Alzheimer em fase avançada. No coma e nos estados vegetativos o comprometimento é radical, como se um território cerebral fosse perversamente atacado a marretadas.

Doença de Alzheimer. Essa doença exclusivamente humana também é um dos mais graves problemas de saúde da nossa era. Nossos esforços em compreendê-la, porém, nos permitem um comentário positivo: ela se tornou uma valiosa fonte de informações sobre a mente, o comportamento e o cérebro. As contribuições da doença de Alzheimer para o entendimento da consciência só agora começaram a se evidenciar.

A partir dos anos 1970, tive a oportunidade de acompanhar muitos pacientes com essa doença e o privilégio de estudar seus cérebros na autópsia, tanto os espécimes em bruto como o material microscópico. Naqueles anos, parte de nosso programa de pesquisa era dedicada à doença de Alzheimer, e meu colega e grande colaborador Gary W. Van Hoesen era um eminente especialista em neuroanatomia do cérebro com Alzheimer. Nosso objetivo principal, na época, era descobrir como mudanças de circuitos no cérebro atacado por essa doença podiam acarretar as perturbações de memória características do Alzheimer.

A maioria dos pacientes com a doença de Alzheimer típica não sofre perturbações da consciência no início do mal nem em seus estágios intermediários. Os primeiros anos são marcados por uma progressiva dificuldade para aprender novas informações factuais e para recordar informações factuais aprendidas anteriormente. Também são comuns os problemas de avaliação e orientação espacial. No início da doença, os sintomas podem ser tão discretos que as habilidades de convivência social ficam preservadas, e por algum tempo a vida conserva certa aparência de normalidade.

No começo dos anos 1980, nosso grupo de pesquisa, que então incluía Brad Hyman, encontrou uma causa plausível para a deficiência na memória factual na doença de Alzheimer: as vastas mudanças neuropatológicas no córtex entorrinal e nos campos adjacentes dos córtices do lobo temporal anterior.[11] O hipocampo, a estrutura cerebral necessária para a retenção de novas memórias de fatos em outras partes do cérebro, estava efetivamente desconectado dos córtices entorrinal/lobo temporal anterior. O resultado era a impossibilidade de aprender novos fatos. Além disso, à medida que a doença progredia, os córtices do lobo temporal anterior passavam a apresentar lesões tão vastas que impediam o acesso a informações factuais únicas aprendidas anteriormente. Com efeito, o alicerce da memória autobiográfica erodia-se e por fim era totalmente devastado, como nos pacientes com grande destruição do lobo temporal causada pela encefalite por *Herpes simplex*, uma infecção viral que tem entre seus piores efeitos o comprometimento específico de regiões temporais anteriores. A especificidade celular da doença de Alzheimer era impressionante. A maior parte ou a totalidade dos neurônios das camadas II e IV do córtex entorrinal transformava-se em uma pedra tumular, a melhor descrição para o que resta dos neurônios depois que a doença os transforma num emaranhado neurofibrilar. Esse dano seletivo acarretava um abrupto corte nas linhas de informações enviadas para o hipocampo, que usam a camada II como área de retransmissão. E para completar a separação, a lesão também produzia um corte drástico nas linhas das informações saídas do hipocampo, as que usam a camada IV. Não admira que a memória factual seja devastada na doença de Alzheimer.

No entanto, junto com outras perturbações específicas da mente, a integridade da consciência começa a sofrer conforme a doença progride. No início, previsivelmente o problema se restringe à consciência autobiográfica. Como a memória de eventos pessoais passados não pode ser adequadamente recuperada, a ligação entre os acontecimentos correntes e o passado vivido torna-se ineficiente. Ocorre o comprometimento da consciência reflexiva no processamento deliberativo off-line. Muito provavelmente, parte dessa perturbação, mas talvez não toda ela, ainda seja uma consequência da disfunção do lobo temporal medial.

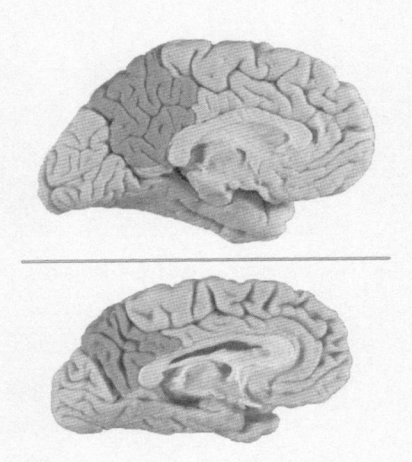

Figura 9.6. O painel superior retrata um corte medial do hemisfério cerebral esquerdo de um idoso normal. A região do CPM é a sombreada. O painel inferior mostra o mesmo corte para um indivíduo aproximadamente da mesma idade com doença de Alzheimer em estado avançado. A região sombreada representando o CPM apresenta grave atrofia.

Mais à frente nessa marcha inexorável, a devastação estende-se muito além dos processos autobiográficos. Nas fases avançadas da doença de Alzheimer, os pacientes que recebem bons cuidados médicos e pessoais e sobrevivem por mais tempo acabam entrando gradualmente em um estado vegetativo. A ligação dessas pessoas com o mundo reduz-se a tal ponto que sua situação lembra a dos pacientes com mutismo acinético. Os pacientes têm cada vez menos iniciativas de interação com o mundo físico e humano e respondem cada vez menos a estímulos. Suas emoções ficam embotadas. Seu comportamento torna-se dominado por uma expressão ausente, apática, vazia, desligada e muda.

* * *

O que poderia explicar essas derradeiras mudanças na doença de Alzheimer? Não podemos encontrar uma resposta definitiva, pois, ao longo dos anos, várias zonas de patologia aparecem no cérebro com Alzheimer, e a patologia não se restringe a emaranhados neurofibrilares. No entanto, em certa medida o dano continua seletivo. Os setores cerebrais onde são produzidas as imagens, ou seja, os córtices sensoriais nas áreas iniciais do processamento visual e auditivo, não são afetados pela doença, e o mesmo podemos dizer das regiões corticais do cérebro relacionadas ao movimento, os gânglios basais e o cerebelo. Por outro lado, algumas das regiões ligadas à regulação da vida, das quais o protosself depende, são progressivamente danificadas. Entre elas estão não só o córtex insular, mas também o núcleo parabraquial, conforme o nosso grupo pôde constatar.[12] Finalmente, outros setores cerebrais ricos em RCDs apresentam lesões graves. Os CPMS destacam-se nesse grupo.

Ressalto esses fatos porque, no início da doença, os CPMS apresentam principalmente placas neuríticas, mas em fases avançadas a patologia é dominada pela deposição de emaranhados neurofibrilares, as já mencionadas pedras tumulares de neurônios outrora sadios. Sua copiosa presença nos CPMS indica que o funcionamento da região está gravemente comprometido.[13]

Estávamos cientes das importantes mudanças patológicas nos CPMS, aos quais, na época, nos referíamos simplesmente como "córtex cingulado posterior e adjacências". Mas as repetidas observações clínicas de comprometimento da consciência nas fases avançadas da doença de Alzheimer em casos de lesão focal nessa região, junto com sua singular localização anatômica, levaram-me a cogitar que talvez um grave dano aos CPMS fosse a gota que fazia o copo transbordar.[14]

Por que essa região é um alvo da patologia do Alzheimer? A razão pode muito bem ser a mesma que meus colegas e eu aventamos, muitos anos atrás, para explicar por que as regiões do lobo temporal medial eram predominantemente afetadas nessa mesma doença.[15] Em condições normais de saúde, o córtex entorrinal e o hipocampo nunca param de funcionar. Trabalham dia e noite como assistentes no processamento de memórias factuais, iniciando e consolidando os registros de memória. Assim, a toxicidade celular local associada a uma grande deterioração cobraria seu preço em preciosos neurônios da região. Um raciocínio bem parecido se aplicaria aos CPMs, considerando seu funcionamento quase contínuo em diversos processos relacionados ao self.[16]

Em suma, os pacientes nas fases avançadas da doença de Alzheimer com evidentes comprometimentos da consciência apresentam um dano neuronal desproporcional e, com isso, uma disfunção de dois territórios cerebrais cuja integridade é necessária para a consciência normal: os CPMs e o tegmento do tronco cerebral. Devemos interpretar com prudência esses fatos, uma vez que há outros locais de disfunção na doença de Alzheimer. No entanto, seria tolice não levar em conta essas constatações.

E quanto aos próprios pacientes, que nessa etapa avançada sofrem ainda outro golpe na saúde de seu cérebro? No passado eu pensava, e continuo pensando, que boa parte desse novo ataque é doloroso de ver para as pessoas próximas da vítima, mas para o paciente provavelmente acaba sendo uma bênção oculta. As pessoas nessa fase avançada do mal e com esse grau de comprometimento da consciência não podem ter noção dos estragos da doença. São apenas um invólucro do ser humano que um dia foram, merecem o nosso amor e os nossos cuidados até o amargo fim, mas agora misericordiosamente estão livres, em certo grau, das leis da dor e sofrimento que ainda se aplicam àqueles que os observam.

Coma, estado vegetativo e o contraste com a síndrome do encarceramento

Os pacientes em coma, o mais das vezes, não respondem a comunicações do mundo exterior e se encontram em um sono profundo no qual até os padrões respiratórios frequentemente parecem anormais. Não fazem gestos nem emitem sons que sejam dotados de algum significado, e muito menos usam palavras. Não se percebe nenhum dos componentes fundamentais da consciência que mencionei no capítulo 8. A vigília com certeza desapareceu; e com base no comportamento observável, presumivelmente a mente e o self estão ausentes.

Muitos pacientes em coma têm lesão no tronco cerebral, e às vezes o dano invade o hipotálamo. A causa mais comum costuma ser um acidente vascular cerebral. Sabemos que a lesão pode localizar-se na parte posterior do tronco cerebral, o tegmento, e mais especificamente em sua camada superior. A camada superior do tegmento contém núcleos envolvidos na regulação da vida, mas não aqueles indispensáveis para manter a respiração e a função cardíaca. Em outras palavras, quando a lesão envolve também a camada inferior do tegmento, o resultado é a morte, não o coma.

Quando a lesão ocorre na parte frontal do tronco cerebral, o resultado também não é o coma, mas a síndrome do encarceramento [*locked-in syndrome*], uma condição horrível na qual o paciente se mantém consciente mas quase totalmente paralisado. Ele só consegue se comunicar piscando os olhos, em alguns casos apenas um olho, em outros, movendo o olho para cima. No entanto, essas pessoas *veem* perfeitamente o que é posto diante de seus olhos, por isso conseguem ler. Também conseguem ouvir com perfeição e avaliar o mundo em detalhes. Sua prisão é quase completa; apenas um embotamento das reações emocionais de fundo transforma, de certo modo, uma situação aterrorizante em uma condição dolorosa mas a muito custo tolerável.

O que sabemos sobre as experiências únicas desses pacientes provém de alguns relatos ditados que, com ajuda de especialistas, alguns pacientes inteligentes e observadores tiveram a coragem de fazer. Os relatos não foram exatamente ditados, mas "piscados", letra por letra. Eu antes considerava a doença de Lou Gehrig (esclerose lateral amiotrófica) a mais cruel de todas as doenças neurológicas. Na doença de Lou Gehrig, que é uma condição cerebral degenerativa, os pacientes, também eles conscientes, perdem pouco a pouco a capacidade de se mover, de falar e por fim até de engolir. Mas quando atendi meu primeiro paciente com síndrome do encarceramento, percebi que podia haver coisa ainda pior. Os dois melhores livros escritos por pacientes com essa síndrome são pequenos e simples, mas humanamente ricos. Um deles, cujo autor é Jean-Dominique Bauby, foi transformado em um filme de surpreendente fidelidade, *O escafandro e a borboleta*, dirigido pelo pintor Julian Schnabel. Para o público leigo, a obra é um documentário satisfatório sobre essa condição.[17]

Ocorre em muitos casos uma transição do coma para uma condição um tanto mais branda, chamada de estado vegetativo. O paciente continua inconsciente, porém, como já mencionado, notam-se duas diferenças em relação ao coma. Primeiro, os pacientes apresentam uma alternância entre vigília e sono, e quando ocorre um ou outro desses estados, sua respectiva assinatura eletroencefálica também se faz presente. Os olhos do paciente podem abrir-se durante a parte do ciclo em que ele está acordado. Segundo, os pacientes fazem alguns movimentos e podem responder com movimentos. Mas não respondem falando, e sua movimentação não tem especificidade. O estado vegetativo pode passar por uma transição até uma recuperação da consciência ou permanecer estável, quando passa a ser chamado de estado vegetativo persistente. Em adição ao dano no tegmento do tronco cerebral e no hipotálamo, característico da patologia do coma, o estado vegetativo pode resultar de lesão no tálamo e até de uma lesão disseminada no córtex cerebral ou na matéria branca subjacente.

Qual é a relação do coma e estado vegetativo com o papel do CPM, uma vez que as lesões causadoras situam-se em outro lugar? Essa questão foi analisada em estudos de imagens funcionais destinados a investigar em que grau as mudanças funcionais são generalizadas ou restritas no cérebro dos pacientes com essas condições. Os suspeitos usuais apareceram, de fato, revelados por importantes reduções do funcionamento do tronco cerebral, do tálamo e dos CPMs, mas a queda localizada taxa metabólica de glicose observável nos CPMs foi especialmente pronunciada.[18]

Porém há outra descoberta importante a ser mencionada. Em geral, pacientes em coma morrem ou apresentam pouquíssima melhora, passando para um estado vegetativo. No entanto, alguns têm mais sorte. Emergem aos poucos de seu estado de consciência profundamente depauperada e, à medida que isso acontece, é nos CPMs que ocorrem as mudanças mais significativas no metabolismo cerebral.[19] Isso sugere que o nível de atividade nessa área tem boa correlação com o nível de consciência. Uma vez que os CPMs são altamente metabólicos, poderíamos ser tentados a descartar essa descoberta como resultado de uma melhora generalizada na atividade cerebral. Os CPMs melhorariam primeiro apenas em razão de seu metabolismo elevado. Mas isso não explicaria por que a consciência é recuperada ao mesmo tempo.

UMA OBSERVAÇÃO FINAL SOBRE AS PATOLOGIAS DA CONSCIÊNCIA

As patologias da consciência revelaram-se importantes indicadores para o delineamento de uma neuroanatomia da consciência e sugeriram aspectos dos mecanismos propostos para a construção do self central e do self autobiográfico. Talvez seja útil concluirmos estabelecendo uma ligação clara entre a patologia humana e as hipóteses já apresentadas.

Deixando de lado as alterações da consciência que surgem naturalmente durante o sono ou que são induzidas por anestesia sob controle médico, a maioria dos distúrbios da consciência resulta de algum tipo de disfunção cerebral profunda. Em alguns casos, o mecanismo é químico; é o que ocorre quando há overdose por drogas diversas, inclusive com insulina ministrada a diabéticos, e também com níveis excessivos de glicose no sangue no diabetes não tratado. O efeito dessas moléculas químicas é tanto seletivo como generalizado. Com um tratamento rápido e adequado, porém, as condições são reversíveis. Por outro lado, um dano estrutural causado por trauma craniano, acidente vascular cerebral ou certas doenças degenerativas produz, em muitos casos, distúrbios da consciência dos quais o paciente não se recupera por completo. Ademais, em certas situações uma lesão cerebral também pode levar a convulsões, durante ou após as quais os estados alterados de consciência são um sintoma importante.

Os casos de coma e estado vegetativo decorrentes de lesão no tronco cerebral comprometem o self central e o self autobiográfico. Em essência, as principais estruturas do protosself são destruídas ou gravemente danificadas, impossibilitando a geração dos sentimentos primordiais e dos "sentimentos do que acontece". Um tálamo intacto e um córtex cerebral intacto não são suficientes para compensar o colapso do sistema do self central. Tais condições atestam a precedência hierárquica do sistema do self central e a total dependência do sistema do self autobiográfico com relação ao do self central. Essa observação é importante, pois o inverso não ocorre: o self autobiográfico pode estar comprometido na presença de um self central intacto.

Os casos de coma ou estado vegetativo persistente nos quais o dano principal, em vez de afetar o tronco cerebral, compromete o córtex, o tálamo ou a conexão dessas estruturas com o tronco cerebral podem tornar o self central disfuncional em vez de destruí-lo, o que explica a progressão de alguns desses casos em direção a uma consciência "mínima" e à recuperação de algumas atividades não conscientes relacionadas com a mente. Casos de mutismo acinético e de automatismo decorrente de ataque epiléptico acarretam comprometimentos reversíveis no sistema do self central e uma consequente alteração no sistema do self autobiográfico. Alguns comportamentos apropriados estão presentes e, embora automáticos, sugerem que não foram abolidos os processos mentais.

Quando distúrbios do self autobiográfico surgem independentemente na presença de um sistema do self central intacto, a causa é algum tipo de disfunção de memória, uma amnésia adquirida. A causa mais importante de amnésia é a doença de Alzheimer, que acabamos de analisar; outras causas podem ser a encefalite viral e a anoxia aguda (falta de oxigenação no cérebro) que pode ocorrer em casos de parada cardíaca. No caso da amnésia, ocorre uma considerável desintegração das memórias únicas que correspondem ao passado do indivíduo e aos planos que ele havia feito para o futuro. Obviamente, os pacientes com lesão em ambas as regiões hipocampais-entorrinais, cuja capacidade de formar novas memórias está comprometida, sofrem uma progressiva perda da abrangência do self autobiográfico, pois os novos acontecimentos em suas vidas não são adequadamente registrados e integrados em suas biografias. Mais grave é a situação dos pacientes cujo dano cerebral engloba não só as regiões hipocampais-entorrinais, mas também as regiões ao redor e além dos córtices entorrinais, no setor anterior do lobo temporal. Tais pacientes parecem estar totalmente conscientes — o funcionamento de seu self central está intacto — e têm, inclusive, a noção de que não são capazes de recordar. No entanto, o grau em que conseguem evocar suas biografias, com todas as informações sociais que elas contêm, é mais ou menos reduzido. O material com que se pode construir um self autobiográfico fica empobrecido, seja porque não pode ser recuperado de registros passados, seja porque tudo o que é recuperado não pode ser adequadamente coordenado e transmitido ao sistema do protosself, ou ainda, talvez, por essas duas razões conjuntamente. O caso extremo é o do paciente B, cuja recordação biográfica restringe-se em grande medida à sua infância e é muito esquemática. Ele sabe que se casou e é pai de dois filhos, mas quase nada sabe de concreto a respeito dos membros da sua família e é incapaz de reconhecê-los em fotografias e em pessoa. Seu self autobiográfico está gravemente comprometido. Por outro lado, outro paciente amnésico muito conhecido, Clive Wearing, consegue recordar uma parte bem maior da sua biografia. Possui não apenas um self central normal, mas um self autobiográfico robusto. Um trecho de uma carta de sua esposa, Deborah Wearing, explica por que penso assim:

> Ele é capaz de descrever aproximadamente o quarto onde dormia quando menino, sabe que cantou no coro da paróquia de Erdington desde pequeno, diz que se recorda de ter estado em um abrigo antiaéreo durante a guerra e que se lembra do som das bombas em Birmingham. Conhece vários fragmentos de fatos sobre sua infância e sobre seus pais e irmãos, é capaz de esboçar sua autobiografia de adulto — a faculdade em Cambridge onde ele cantava no coral e era bolsista, onde ele trabalhou, a London Sinfonneta, o Departamento de Música da BBC, sua carreira como maestro, musicólogo

e produtor musical (e antes como cantor). Mas, como Clive lhe dirá, embora ele conheça vagamente as linhas gerais, "perdeu todos os detalhes".

Clive tem se mostrado mais capaz de ter conversas reais e significativas nestes últimos anos do que na época em que ele sentia muito medo e raiva, durante os primeiros dez anos. Ele tem alguma noção da passagem do tempo, pois fala sobre seu tio e seus pais no passado (seu tio morreu em 2003, e depois que lhe dei a notícia, que o entristeceu porque os dois eram muito chegados, não me lembro de tê-lo ouvido falar novamente no tio Geoff usando o presente). Além disso, se lhe perguntarem quanto tempo ele acha que se passou desde que adoeceu, ele responderá que faz pelo menos vinte anos (na verdade, são 25), e ele sempre teve uma ideia aproximada. Repetindo: ele não tem o sentimento de conhecer, mas, se lhe pedirem para adivinhar, geralmente chega perto.

Outro exemplo de patologia que pode ser atribuído a um comprometimento seletivo do self autobiográfico é conhecido como anosognosia. Após um dano em uma região do hemisfério cerebral *direito* que inclui córtices somatossensitivos e córtices motores, em geral causado por acidente vascular cerebral, os pacientes apresentam uma notável paralisia nos membros esquerdos, especialmente no braço. No entanto, repetidamente eles se "esquecem" de que estão paralisados. Por mais que lhes digam que seu braço esquerdo não se move, se lhes for perguntado eles ainda afirmarão, com toda sinceridade, que o braço se move. Não conseguem integrar as informações correspondentes à paralisia ao processo corrente de sua história de vida. Sua biografia não está atualizada para esses fatos, mesmo que eles saibam, por exemplo, que sofreram um derrame e estão hospitalizados. Essa ignorância de realidades flagrantes é responsável pela aparente indiferença do paciente para com suas condições de saúde e por sua falta de motivação para participar da tão necessária reabilitação.

Devo acrescentar que, quando pacientes sofrem um dano equivalente no hemisfério cerebral *esquerdo*, *nunca* apresentam anosognosia. Em outras palavras, o mecanismo pelo qual atualizamos nossa biografia em relação aos aspectos do nosso corpo ligados ao sistema musculoesquelético *requer* o agregado dos córtices somatossensitivos localizados no *hemisfério cerebral direito*.

As convulsões originadas nesse sistema podem causar uma condição estranha e felizmente temporária: assomatognosia. Os pacientes mantêm o sentimento de si e conservam aspectos da percepção visceral, mas subitamente, e por um breve período, não conseguem perceber os aspectos musculoesqueléticos do corpo.

Um último comentário sobre as patologias da consciência. Aventou-se recentemente que os córtices insulares seriam a base da percepção consciente dos estados de sentimento e, por extensão, da consciência.[20] Dessa hipótese decorreria que um dano bilateral nos córtices insulares acarretaria um distúrbio da consciência devastador. Sabemos, por observação direta, que isso não é verdade e que os pacientes com lesão insular bilateral têm o self central normal e a mente consciente perfeitamente ativa.

10. Alinhavando as ideias

UM RESUMO

É hora de juntar os fatos e hipóteses aparentemente díspares sobre o cérebro e a consciência que foram apresentados nos três capítulos anteriores. Comecemos examinando algumas questões que devem ter surgido na mente dos leitores.

1. Se aceitarmos que a consciência não reside em um centro cerebral, será que os estados mentais conscientes baseiam-se mais em alguns setores do cérebro do que em outros? Minha resposta é inquestionavelmente sim. A meu ver, os conteúdos da consciência que podemos acessar são reunidos principalmente no espaço de imagem das regiões corticais iniciais e no tronco cerebral superior, o "espaço de apresentação" composto do cérebro. O que acontece nesse espaço, porém, é continuamente engendrado por interações com o espaço dispositivo que organiza as imagens de modo espontâneo

como uma função da percepção corrente e de memórias passadas. Em qualquer dado momento, o cérebro consciente funciona como um todo, mas faz isso de maneira *anatomicamente diferenciada*.

2. Qualquer menção à consciência humana suscita visões do nosso altamente desenvolvido córtex cerebral, e no entanto escrevi muitas páginas associando a consciência ao humilde tronco cerebral. Estarei disposto a desconsiderar a sabedoria recebida e apontar o tronco cerebral como o principal participante do processo da consciência? Não. A consciência humana requer tanto o córtex cerebral como o tronco cerebral. O córtex cerebral não é capaz de fazer tudo sozinho.

3. Temos conhecimentos crescentes sobre como funcionam os circuitos neuronais. Os estados mentais foram associados às taxas de disparo de neurônios e à sincronização de circuitos neuronais por atividade oscilatória. Também estamos a par dos seguintes fatos: em comparação com outras espécies, o cérebro humano possui áreas cerebrais em maior número e com maior grau de especialização, sobretudo no córtex cerebral; o córtex cerebral humano (assim como o dos outros grandes primatas, o das baleias e o dos elefantes) contém alguns neurônios incomumente grandes, conhecidos como neurônios de Von Economo; as ramificações dendríticas de alguns neurônios do córtex pré-frontal em primatas são especialmente abundantes em comparação com as de outras regiões corticais e com as de outras espécies. Essas características recém-descobertas são suficientes para explicar a consciência humana? A resposta é não. Essas características ajudam a explicar a riqueza da mente humana, o vasto panorama que podemos acessar

quando a mente se torna consciente como resultado de diversos processos do self. No entanto, sozinhas, não explicam como o self e a subjetividade são gerados, mesmo se algumas delas tiverem um papel nos mecanismos do self.

4. Os sentimentos frequentemente são desconsiderados em hipóteses sobre a consciência. Pode existir consciência sem sentimentos? Não. Introspectivamente, a experiência humana sempre envolve sentimentos. É claro que os méritos da introspecção podem ser questionados, porém com relação a esse problema o que precisamos explicar é por que os estados de consciência nos parecem ser como são, mesmo se a aparência for enganosa.

5. Formulei a hipótese de que os estados de sentimento são gerados, em grande medida, por sistemas neurais do tronco cerebral, como resultado de sua arquitetura específica e de sua posição em relação ao corpo. Um cético poderia então concluir que deixei sem resposta a questão de por que os sentimentos são sentidos da maneira como os sentimos, e muito menos respondi por que, na verdade, chegamos a senti-los. Concordo e discordo. É verdade que não forneci uma explicação abrangente para a produção dos sentimentos. Contudo, estou formulando uma hipótese específica, aspectos que podem ser postos à prova.

Não se pode dizer que as ideias discutidas neste livro, assim como as apresentadas por vários colegas que trabalham nessa área, solucionam os mistérios do cérebro e da consciência. Mas os trabalhos em curso incluem várias hipóteses que podem ser investigadas. Só o tempo dirá se elas irão se confirmar.

A NEUROLOGIA DA CONSCIÊNCIA

A meu ver, a neurologia da consciência organiza-se em torno das estruturas cerebrais responsáveis pela geração da tríade fundamental: vigília, mente e self. Três principais divisões anatômicas — o tronco cerebral, o tálamo e o córtex cerebral — têm uma atuação essencial, mas é preciso alertar que não existem alinhamentos diretos entre cada divisão anatômica e cada componente da tríade. Todas as três divisões contribuem para alguns aspectos da vigília, da mente e do self.

O tronco cerebral

Os núcleos do tronco cerebral constituem um bom exemplo do funcionamento multitarefa que é requerido de cada divisão. Com certeza os núcleos do tronco cerebral contribuem para a vigília, em parceria com o hipotálamo, mas além disso eles são responsáveis pela construção do protosself e pela geração dos sentimentos primordiais. Assim, aspectos significativos do self central são implementados no tronco cerebral, e uma vez estabelecida a mente consciente, o tronco cerebral auxilia no governo da atenção. Em todas essas tarefas, o tronco cerebral coopera com o tálamo e o córtex cerebral.

Para que possamos formar uma ideia melhor de como o tronco cerebral contribui para a mente consciente, precisamos examinar mais de perto os componentes envolvidos nessas operações. Uma análise da neuroanatomia do tronco cerebral revela vários setores de núcleos. O setor localizado na base do eixo vertical do tronco, boa parte na medula oblonga, contém os núcleos que se ocupam da regulação visceral básica, em especial a respiração e a função cardíaca. A destruição substancial desses núcleos leva à morte. Acima desse nível, na ponte e no mesencéfalo, encontramos os núcleos cujo dano está associado ao coma e ao estado vegetativo em vez de à morte. Aproximadamente, esse é o setor que se estende na vertical desde o nível médio da ponte ao topo do mesencéfalo; ele ocupa a parte posterior do tronco cerebral e não a anterior, atrás de uma linha vertical que separa a metade posterior da parte frontal. Outras duas estruturas também pertencem ao tronco cerebral: o teto e o hipotálamo. O teto é o conjunto composto dos colículos superiores e inferiores, já mencionados no capítulo 3; na arquitetura, ele forma uma espécie de telhado na parte superior e posterior do tronco cerebral. Os colículos, além do seu papel nos movimentos relacionados à percepção, participam da coordenação e da integração de imagens. O hipotálamo situa-se imediatamente acima do tronco cerebral, mas seu profundo envolvimento na regulação da vida e suas complexas interações com núcleos do tronco cerebral justificam sua inclusão na família do tronco cerebral. Já tratamos do papel do hipotálamo quando discorremos sobre a vigília no capítulo 8 (ver figura 8.3).

A ideia de que certos setores do tronco cerebral seriam essenciais para a consciência, mas outros não, provém de uma clássica observação feita por dois eminentes neurologistas, Fred Plum e Jerome Posner. Eles acreditavam que somente uma lesão situada acima do nível médio da ponte estava associada ao coma e ao estado vegetativo.[1] Transformei essa ideia em uma hipótese específica aventando uma razão para que isso ocorra: quando consideramos o tronco cerebral da perspectiva de regiões do cérebro situadas mais acima no sistema nervoso, descobrimos que somente acima do nível médio da ponte a coleta das *informações integrais do corpo* torna-se completa. Em níveis inferiores do tronco cerebral ou da medula espinhal, o sistema nervoso só pode servir-se de informações parciais sobre o corpo. Isso ocorre porque o nível médio da ponte é aquele no qual o nervo trigêmeo penetra no tronco cerebral, trazendo consigo informações sobre o setor superior do corpo — a face e tudo o que há por trás dela, o couro cabeludo, o crânio e as meninges. Somente acima desse nível o cérebro possui todas as informações de que precisa para criar mapas abrangentes do corpo inteiro e, nesses mapas, gerar a representação dos aspectos relativamente invariáveis do interior que ajudam a definir o protosself. Abaixo desse nível o cérebro ainda não coligiu todos os sinais de que necessita para criar uma representação de momento a momento do corpo como um todo.

Essa hipótese foi testada em um estudo que Josef Parvizi e eu realizamos com pacientes comatosos. Nosso objetivo era investigar a localização da lesão cerebral desses pacientes usando ressonância magnética. Constatamos que o coma estava associado apenas a lesões acima do nível de entrada do trigêmeo. O estudo corroborou totalmente a observação anterior de Plum e Posner, que se baseara em material de autópsias, pois na época ainda não haviam sido desenvolvidas técnicas de imageamento do cérebro.[2]

Em fase anterior da história do estudo da consciência, a associação entre dano nessa região e o coma/estado vegetativo havia sido interpretada como indício de que a disfunção resultante interrompia a vigília. O córtex cerebral deixava de ser energizado e ativado. Privada de seu componente da vigília, a mente deixava de ser consciente. A identificação de uma rede de neurônios que interagiam em âmbito local e se projetavam para cima como uma unidade, na direção do tálamo e do córtex cerebral, aumentava ainda mais a plausibilidade dessa ideia simples. Até o nome dado a esse sistema de projeções — o sistema reticular ativador ascendente (ARAS, na sigla em inglês) — reflete bem essa concepção.[3] (Novamente, ver figura 8.3. Nessa figura o ARAS está incluído em "outros núcleos do tronco cerebral", como na legenda.)

A existência de tal sistema foi plenamente confirmada, e sabemos que suas projeções direcionam-se para os núcleos intralaminares do tálamo, que por sua vez se projetam para os córtices cerebrais, inclusive os CPMs. Mas a história não termina aí. Paralelamente a núcleos clássicos, como o cuneiforme e o pontino oral, onde se origina o ARAS, existe uma rica agremiação de outros núcleos que inclui aqueles envolvidos na gestão dos estados corporais internos: o *locus coeruleus*, os núcleos tegmentais ventrais e os núcleos da rafe, responsáveis respectivamente pela liberação de norepinefrina, dopamina e serotonina em certos setores do córtex cerebral e do prosencéfalo basal. As projeções desses núcleos desviam-se do tálamo.

Entre os núcleos envolvidos na gestão dos estados corporais, encontramos o núcleo do trato solitário (NTS) e o núcleo parabraquial (NPB), cuja importância analisamos nos capítulos 3, 4 e 5 quando tratamos da criação de uma linha de frente de sentimentos corporais, os sentimentos primordiais. O tronco cerebral superior também inclui os núcleos da matéria cinzenta periaquedutal (PAG), cuja atividade resulta nas respostas comportamentais e químicas que são essenciais à regulação da vida e, como parte desse papel, executam as emoções. Os núcleos da PAG são estreitamente interligados aos do NPB e do NTS, e também às camadas profundas dos colículos superiores, que provavelmente têm um papel coordenador na construção do self central. Essa complicada anatomia nos diz que embora os sistemas dos núcleos clássicos e de ativação ascendente sem dúvida sejam associados aos ciclos de vigília e sono, os demais núcleos do tronco cerebral participam de outras funções igualmente importantes para a consciência, a saber: abrigar os padrões do valor biológico, representar o interior do organismo com base no qual o protosself é montado e os sentimentos primordiais são gerados, e os cruciais primeiros estágios da construção do self central, que tem consequências para o governo da atenção.[4]

Em suma, a reflexão sobre essa profusão de papéis funcionais revela que a dedicação à gestão da vida é compartilhada. Mas a ideia de que o trabalho desses núcleos limita-se à regulação das vísceras, do metabolismo e da vigília não faz justiça aos resultados que eles produzem. Eles administram a vida de um modo muito mais abrangente. Esse é o lar neural do valor biológico, e o valor biológico tem influência generalizada sobre a estrutura e o funcionamento de todo o cérebro. Muito provavelmente, esse é o lugar onde começa o processo de produção da mente, na forma de sentimentos primordiais, e é evidente que o processo que torna a mente consciente uma realidade — o self — também se origina aqui. Até os esforços coordenadores das camadas profundas dos colículos superiores entram em cena e dão uma mão.

O tálamo

Muitos descrevem a consciência como o resultado de uma integração em massa de sinais no cérebro através de muitas regiões; nessa descrição, o papel do tálamo é o mais destacado. Sem dúvida, o tálamo dá uma contribuição importante à criação do pano de fundo da mente e ao produto final que chamamos de mente consciente. Mas podemos ser mais específicos com respeito a esses papéis?

Como o tronco cerebral, o tálamo contribui para todos os componentes da tríade da mente consciente. Um grupo de núcleos talâmicos é essencial para a vigília e faz a ponte entre o tronco cerebral e o córtex; outro traz as informações com as quais os mapas corticais podem ser criados; os restantes auxiliam no tipo de integração sem a qual não é concebível uma mente complexa, muito menos uma mente com um self.

Sempre resisti a me aventurar no tálamo, e hoje em dia sou ainda mais cauteloso. O pouco que sei sobre a enorme coleção de núcleos talâmicos, devo ao reduzido número de especialistas nessa estrutura.[5] Ainda assim, alguns dos papéis do tálamo não são questionados e podem ser mencionados aqui. O tálamo serve como estação intermediária para as informações recolhidas no corpo e destinadas ao córtex cerebral. Isso inclui todos os canais que conduzem sinais sobre o corpo e sobre o mundo, como dor, temperatura, sensações táteis, auditivas e visuais. Todos os sinais que se dirigem para o córtex fazem uma parada em núcleos talâmicos retransmissores e mudam para trajetos que os conduzem a seus destinos em diversas cidades do córtex cerebral. Apenas o olfato consegue escapar do atrator talâmico e se evola, digamos assim, até o córtex cerebral através de canais não pertencentes ao tálamo.

O tálamo também lida com os sinais requeridos para acordar todo o córtex cerebral ou fazê-lo adormecer — isso é realizado por projeções neurais da formação reticular que já mencionei. Seus sinais mudam de trajeto nos núcleos intralaminares, e os CPMS são um destino importante.

Mas não menos importante — e muito mais especificamente quando se trata da consciência — é que o tálamo serve de coordenador de atividades corticais. Essa função depende do fato de que vários núcleos talâmicos que enviam informações para o córtex cerebral recebem deste informações em troca, e com isso é possível a formação de alças recursivas de momento a momento. Esses núcleos talâmicos interligam partes distantes e próximas do córtex cerebral. O propósito dessa conectividade não é levar informações sensoriais primárias, mas *interassociar* informações.

Nessa estreita interação do tálamo com o córtex, o tálamo provavelmente facilita a ativação simultânea ou sequenciada de sítios neurais espacialmente separados, sintonizando-os, assim, em padrões coerentes. Tais ativações são responsáveis pelo fluxo de imagens em nosso pensamento, as imagens que se tornam conscientes quando conseguem gerar pulsos de self central. O papel coordenador provavelmente depende de um vaivém entre os núcleos talâmicos de associação e as RCDs que também estão, por si mesmas, envolvidas na coordenação de atividades corticais. O tálamo, em suma, retransmite informações essenciais ao córtex cerebral e associa informações corticais em massa. O córtex cerebral não pode funcionar sem o tálamo. Os dois coevoluíram e são inseparavelmente ligados desde tempos remotos do desenvolvimento.

O córtex cerebral

Finalmente trataremos do atual pináculo da evolução neural, o córtex cerebral humano. Na interação com o tálamo e o tronco cerebral, o córtex nos mantém acordados e nos ajuda a selecionar as coisas a que vamos prestar atenção. Na interação com o tronco cerebral e o tálamo, o córtex constrói os mapas que se tornam a mente. Na interação com o tronco cerebral e o tálamo, o córtex ajuda a gerar o self central. Por último, usando os registros de atividades passadas armazenados em seus vastos bancos de memória, o córtex cerebral constrói nossa biografia, repleta de experiências dos ambientes físicos e sociais que habitamos. O córtex nos fornece uma identidade e nos situa no centro do maravilhoso espetáculo em progressão que é a nossa mente consciente.[6]

Produzir o show da consciência é um esforço que exige tanta cooperação que seria irrealista destacar qualquer dos participantes. Não podemos engendrar os aspectos autobiográficos do self que definem a consciência humana sem invocar o exuberante crescimento das regiões de convergência-divergência que dominam a neuroanatomia e a neurofisiologia corticais. A autobiografia não poderia surgir sem as contribuições fundamentais do tronco cerebral para o protosself, ou sem a associação obrigatória do tronco cerebral com o corpo propriamente dito, ou sem a integração recursiva de todo o cérebro proporcionada pelo tálamo.

Mas embora seja preciso reconhecer o trabalho conjunto desses participantes principais, é aconselhável resistir a concepções que trocam a especificidade das partes contribuintes por uma ênfase em operações neurais funcionalmente indistintas no cérebro como um todo. Quanto a sua base cerebral, a natureza globalizada da mente consciente é inegável. Mas graças a estudos de neuroanatomia temos uma chance de descobrir mais a respeito das contribuições relativas dos componentes cerebrais para o processo global.

O GARGALO ANATÔMICO POR TRÁS DA MENTE CONSCIENTE

As três principais divisões que acabamos de delinear e sua articulação espacial contam uma história de desproporções anatômicas e alianças funcionais que só podem ser explicadas de uma perspectiva evolucionária. Não é preciso ser neuroanatomista para perceber a estranha desproporção de tamanho entre o córtex cerebral e o tronco cerebral no ser humano.

Em essência, proporcionalmente ao tamanho do corpo, o design básico do tronco cerebral humano remonta a eras reptilianas. Mas o córtex cerebral humano é outra coisa. O córtex cerebral dos mamíferos expandiu-se enormemente, não apenas em tamanho mas na arquitetura, sobretudo na versão primata.

Por ser um magistral regulador da vida, o tronco cerebral há muito tempo é recipiente e processador local das informações necessárias para representar o corpo e controlar a vida. E conforme executava esse antigo e importante papel em espécies cujo córtex cerebral era mínimo ou ausente, o tronco cerebral também foi desenvolvendo o maquinário requerido para os processos mentais elementares e até para a consciência, por intermédio de mecanismos do protoself e do self central. O tronco cerebral continua a executar essas mesmas funções nos seres humanos atuais. Por outro lado, a maior complexidade do córtex cerebral possibilitou a produção de imagens detalhadas, expandiu a capacidade de memória, imaginação, raciocínio e, por fim, linguagem. Agora vem o grande problema: apesar da expansão anatômica e funcional do córtex cerebral, as funções do tronco cerebral *não* se duplicaram nas estruturas corticais. A consequência dessa divisão econômica de papéis é uma fatal e completa interdependência entre o tronco cerebral e o córtex cerebral. Eles são *forçados* a cooperar.

A evolução do cérebro deparou com um importante gargalo anatomofuncional, mas a seleção natural, previsivelmente, resolveu o problema. Dado que o tronco cerebral ainda estava sendo solicitado a garantir em todos os sentidos a regulação da vida *e* as bases da consciência para todo o sistema nervoso, foi preciso encontrar um modo de assegurar que o tronco cerebral influenciasse o córtex cerebral *e*, igualmente importante, que as atividades do córtex cerebral influenciassem o tronco cerebral, mais crucialmente, é claro, no que respeita à construção do self central. Isso é ainda mais importante quando refletimos que a maioria dos objetos externos existe como imagem apenas no córtex cerebral e não pode ser representada totalmente em forma de imagem no tronco cerebral.

Vem então em socorro o tálamo, permitindo a harmonização. O tálamo se encarrega de difundir os sinais provenientes do tronco cerebral para um amplo território do manto cortical. Por sua vez, o córtex cerebral imensamente expandido verte sinais para o pequenino tronco cerebral, diretamente e também graças à ajuda de núcleos subcorticais como os existentes nas amígdalas e nos gânglios basais. No fim das contas, talvez uma boa descrição para o tálamo seja a de um casamenteiro que uniu um estranho par.

As desproporções entre o tronco cerebral e o córtex cerebral provavelmente impuseram limitações ao desenvolvimento de habilidades cognitivas em geral e sobretudo à nossa consciência. Curiosamente, conforme a cognição passa por mudanças sob pressões como a da revolução digital, talvez essas desproporções tenham muito a dizer com respeito ao modo como a mente humana evoluirá. Em minha formulação, o tronco cerebral permanecerá como um responsável pelos aspectos fundamentais da consciência, porque ele é o primeiro e indispensável fornecedor dos sentimentos primordiais. O aumento das demandas cognitivas tornou a interação entre o córtex cerebral e o tronco cerebral um pouco tumultuada e brutal, ou, em termos mais amenos, dificultou mais o acesso à fonte dos sentimentos. Talvez alguma coisa ainda tenha de ceder.

Afirmei que seria tolice tomar partido, dar destaque a qualquer uma das três divisões no processo de produção da consciência. No entanto, não se pode deixar de concordar que o componente do tronco cerebral tem a precedência funcional e continua a ser uma peça indispensável do quebra-cabeça. Por essa razão e também por seu pequeno tamanho e anatomia compacta, ele é, dentre as três grandes divisões, a mais vulnerável à patologia. Essa observação é necessária, no mínimo porque nas guerras da consciência o córtex cerebral tende a levar vantagem.

DO TRABALHO CONJUNTO DE GRANDES DIVISÕES ANATÔMICAS AO FUNCIONAMENTO DOS NEURÔNIOS

Até agora, tentei explicar o surgimento da mente consciente sobretudo da perspectiva de componentes que podem ser identificados a olho nu, incluindo os pequenos núcleos do tronco cerebral e do tálamo. No entanto, o que não vemos a olho nu são os milhões de neurônios que compõem as redes ou sistemas dentro dessas estruturas, e também os numerosos pequenos conglomerados de neurônios que contribuem para o esforço global de produzir uma mente com um self. O trabalho em equipe das grandes divisões anatômicas é construído graças ao trabalho em equipe de componentes em escala gradualmente menor até chegar ao nível dos pequenos circuitos neuronais. Nessa tendência anatômica decrescente, existem regiões corticais cada vez menores, com seus cortejos de cabos que as conectam a outros sítios cerebrais; existem núcleos cada vez menores, conectados de modos específicos a outros núcleos e a regiões do córtex; por fim, na base da hierarquia, encontramos os pequenos circuitos de neurônios, os microscópicos tijolos da construção cujos padrões espaciais momentâneos de atividade criam a mente. A mente consciente é construída a partir de componentes do cérebro aninhados hierarquicamente.

Pressupõe-se hoje que o disparo de neurônios ligados por sinapses em circuitos microscópicos origina os fenômenos básicos da criação da mente, convenientemente chamados de "protofenômenos da cognição". Também se supõe que a amplificação de um grande número desses fenômenos resulta na criação dos mapas que conhecemos como imagens, e que parte desse processo de amplificação depende da sincronização dos protofenômenos separados, como sugerido no capítulo 3.

Pois bem: é suficiente combinar os microeventos de protocognição e sincronia e ampliá-los através de uma hierarquia aninhada distribuída pelas três divisões neuroanatômicas que apresentamos anteriormente? Na explanação acima, a protocognição a partir de microeventos neurais é amplificada até a mente consciente, mas os sentimentos são omitidos. Existe algum "protossentimento" equivalente, construído com base em microeventos neurais e ampliado paralelamente à protocognição?

Em todas as hipóteses apresentadas nos capítulos anteriores, o sentimento foi mencionado como um parceiro obrigatório e fundamental da mente consciente, porém nada se disse acerca de suas possíveis micro-origens. Como já proposto, obtemos sentimentos espontâneos do protoself, e esses sentimentos originam, de modo híbrido, uma primeira centelha de mente e uma primeira centelha de subjetividade. Posteriormente, invocamos os sentimentos de conhecer para separar o self do não self e ajudar a gerar um self central apropriado. Por fim, construímos um self autobiográfico a partir desses numerosos componentes de sentimentos. Apresentamos os sentimentos como o outro lado da moeda da cognição, mas seu surgimento foi situado no nível dos sistemas. Invoquei a relação única do tronco cerebral com o corpo, ligados em uma alça ressonante, e a abrangente combinação recursiva de sinais do corpo no tronco cerebral superior, como fontes de estados corporais qualitativamente distintos. Tudo isso pode muito bem ser suficiente para explicar como surgem os sentimentos. No entanto, faz sentido conjeturar sobre uma característica adicional. Se em geral situamos a origem das imagens no micronível, com pequenos circuitos neuronais gerando fragmentos de protocognição, por que não deveríamos dar à classe especial de imagens que chamamos de sentimentos o mesmo tratamento e supor que eles começam dentro ou nas proximidades desses mesmos pequenos circuitos? Na próxima seção sugerirei que os sentimentos podem ter essa origem humilde. Assim, os protossentimentos se ampliariam por circuitos maiores através das hierarquias aninhadas, neste caso os circuitos do tegmento do tronco cerebral superior, onde um processamento adicional resultaria em sentimentos primordiais.

QUANDO SENTIMOS NOSSAS PERCEPÇÕES

Quem se interessa pelas questões do cérebro, mente e consciência já ouviu falar dos *qualia* e tem uma das seguintes opiniões sobre o que a neurociência pode fazer a respeito do problema: levá-lo a sério e tentar estudá-lo ou considerar o assunto intratável, postergar seu exame e quem sabe até descartá-lo de uma vez. Como o leitor pode ver, eu levo o problema a sério. Mas primeiro, sendo o conceito de *qualia* um tanto espinhoso, tentarei esclarecê-lo.[7]

No texto a seguir, a questão dos *qualia* é tratada como um composto de dois problemas. Em um deles, o conceito de *qualia* refere-se aos sentimentos que são parte indissociável de qualquer experiência subjetiva — algum grau ou ausência de prazer, algum grau ou ausência de dor, desconforto, bem-estar. Denomino-o problema Qualia I. O outro é mais profundo. Se as experiências subjetivas são acompanhadas por sentimentos, como, antes de mais nada, são produzidos os estados de sentimentos? Isso vai além da questão de como uma experiência adquire qualidades de sensações específicas na nossa mente, por exemplo, o som de um violoncelo, o sabor de um vinho, o azul do céu. Trata-se de uma questão mais incisiva: por que a construção de mapas perceptuais, que são fenômenos físicos, neuroquímicos, nos dá alguma sensação? Por que os sentimos? Esse é o problema Qualia II.

QUALIA I

Nenhum conjunto de imagens conscientes, independentemente do tipo e do assunto, jamais deixa de ser acompanhado por um obediente coro de emoções e consequentes sentimentos. Olho para o oceano Pacífico em seus trajes matinais, velado por um brando céu acinzentado. Não estou apenas *vendo*, mas também sentindo emoção diante dessa beleza majestosa e sentindo todo um conjunto de mudanças fisiológicas que se traduzem, se o leitor quiser saber, em um tranquilo estado de bem-estar. Não é deliberadamente que isso me acontece, e não tenho o poder de impedir tais sentimentos, assim como não tive o poder de desencadeá-los. Eles vieram, aqui estão, e permanecerão em uma ou outra modulação enquanto esse mesmo objeto consciente continuar à vista e enquanto minhas reflexões o mantiverem em algum tipo de reverberação.

Gosto de pensar nos Qualia I como uma música, uma partitura que acompanha o *restante* do processo mental em curso, mas friso que a execução da "música" *também ocorre no processo mental*. Quando o principal objeto na minha consciência não é o oceano mas uma composição musical que ouço, duas faixas musicais acontecem na minha mente, uma com a obra de Bach que está sendo executada neste exato momento, outra com a faixa *semelhante à música* com a qual reajo à música real na linguagem das emoções e sentimentos. Isso nada mais é do que Qualia I para uma execução musical — podemos chamar de música sobre música. Talvez a música polifônica tenha sido inspirada por uma intuição sobre essa acumulação de linhas "musicais" paralelas em nossa mente.

Em um pequeno conjunto de situações da vida, o acompanhamento *obrigatório* dos Qualia I pode ser reduzido ou nem sequer se materializar. A situação mais benigna ocorreria sob o efeito de qualquer droga capaz de interromper a reatividade emocional — por exemplo, um tranquilizante como o Valium, um antidepressivo como o Prozac ou mesmo um betabloqueador como o propranolol, os quais, em doses suficientes, embotam nossa capacidade de produzir reações emocionais e, consequentemente, de vivenciar sentimentos emocionais.

Os sentimentos emocionais também não se materializam em uma situação patológica comum, a depressão, na qual os aspectos de sentimentos positivos primam pela ausência e até sentimentos negativos, como a tristeza, podem ser tão gravemente embotados que o resultado é um estado de entorpecimento do afeto.

Como é que o cérebro produz o efeito requerido de Qualia 1? Como vimos no capítulo 5, em paralelo com os mecanismos da percepção que mapeiam qualquer objeto que desejemos, e em paralelo com as regiões que exibem esses mapas, o cérebro é equipado com diversas estruturas que *respondem* aos sinais provenientes desses mapas produzindo emoções, das quais surgem sentimentos subsequentes. Exemplos dessas regiões reativas já foram mencionados em outros capítulos: a famosa amígdala, a quase tão famosa parte do córtex pré-frontal conhecida como setor ventromedial e um conjunto de núcleos do prosencéfalo basal e do tronco cerebral.

O modo como as emoções são desencadeadas é fascinante, como vimos. As regiões produtoras de imagens podem sinalizar para qualquer uma das regiões desencadeadoras de emoção, diretamente ou depois de um processamento adicional. Se a configuração de sinais for adequada ao perfil que uma dada região está preparada para responder — ou seja, se essa configuração de sinais se qualificar como um estímulo emocionalmente competente —, o resultado é o início de uma cascata de fenômenos, que ocorrem em outras partes do cérebro e, subsequentemente, no corpo propriamente dito, cujo resultado é uma emoção. Nossa percepção dessa emoção é um sentimento.

O segredo por trás da experiência composta desse momento é a capacidade do cérebro para responder ao *mesmo conteúdo* (digamos, minha imagem do oceano Pacífico) em *diferentes sítios* e *paralelamente*. De um sítio cerebral obtenho o processo emocional que culmina em um sentimento de bem-estar; de outros sítios obtenho várias ideias a respeito do tempo hoje (por exemplo, o céu não está com aquele característico estrato marinho, parece mais um amontoado de tufos de algodão, com suas nuvens irregulares) ou do mar (pode ser majestoso e imponente ou aberto e acolhedor, dependendo da luz e do vento e também do nosso estado de espírito) e assim por diante.

Geralmente, um estado consciente normal contém objetos a ser conhecidos, quase nunca um só, e lhes dá um tratamento mais ou menos integrado, embora raramente no estilo democrático que alocaria igual espaço na consciência e um tempo igual para todos os objetos. O fato de que diferentes imagens têm diferentes valores resulta no destaque desigual das imagens. Por sua vez, o destaque desigual gera uma "ordenação" das imagens que será mais bem descrita como uma forma espontânea de edição. Parte do processo de atribuir diferentes valores a diferentes imagens baseia-se nas emoções que elas provocam e nos sentimentos que sobrevêm no pano de fundo do campo da consciência — a sutil mas não descartável resposta em forma de Qualia I. É por isso que, embora a questão dos *qualia* seja tradicionalmente considerada parte do problema da consciência, considero mais apropriado classificá-la no tema da mente. A meu ver, o problema Qualia I não é um mistério.

QUALIA II

O problema Qualia II tem por base uma questão mais desnorteante: por que os mapas perceptuais, que são fenômenos neurais e físicos, são sentidos? Tentarei dar uma resposta estratificada, e começarei enfocando o estado de sentimento que considero o alicerce simultâneo da mente e do self, ou seja, os sentimentos primordiais que refletem o estado do interior do organismo. Preciso começar aqui por causa da solução proposta para o problema Qualia I: se os sentimentos correspondentes ao estado do organismo são o acompanhamento obrigatório de todos os mapas perceptuais, temos primeiro de explicar a origem desses sentimentos.

A linha de frente da explicação leva em conta alguns fatos essenciais. Os estados de sentimento surgem, antes de tudo, do funcionamento de alguns núcleos do tronco cerebral que são acentuadamente interconectados e que são os receptores dos altamente complexos sinais integrados transmitidos do interior do organismo. No processo de usar os sinais do corpo para regular a vida, a atividade desses núcleos transforma os sinais do corpo. A transformação é adicionalmente intensificada pelo fato de que os sinais ocorrem em um circuito fechado através do qual o corpo se comunica com o sistema nervoso central e este responde às mensagens do corpo. Os sinais não são separáveis dos estados do organismo em que se originam. O conjunto constitui uma unidade dinâmica e coesa. Suponho que essa unidade realiza uma fusão funcional dos estados do corpo com os estados perceptuais, de modo que a linha divisória entre os dois não possa mais ser traçada. Os neurônios encarregados de levar os sinais cerebrais relativos ao interior do corpo estariam tão intimamente associados às estruturas interiores que os sinais transmitidos não seriam apenas *referentes* ao estado da carne, mas literalmente extensões da carne. Os neurônios imitariam a vida de maneira tão minuciosa que seriam indistinguíveis dela. Em suma, na complexa interconectividade desses núcleos do tronco cerebral, encontraríamos o princípio de uma explicação para o fato de os sentimentos — neste caso, os sentimentos primordiais — nos causarem algum tipo de sensação.

Entretanto, como aventei na seção anterior, talvez possamos tentar avançar mais no nível dos pequenos circuitos neuronais. O fato de os neurônios serem diferenciações de outras células vivas, ao mesmo tempo funcionalmente distintos e organicamente similares, nos dá um apoio para desenvolver essa ideia. Os neurônios não são microchips que recebem sinais do corpo. Os neurônios sensoriais encarregados da interocepção são células corporais de um tipo especializado que recebem sinais de outras células corporais. Ademais, certos aspectos da vida celular sugerem a presença de precursores de uma função de "sentimento". Organismos unicelulares são "sensíveis" a intrusões ameaçadoras. Quando tocamos em uma ameba, ela se encolhe. Se tocarmos em um paramécio, ele se afastará. Podemos observar tais comportamentos e não vemos problema nenhum em designá-los como "atitudes", embora estejamos cientes de que as células não sabem o que estão fazendo no mesmo sentido em que nós sabemos o que estamos fazendo quando fugimos de uma ameaça. Mas e quanto ao outro lado desse comportamento, ou seja, o estado interno da célula? A célula não tem cérebro, muito menos uma mente para "sentir" quando a tocam, e no entanto ela responde porque alguma coisa mudou em seu interior. Transponha essa situação para os neurônios, e aí poderia residir o estado físico cuja modulação e amplificação, através de circuitos cada vez maiores de células, poderia produzir um *protossentimento*, o ilustre equivalente da protocognição que se origina no mesmo nível.

Os neurônios realmente possuem essas capacidades de resposta. Vejamos, por exemplo, sua inerente "sensibilidade" ou "irritabilidade". Rodolfo Llinás usou essa pista para propor que os sentimentos surgem das funções sensoriais especializadas dos neurônios, só que ampliadas em razão do grande número de neurônios que compõem um circuito.[8] Esse é também o meu argumento, análogo à ideia que expus no capítulo 2 quando tratei da construção de uma "vontade coletiva de viver" que se expressa no processo do self a partir das atitudes de numerosas células individuais unidas cooperativamente em um organismo. Tal ideia baseia-se na noção das contribuições agregadas das células: um grande número de células musculares une suas forças, literalmente, contraindo-se ao mesmo tempo e produzindo uma grande força singular e focalizada.

Essa ideia tem nuanças fascinantes. A especialização dos neurônios em relação às outras células do corpo provém, em grande medida, do fato de que os neurônios, assim como as células musculares, são excitáveis. A excitabilidade é uma propriedade que deriva de uma membrana celular na qual a permeabilidade local para íons com carga pode propagar-se de região a região pela distância de um axônio. N. D. Cook supõe que a abertura temporária mas repetida da membrana celular é uma violação do selo quase hermético que protege a vida no interior dos neurônios, e que essa vulnerabilidade seria uma boa candidata para a criação de um momento de protossentimento.[9]

Não estou, de modo nenhum, afirmando que é assim que surgem os sentimentos, mas acho que essa é uma linha de investigação que vale a pena seguir. Finalmente, saliento que essas ideias *não devem* ser confundidas com o conhecido esforço para localizar as origens da consciência no nível dos neurônios em decorrência dos efeitos quânticos.[10]

Outro estrato da resposta à questão do por que sentimos os mapas perceptuais do corpo exige um raciocínio evolucionário. Para que os mapas perceptuais do corpo sejam eficazes em orientar um organismo de modo que ele procure evitar a dor e buscar o prazer, esses mapas não só devem produzir alguma sensação; eles *têm* obrigatoriamente de ser sentidos. A construção neural dos estados de dor e prazer sem dúvida teve de surgir nas fases iniciais da evolução e há de ter desempenhado um papel crucial no curso evolucionário. É bem provável que tenha sido usada na fusão corpo-cérebro que ressaltei. Notavelmente, antes do surgimento do sistema nervoso, organismos sem cérebro já apresentavam estados corporais bem definidos que necessariamente correspondiam ao que viríamos depois a experienciar como dor e prazer. O advento do sistema nervoso teria trazido a oportunidade de retratar tais estados com sinais neurais detalhados e ao mesmo tempo manter estreitamente ligados os aspectos neurais e corporais.

Um aspecto relacionado da resposta aponta para a divisão funcional entre os estados de prazer e dor, que se correlacionam, respectivamente, com as operações de gestão da vida, ótimas e sem percalços no caso do prazer, e dificultosas e com impedimentos no caso da dor. Esses extremos da variação estão associados à liberação de determinadas moléculas químicas que produzem efeito sobre o corpo propriamente dito (sobre o metabolismo, sobre as contrações musculares) e sobre o cérebro (onde podem modular o processamento de mapas perceptuais recém-montados ou evocados). Afora outras razões, o prazer e a dor devem provocar sensações diferentes porque são mapeamentos de estados corporais muito diferentes, do mesmo modo que um vermelho difere de um azul porque tem diferentes comprimentos de onda e que a voz de uma soprano difere da de um barítono porque sua frequência sonora é mais alta.

É frequente não se atentar para o fato de que as informações do interior do corpo são transmitidas diretamente ao cérebro por numerosas moléculas químicas que transitam na corrente sanguínea e banham partes do cérebro desprovidas da barreira hematoencefálica: a área postrema no tronco cerebral e diversas regiões conhecidas coletivamente como órgãos circunventriculares. Dizer que o número de moléculas potencialmente ativas é "grande" não é exagero, pois a lista básica inclui dezenas de exemplos (os moduladores/transmissores de costume — as inevitáveis norepinefrina, dopamina, serotonina e acetilcolina —, assim como uma grande variedade de hormônios, como os esteroides e a insulina e os opioides). Quando o sangue banha essas áreas receptivas, as moléculas apropriadas ativam diretamente os neurônios. É desse modo, por exemplo, que uma molécula tóxica que atue sobre a área postrema pode levar a uma reação prática como vomitar. Mas o que mais acabam causando os sinais que surgem nessas áreas? Uma suposição razoável é que eles causam ou modulam sentimentos. As projeções saídas dessas regiões concentram-se acentuadamente no núcleo do trato solitário, mas muitas se disseminam para outros núcleos do tronco cerebral, hipotálamo e tálamo, e para o córtex cerebral.

Salvo a questão dos sentimentos, o resto do problema Qualia II parece mais acessível. Por exemplo, os mapas visuais. Esses mapas são esboços de propriedades visuais: formas, cores, movimentos, profundidades. Interligar tais mapas — fazer uma hibridação de seus sinais, por assim dizer — é a receita certa para produzir uma cena visual combinada, multidimensional. Se a essa combinação adicionarmos as informações provenientes do portal visual — supondo que as regiões próximas dos olhos participam do processo — e um componente de sentimento, é razoável esperarmos uma experiência integral, devidamente "qualiada" do que está sendo visto.

O que poderíamos acrescentar a essa complexidade para que as qualidades de um percepto sejam realmente distintas? Um acréscimo relaciona-se aos portais sensoriais envolvidos na coleta de informações. As mudanças nos portais sensoriais têm um papel na construção da perspectiva, como vimos, mas além disso contribuem para a construção da qualidade da percepção. Como? Conhecemos o som característico do violoncelo de Yo-Yo Ma e sabemos onde os mapas de som são criados no cérebro, mas ouvimos os sons *nas* nossas orelhas *e com* nossas orelhas. Muito provavelmente, sentimos sons nas orelhas porque nosso cérebro mapeia assiduamente *tanto* as informações que chegam à sonda sensitiva — provenientes de toda a cadeia auditiva sinalizadora, incluindo a cóclea — *como* a profusão de sinais que chegam simultaneamente do maquinário ao redor do mecanismo sensitivo. No caso da audição, isso inclui o epitélio (pele) que cobre as orelhas e o canal da orelha externa, com a membrana timpânica e os tecidos que sustentam o sistema de ossículos que transmite vibrações mecânicas à cóclea. A isso devemos adicionar os movimentos pequenos e não tão pequenos da cabeça que fazemos constantemente, em um esforço automático para ajustar o corpo às fontes sonoras. Esse é o equivalente auditivo das notáveis mudanças que ocorrem no globo ocular e nos músculos e pele circundantes quando estamos em processo de olhar e ver, e que acrescentam uma textura qualitativa aos perceptos.

As sensações do olfato, paladar ou tato surgem por um mecanismo semelhante. Por exemplo, nossa mucosa nasal contém terminações nervosas olfatórias que respondem diretamente à conformação de moléculas químicas em odorantes. É assim que podemos mapear odores e que mandamos o jasmim ou o Chanel nº19 ao encontro do nosso self. Mas *onde* sentimos o cheiro provém de outras terminações nervosas na mucosa nasal, aquelas que ficam irritadas quando botamos wasabi demais no sushi e somos forçados a espirrar.

Finalmente notamos que existem projeções que partem do cérebro em direção à periferia do corpo, incluindo a periferia que contém mecanismos sensitivos especiais. Isso poderia constituir, para um processo sensorial como a audição, uma versão atenuada daquilo que a alça do tronco cerebral com o corpo garante para os sentimentos: uma ligação funcional entre o cérebro e o ponto de partida das cadeias sensitivas na periferia do órgão terminal do corpo. Essa alça poderia permitir outro processo reverberante. As cascatas de inputs que se dirigem para o cérebro seriam complementadas por cascatas de outputs com destino à própria "carne" onde os sinais se originaram, contribuindo desse modo para a integração do mundo interno com o externo. Sabemos que tais mecanismos existem, e o sistema auditivo é um excelente exemplo. A cóclea recebe sinais de feedback do cérebro, tanto assim que, quando o mecanismo de *feedback* está desequilibrado, as células ciliadas da cóclea podem *emitir* sons em vez de os transmitir, como normalmente fariam. Precisamos de mais estudos sobre os circuitos dos mecanismos sensoriais.[11]

Creio que a exposição acima pode explicar uma parte substancial do problema, pois consegue reunir na mente três tipos de mapas: (1) os mapas de um sentido específico, gerados pelo respectivo mecanismo sensorial, ou seja, visão, audição, olfato etc.; (2) os mapas da atividade no portal sensorial onde o mecanismo sensorial se localiza no corpo; (3) os mapas de reações emocionais/sentimentos relacionados aos mapas dos tipos 1 e 2, ou seja, respostas em forma de Qualia I. Esses perceptos ocorreriam com suas devidas qualidades quando diferentes tipos de sinais sensoriais se reunissem em mapas geradores da mente produzidos no tronco cerebral ou córtex cerebral.[12]

QUALIA E SELF

De que modo os Qualia I e II se inserem no processo do self? Como ambos os aspectos dos qualia arrematam a construção da mente, os qualia são parte dos conteúdos que vêm a ser conhecidos como o processo do self, e a construção do self ilumina a construção da mente. No entanto, paradoxalmente, os Qualia II também são o alicerce do protosself, portanto estão presentes tanto na mente como no self, em uma transição híbrida. A arquitetura neural que possibilita os qualia fornece ao cérebro as percepções *sentidas*, as sensações da experiência pura. Depois que um protagonista é adicionado ao processo, a experiência passa a pertencer a seu possuidor recém-criado, o self.

TAREFA INACABADA

A tarefa de compreender como o cérebro produz a mente consciente continua incompleta. O mistério da consciência ainda é mistério, apesar de termos conseguido penetrar um pouquinho em seus segredos. É muito cedo para declarar derrota.

Em geral os debates sobre a neurologia da consciência e o problema mente-cérebro são prejudicados por duas flagrantes subestimações. Uma delas consiste em não dar o devido apreço à riqueza dos detalhes e da organização do corpo propriamente dito; ou seja, desconsidera-se que o corpo é riquíssimo em micronichos, e que seus micromundos de formas e funções podem ser sinalizados ao cérebro e mapeados, com os resultados postos a serviço de várias finalidades. A primeira finalidade mais provável desses sinais é a regulação — o cérebro precisa receber informações sobre o estado dos sistemas do corpo a fim de poder organizar, de modo consciente ou não consciente, uma resposta apropriada. Os sentimentos emocionais são o resultado óbvio dessa sinalização, embora os sentimentos tenham acabado por ganhar um destaque descomunal em nossa vida consciente e nas nossas relações sociais. Do mesmo modo, é bem possível, e de fato provável, que outros processos corporais, alguns já conhecidos, outros ainda por ser descobertos, influenciem nossas experiências conscientes em muitos níveis.

A outra subestimação diz respeito ao próprio cérebro. A ideia de que temos bons conhecimentos sobre o que o cérebro é e sobre o que ele faz é pura tolice, mas sempre sabemos mais do que no ano passado e muito, muito mais do que na década anterior. É provável que problemas que hoje nos parecem irredutivelmente misteriosos e difíceis se prestarão a uma explicação pela biologia. A questão não é se, mas quando.

PARTE IV

MUITO DEPOIS DA CONSCIÊNCIA

11. Viver com consciência

POR QUE A CONSCIÊNCIA PREVALECEU

Na história da vida, a ascensão e o declínio das características e funções dependem do quanto elas contribuem para o êxito dos organismos vivos. O modo mais direto de explicar por que a consciência prevaleceu na evolução é dizer que ela contribuiu significativamente para a sobrevivência das espécies que a possuíam. A consciência veio, viu e venceu. Prosperou. Parece ter vindo para ficar.

Mas qual foi, de fato, a contribuição da consciência? A resposta é: uma grande variedade de vantagens perceptíveis e não tão perceptíveis na gestão da vida. Mesmo nos níveis mais simples, a consciência ajuda a otimizar as respostas às condições do ambiente. As imagens processadas na mente consciente fornecem detalhes sobre o ambiente, e esses detalhes podem ser usados para aumentar a precisão de uma resposta muito necessária, por exemplo, o movimento exato que neutralizará uma ameaça ou garantirá a captura de uma presa. A precisão das imagens, porém, é apenas uma das vantagens de uma mente consciente. O maior benefício que ela traz, desconfio, está em que, na mente consciente, o processamento das imagens relacionadas ao ambiente é *orientado* por um conjunto específico de imagens internas: as imagens do organismo vivo de seu possuidor como ele é representado no self. O self enfoca o processo mental, imbui de motivação a aventura de interagir com objetos e fenômenos, infunde a exploração do mundo externo ao cérebro com um *interesse* pelo mais fundamental dos problemas enfrentados pelo organismo: a regulação bem-sucedida da vida. Esse interesse é gerado naturalmente pelo processo do self, cujos alicerces estão nos sentimentos corporais primordiais e modificados. O self que sente de maneira espontânea e intrínseca sinaliza diretamente, como resultado da valência e da intensidade de seus estados afetivos, o grau de interesse e necessidade presente a cada momento.

À medida que o processo da consciência foi ganhando complexidade e as funções da memória, raciocínio e linguagem que coevoluíram passaram a atuar, mais benefícios da consciência foram sendo introduzidos. Esses benefícios relacionam-se, em grande medida, ao planejamento e à deliberação. Eles trouxeram inúmeras vantagens. Tornou-se possível sondar o futuro exequível e retardar ou inibir respostas automáticas. Um exemplo dessa inovadora capacidade evolucionária é o postergamento da gratificação: trocar calculadamente alguma coisa boa por algo ainda melhor mais tarde, ou abrir mão agora de algo bom quando a sondagem do futuro indicar que isso acabará por trazer alguma coisa ruim. Essa é a tendência da consciência que nos possibilitou uma gestão mais refinada da homeostase básica e, em última análise, ensejou o princípio da homeostase cultural (sobre a qual discorrerei mais para o fim deste capítulo).

Vemos uma profusão de comportamentos conscientes muito bem-sucedidos em numerosas espécies não humanas dotadas de cérebros suficientemente complexos. Há exemplos por toda parte, e os mais espetaculares são os dos mamíferos. Nos humanos, porém, graças à memória expandida, ao raciocínio e à linguagem, a consciência atingiu seu ápice atual. Suponho que essa culminância seja resultado do fortalecimento do self conhecedor e sua capacidade para revelar as dificuldades e oportunidades da condição humana. Há quem diga que nessa revelação reside uma trágica perda, notavelmente da inocência, considerando tudo o que ela nos faz ver das imperfeições da natureza e do drama que enfrentamos, todas as tentações que ela põe diante dos olhos humanos, todo o mal que ela desmascara. Seja como for, não temos escolha. A consciência certamente nos permitiu aumentar o conhecimento e desenvolver a ciência e a tecnologia, dois modos ao nosso dispor para tentar administrar as dificuldades e oportunidades iluminadas pelo estado consciente no ser humano.

O SELF E O PROBLEMA DO CONTROLE

Qualquer discussão sobre as vantagens da consciência tem de levar em conta as crescentes evidências de que, em muitas ocasiões, a execução das nossas ações é controlada por processos não conscientes. Isso ocorre com uma frequência considerável, nos mais variados contextos, e merece atenção. É notado quando exercemos certas habilidades, como dirigir um carro ou tocar um instrumento musical, e está constantemente presente em nossas interações sociais.

É fácil interpretar erroneamente os indícios da participação não consciente em nossas ações, sejam eles concretos ou não muito concretos. Ficamos inclinados a subestimar o valor do controle consciente governado pelo self quando tomamos conhecimento de que numerosos experimentos, iniciados por Benjamin Libet e seguidos por Dan Wegner e Patrick Haggard, mostraram a possibilidade de erro em nossa impressão subjetiva sobre o momento em que uma ação é iniciada ou sobre quem a inicia.[1] É igualmente fácil usar tais fatos, com dados da psicologia social, como argumento em favor da necessidade de reformular a tradicional noção da responsabilidade humana. Se fatores que nosso raciocínio consciente desconhece influenciam a forma dos nossos atos, seremos realmente responsáveis por nossas ações?

No entanto, a situação é muito menos problemática do que pode parecer diante dessas reações superficiais e injustificadas a descobertas cuja interpretação ainda está em debate. Primeiro, a realidade do processamento não consciente e o fato de que ele pode exercer controle sobre nosso comportamento não estão sendo questionados. Além disso, esse controle não consciente é uma bem-vinda realidade que nos traz vantagens palpáveis, como veremos. Segundo, os processos não conscientes estão, em boa medida e de vários modos, sob o governo *consciente*. Em outras palavras, existem dois tipos de controle das ações, o consciente e o não consciente, mas o controle não consciente pode ser parcialmente moldado pelo consciente. A infância e a adolescência humana duram um tempo incomum porque é muito demorado educar os processos não conscientes do nosso cérebro e criar, nesse espaço cerebral não consciente, uma forma de controle que possa funcionar, com mais ou menos fidelidade, segundo nossas intenções e objetivos conscientes. Podemos descrever essa lenta educação como um processo de transferir parte do controle consciente para um servidor inconsciente, e não como uma desistência do controle consciente em favor de forças inconscientes que com certeza podem causar uma devastação no comportamento humano. Patricia Churchland defendeu convincentemente essa posição.[2]

A consciência não é desvalorizada pela presença de processos não conscientes. Na verdade, tem seu alcance ampliado por eles. E supondo a presença de um cérebro em funcionamento normal, o grau de responsabilidade do indivíduo por uma ação não necessariamente diminui na presença de uma sadia e robusta execução não consciente de algumas ações.

No fim das contas, a relação entre os processos conscientes e não conscientes é mais um exemplo das estranhas parcerias funcionais que surgem como resultado de processos coevolutivos. Por força, a consciência e o controle consciente direto das ações surgiram depois que mentes não conscientes já estavam em ação, dirigindo o show com diversos bons resultados, porém nem sempre. Havia margem para melhorar o espetáculo. A consciência atingiu a maturidade primeiro restringindo parte dos executivos não conscientes e depois explorando-os impiedosamente na execução de ações planejadas e decididas de antemão. Processos não conscientes tornaram-se um modo adequado e conveniente de executar comportamentos e dar à consciência mais tempo para análise e planejamento adicionais.

Quando voltamos para casa pensando na solução de um problema e não no trajeto, mas chegamos em segurança, é porque aceitamos os benefícios de uma habilidade não consciente que adquirimos graças a muitos exercícios conscientes anteriores, segundo uma curva de aprendizado. Enquanto voltávamos para casa, nossa consciência só precisou monitorar o objetivo geral da viagem. O resto de nossos processos conscientes ficou livre para um uso criativo.

Isso, em boa medida, também se aplica ao comportamento profissional dos músicos e atletas. Seu processamento consciente concentra-se em atingir objetivos, alcançar certas marcas em determinadas épocas, evitar alguns perigos da execução e detectar circunstâncias imprevistas. O resto é prática, prática, prática, a segunda natureza que pode conduzir ao Carnegie Hall.

Por fim, a interação cooperativa entre o consciente e o inconsciente também se aplica integralmente aos comportamentos morais. Estes são um conjunto de habilidades que adquirimos com práticas repetidas no decorrer de um longo tempo, baseadas em princípios e razões conscientemente articulados, mas que também figuram como uma "segunda natureza" no nosso inconsciente cognitivo.

Para concluir, o que se quer dizer aqui com deliberação consciente tem pouca relação com a capacidade de controlar nossas ações no momento corrente; refere-se mais à capacidade de planejar e decidir de antemão que ações queremos ou não executar. A deliberação consciente diz respeito, em grande medida, a decisões tomadas no decorrer de longos períodos, dias ou semanas em certos casos, e raramente menos do que minutos ou segundos. Não são decisões tomadas num átimo. É comum considerar que as escolhas extremamente rápidas são "impensadas" e "automáticas".[3] A deliberação consciente tem por base a *reflexão sobre o conhecimento*. Aplicamos a reflexão e o conhecimento quando decidimos sobre questões importantes em nossa vida. Usamos a deliberação consciente para governar nossos amores e amizades, nossa educação e atividades profissionais, nossas relações com as pessoas. As decisões ligadas ao comportamento moral, em sua definição restrita ou ampla, envolvem a deliberação consciente e são tomadas no decorrer de longos períodos. Além disso, elas são processadas em um espaço mental off-line que prevalece sobre a percepção externa. O sujeito no centro das deliberações conscientes, o self encarregado de sondar o futuro, com frequência é distraído da percepção do exterior e deixa de atentar para as imprevisibilidades. E há uma razão muito boa para essa distração, dada pela fisiologia do cérebro: nele, o espaço de processamento de imagens, como vimos, é o somatório dos córtices sensoriais iniciais; esse mesmo espaço precisa ser partilhado com os processos de reflexão consciente *e* com a percepção direta, e dificilmente dá conta do recado sem favorecer uma dessas incumbências em detrimento da outra.

A deliberação consciente, sob a regência de um self robusto construído a partir de uma autobiografia organizada e de uma identidade definida, é uma consequência fundamental da consciência, precisamente o tipo de conquista que desmente a ideia de que a consciência é um epifenômeno inútil, um ornamento sem o qual os cérebros dariam conta da tarefa de gerir a vida com a mesma eficácia e sem todo o incômodo. Não temos capacidade de gerir o tipo de vida que levamos, nos ambientes físicos e sociais que se tornaram o hábitat humano, sem uma deliberação consciente reflexiva. Mas acontece, além disso, que os produtos da deliberação consciente são limitados em um grau significativo por um vasto conjunto de predisposições não conscientes, algumas determinadas pela biologia, outras culturalmente adquiridas, e o controle não consciente da ação também é um problema que devemos enfrentar.

Ainda assim, a maioria das decisões importantes é tomada muito antes do momento de sua execução, na mente consciente, onde podem ser simuladas e testadas e onde, potencialmente, o controle consciente tem como minimizar o efeito das predisposições não conscientes. Por fim, o exercício das decisões pode ser aprimorado e se transformar em uma habilidade com a ajuda do processamento mental não consciente, aquelas operações mentais submersas envolvendo conhecimentos gerais e raciocínio às quais frequentemente chamamos de inconsciente cognitivo. As decisões conscientes começam com reflexão, simulação e teste na mente consciente; esse processo pode ser completado e ensaiado na mente não consciente, a partir daí as ações recém-selecionadas podem ser executadas. Os componentes conscientes e não conscientes desse complexo e o frágil mecanismo de decisão e execução podem ser desencaminhados pelo maquinário dos apetites e desejos, e nesse caso provavelmente não será eficaz um veto em última instância. Vetos que nos surgem num átimo fazem lembrar uma conhecida recomendação sobre o uso de drogas: "Diga não". Essa estratégia pode ser adequada quando precisamos impedir um inócuo movimento dos dedos, mas não quando precisamos deter uma ação impelida por um desejo ou apetite urgente, justamente do tipo a que somos arrastados pela dependência de drogas, álcool, comidas sedutoras ou sexo. Dizer não com êxito requer uma demorada preparação consciente.

UM APARTE SOBRE O INCONSCIENTE

Graças ao fato de nosso cérebro ter conseguido combinar o novo governo possibilitado pela consciência com o velho governo baseado na regulação automática não consciente, os processos cerebrais não conscientes estão à altura das tarefas que devem desempenhar em benefício das decisões conscientes. Algumas evidências apropriadas podem ser vislumbradas em um notável estudo do psicólogo holandês Ap Dijksterhuis.[4] Para avaliarmos a importância dos resultados, é preciso descrever o contexto. Em seu experimento, Dijksterhuis pediu a sujeitos normais que tomassem decisões de compra em duas condições distintas. Numa delas, eles aplicaram principalmente a deliberação consciente; na outra, como resultado de distração manipulada, não puderam deliberar conscientemente.

Havia dois tipos de artigos a ser comprados. Um consistia em triviais utensílios domésticos, como torradeiras e toalhas de rosto; o outro, em artigos de valor monetário alto, como carros ou casas. Para ambos os tipos, os sujeitos receberam amplas informações sobre os prós e os contras de cada item, uma espécie de relatório ao consumidor completo, inclusive com a etiqueta de preço. Tais informações seriam úteis quando lhes fosse pedido para escolher o "melhor" artigo possível para comprar. Mas chegado o momento da decisão, Dijksterhuis permitiu a alguns sujeitos estudar as informações sobre os artigos por três minutos antes de fazerem a escolha, enquanto negou esse privilégio aos demais e os distraiu durante os três minutos. Para ambos os tipos de artigo, os triviais e os não triviais, os sujeitos foram testados em ambas as condições, com três minutos de estudo atento ou com uma distração.

O que você prediria sobre a qualidade das decisões? Uma predição perfeitamente razoável seria que, para os utensílios domésticos triviais, os sujeitos fariam boas escolhas tanto com a deliberação consciente como com a inconsciente, considerando o pequeno valor em jogo e a menor complexidade do problema. Decidir entre duas torradeiras, mesmo para quem é muito exigente, não tem nada de complicado. Mas no caso dos artigos grandes — qual sedã de quatro portas comprar, por exemplo — seria de esperar que os sujeitos a quem se permitiu estudar as informações tomassem as decisões mais bem-sucedidas.

Acontece que os resultados foram surpreendentemente diferentes dessas predições. As decisões tomadas sem uma pré-deliberação consciente foram mais bem-sucedidas para ambos os tipos de artigo, mas especialmente para os artigos grandes. A conclusão superficial seria então: se você quer comprar um carro ou uma casa, inteire-se dos fatos, mas não se angustie comparando minuciosamente a lista das possíveis vantagens ou desvantagens. Compre e acabou-se. E adeus às glórias da deliberação consciente.

É desnecessário dizer que esses resultados intrigantes não devem desencorajar ninguém de se dedicar à deliberação consciente. O que eles sugerem é que os processos não conscientes são capazes de algum tipo de raciocínio, muito mais do que em geral se pensa, e que esse raciocínio, depois de ter sido devidamente treinado pela experiência passada e quando o tempo é escasso, pode levar a decisões benéficas. Nas circunstâncias do experimento, a ponderação consciente e atenta, especialmente sobre os artigos grandes, não produz o melhor resultado. O alto número de variáveis em jogo e o espaço restrito do raciocínio consciente — restrito pelo limitado número de itens que podem ser examinados em dado tempo — reduzem a probabilidade de fazer a melhor escolha por causa da janela de tempo restrita. O espaço inconsciente, ao contrário, possui uma capacidade muito maior. É capaz de reter e manipular muitas variáveis e potencialmente produzir a melhor escolha em uma janela de tempo pequena.

Além do que nos diz a respeito do processamento não consciente em geral, o estudo de Dijksterhuis salienta outras questões importantes. Uma delas refere-se ao tempo necessário para uma decisão. Talvez você possa escolher o melhor restaurante para hoje à noite se tiver a tarde inteira para examinar as mais recentes avaliações culinárias, o custo dos pratos dos cardápios e a localização dos estabelecimentos, e comparar tudo isso com suas preferências, seu estado de espírito e o tamanho da sua conta bancária. Mas você não tem a tarde toda. O tempo é importante, e você deve alocar apenas uma quantidade "razoável" dele para a decisão. É claro que a importância do assunto a ser decidido determina a razoabilidade. Já que você não tem todo o tempo do mundo, e em vez de fazer um enorme investimento em computação complexa, alguns atalhos são aconselháveis. A boa notícia é que seus registros emocionais passados o ajudarão com os atalhos, e o seu inconsciente cognitivo é um bom fornecedor desses registros.

Tudo isso é para dizer que me agrada bastante essa ideia de que o nosso inconsciente cognitivo tem capacidade de raciocínio e um "espaço" de operação maior em comparação com seu congênere consciente. Mas um elemento fundamental para a explicação desses resultados relaciona-se à experiência emocional prévia do indivíduo com itens similares aos variados artigos grandes do experimento. O espaço não consciente é bem aberto e adequado a essa manipulação oculta, mas, em grande medida, funciona vantajosamente porque certas opções são marcadas de modo não consciente por uma predisposição associada a fatores de emoções-sentimentos anteriormente aprendidos. Acredito que as conclusões sobre os méritos do processamento *não* consciente são corretas, mas nossa noção sobre o que acontece sob a superfície envidraçada da consciência é muito enriquecida quando computamos as emoções e os sentimentos nos processos não conscientes.

O experimento de Dijksterhuis ilustra a combinação das capacidades inconscientes e conscientes. Sozinho, o processamento inconsciente não daria conta do serviço. Nesses experimentos, os processos inconscientes trabalharam muito, mas os sujeitos tinham uma bagagem de anos de deliberação consciente durante os quais seus processos não conscientes haviam sido repetidamente treinados. Além disso, enquanto os processos não conscientes labutam, os sujeitos permanecem totalmente conscientes. Pacientes inconscientes sob anestesia ou em coma não tomam decisões relacionadas ao mundo real, do mesmo modo que não podem sentir prazer sexual. Repetindo, o que leva ao êxito é a feliz sinergia dos níveis não aparentes e aparentes. Servimo-nos do inconsciente cognitivo com regularidade, o dia todo, e discretamente delegamos a ele várias tarefas, entre elas a execução de reações.

Delegar tarefas ao espaço não consciente é o que fazemos quando aprimoramos uma habilidade a tal ponto que deixamos de prestar atenção às etapas técnicas necessárias para exercê-la. Desenvolvemos habilidades à luz clara da consciência, mas depois permitimos que elas desçam para o espaçoso porão da nossa mente, onde não atravancam a exígua metragem do nosso espaço de reflexão consciente.

O experimento de Dijksterhuis veio ornamentar uma pesquisa em curso sobre o papel de influências não conscientes em tarefas decisórias. No início da pesquisa, nosso grupo de estudo havia apresentado evidências decisivas a esse respeito.[5] Demonstramos, por exemplo, que, quando sujeitos normais jogam cartas em um tipo de jogo que envolve ganhos e perdas sob condições de risco e incerteza, começam adotando uma estratégia vitoriosa ligeiramente antes de ser capazes de explicar por que irão fazê-lo. Por alguns minutos antes de adotar a estratégia vantajosa, seus cérebros produzem respostas psicofisiológicas diferenciadas sempre que os sujeitos refletem a respeito de pegar uma carta em um dos baralhos ruins, ou seja, aqueles que levam a perdas, enquanto a perspectiva de pegar uma carta em um baralho bom não gera tais respostas. A beleza do resultado está no fato de que as respostas psicofisiológicas — que no estudo original foram medidas com base na condutância da pele — *não* são perceptíveis nem para o sujeito nem para um observador a olho nu. Ocorrem sob o radar da consciência, tão sorrateiramente quanto o comportamento que está derivando em direção à estratégia vencedora.[6]

O que acontece exatamente ainda não está bem claro, mas seja o que for, a consciência a cada momento é desnecessária. É possível que o equivalente não consciente de um palpite consciente "dê um toque", digamos assim, ao processo de tomada de decisão, influenciando a computação não consciente e impedindo a escolha do item errado. Muito provavelmente um importante processo de raciocínio está em curso no nível não consciente, na mente subterrânea, e esse raciocínio produz resultados sem que tomemos conhecimento das etapas intermediárias. Seja qual for o processo, ele produz o equivalente de uma *intuição* sem aquele "estalo" que nos diz que a solução foi encontrada. Limita-se a nos entregar discretamente a solução.

As evidências em favor do processamento não consciente são cada vez mais numerosas. Nossas decisões econômicas não se pautam na racionalidade pura e sofrem forte influência de predisposições como a aversão à perda e o gosto pelo ganho.[7] O modo como interagimos com as pessoas é influenciado por um vasto conjunto de predisposições relacionadas a gênero, raça, maneiras, sotaques e vestuário. O contexto da interação traz seu próprio conjunto de predisposições associadas à familiaridade e às intenções. As preocupações e emoções que trazíamos pouco antes da interação também têm um papel importante, assim como o momento do dia: estamos com fome? Estamos saciados? Expressamos ou damos sinais indiretos de preferência por rostos humanos à velocidade da luz, sem ter tido tempo para processar conscientemente os dados que poderiam sustentar uma inferência correspondente baseada no raciocínio — mais uma razão para que tenhamos muita cautela nas decisões importantes para nossa vida pessoal e cívica.[8] Não há problema em deixar que a influência inconsciente de emoções passadas nos guiem quando escolhemos uma casa, contanto que antes de assinar o contrato paremos para refletir bem sobre o que o inconsciente nos está oferecendo como opção. Pode ser que, depois de reanalisar os dados, acabemos por concluir que a escolha não é válida, independentemente do julgamento intuitivo que tenhamos dado à situação, porque, por exemplo, nossas experiências passadas nessa área são atípicas, tendenciosas ou insuficientes. E isso tem ainda mais importância se formos votar em uma eleição ou participar de um júri. Um dos maiores problemas dos eleitores em pleitos políticos e em tribunais é o poder dos fatores emocionais/inconscientes. O poder dos fatores emocionais não conscientes é tão reconhecido que ensejou, em décadas recentes, a prosperidade de uma monstruosa máquina de influenciar votos, a indústria do marketing eleitoral, que cresceu par a par com métodos menos alardeados mas igualmente refinados de influenciar a seleção de jurados.

Reflexão e reavaliação, verificação dos dados e reconsideração não podem ser dispensados. Essas são boas ocasiões para dedicarmos mais tempo à decisão, de preferência antes de entrar na cabine de votação ou de entregar nosso voto ao porta-voz do júri. Todas essas descobertas exemplificam situações nas quais influências inconscientes, emocionais ou não, assim como etapas de raciocínio não consciente influenciam o resultado de uma tarefa. No entanto, nos experimentos os sujeitos estão plenamente conscientes quando são postos a par das premissas da tarefa e também quando a decisão acontece, além de serem informados dos resultados de suas ações. É evidente que esses são exemplos de componentes não conscientes de decisões que, de resto, são conscientes. Eles nos permitem vislumbrar a complexidade e variedade dos mecanismos por trás da fachada do controle consciente supostamente perfeito, porém não negam nossas capacidades deliberativas e não nos eximem da responsabilidade pelas nossas ações.

NOTA SOBRE O INCONSCIENTE GENÔMICO

Cabe aqui uma breve observação a respeito do inconsciente genômico, uma das forças ocultas com as quais a deliberação consciente precisa contender. O que significa minha expressão "inconsciente genômico"? Em termos simples, trata-se do colossal número de instruções, contidas em nosso genoma, que governam a construção do organismo com as características distintas dos nossos fenótipos tanto no corpo propriamente dito como no cérebro, e que também auxiliam no funcionamento do organismo. A arquitetura básica dos nossos circuitos cerebrais segue instruções do genoma, e essa arquitetura básica contém o repertório pioneiro do know-how inconsciente com os quais nosso organismo pode ser governado. Esse know-how relaciona-se principalmente à regulação da vida, às questões de sobrevivência e reprodução; contudo, precisamente em razão da centralidade desses problemas, a arquitetura favorece comportamentos que podem dar a impressão de ser decididos pela cognição consciente, mas na verdade são governados por disposições não conscientes. As preferências espontâneas que manifestamos bem cedo na vida com respeito a comida, bebida, parceiros e hábitat são movidas, em parte, pelo inconsciente genômico, embora possam ser moduladas e modificadas pela experiência individual ao longo de todo o desenvolvimento.

A psicologia reconhece há muito tempo a existência de alicerces inconscientes do comportamento, e os estuda sob as denominações de instintos, comportamentos automáticos, impulsos e motivações. O que mudou recentemente é a constatação de que a instalação inicial dessas disposições no cérebro humano se dá sob considerável influência genética e que, não obstante toda a modelação e remodelação pelas quais passamos como indivíduos conscientes, o alcance temático dessas disposições é amplo e assombrosamente disseminado. Podemos notar esse fato especialmente no caso de algumas disposições sobre as quais foram construídas as estruturas culturais. O inconsciente genético influenciou a configuração inicial das artes, como a música, a pintura e a poesia. Influenciou a estruturação inicial do espaço social, incluindo as convenções e regras. Influenciou, como certamente perceberam Freud e Jung, muitos aspectos da sexualidade humana. Foi importantíssimo para as narrativas fundamentais das religiões e para os enredos clássicos de peças teatrais e romances, que em grande medida giram em torno da força dos programas emocionais inspirados pelo nosso genoma. O ciúme cego, impermeável ao bom senso, aos fatos comprovados e à razão, impele Otelo a matar a inocente Desdêmona e Karenin a punir duramente a adúltera Ana Karenina. A monumental malevolência de Iago provavelmente não teria êxito não fosse a vulnerabilidade natural de Otelo ao ciúme. A assimetria cognitiva da sexualidade em homens e mulheres, que tem muitos parâmetros gravados em nosso genoma, espreita sob o comportamento desses personagens e os mantém eternamente modernos. A intensa agressão masculina de Aquiles, Heitor e Ulisses também tem raízes profundas no inconsciente genético. O mesmo podemos dizer de dois personagens, Édipo e Hamlet, destruídos um pela violação do tabu do incesto e o outro pela inclinação reprimida a transgredi-lo. A interpretação freudiana desses personagens atemporais funde-se com suas origens evolucionárias e revela algumas características muito frequentes da natureza humana. O teatro e o romance, assim como o cinema, seu herdeiro do século xx, são grandes beneficiários do inconsciente genômico.

O inconsciente genômico é, em parte, responsável pela similitude que caracteriza o repertório do comportamento humano. Por isso, é de admirar que com frequência nos afastemos dos monótonos universais e, por força da arte ou da pura magia de um encontro humano, criemos um infinito conjunto de variações da vida que nos delicia e impressiona.

O SENTIMENTO DA VONTADE CONSCIENTE

Com que frequência somos guiados por um inconsciente cognitivo bem ensaiado, treinado sob a supervisão da reflexão consciente para observar ideais, necessidades e planos conscientemente concebidos? Com que frequência somos guiados por predisposições, apetites e desejos inconscientes arraigados e biologicamente muito antigos? Desconfio que a maioria de nós, fracos mas bem-intencionados pecadores, funciona em ambos os modos, ora mais em um, ora mais em outro, dependendo da situação e do momento.

Seja qual for o modo em que funcionamos, mais virtuoso ou mais para o oposto, a ação no momento é inevitavelmente acompanhada pela impressão, às vezes falsa, às vezes verdadeira, de que agimos instantaneamente, sob total controle do nosso self que mergulhou de cabeça no que fizemos. Essa impressão é um *sentimento*, o sentimento que surge quando nosso organismo se vê às voltas com uma nova percepção ou inicia uma nova ação — aquele sentimento de conhecer que já examinamos como parte integrante do self congregado. Um estudioso que tem essa mesma concepção é Dan Wegner. Ele descreve a vontade consciente como "o marcador somático da autoria pessoal, uma emoção que autentica o self como o proprietário da ação. Com o sentimento de executar uma ação, temos uma sensação consciente de vontade ligada à ação".[9] Em outras palavras, não somos meros "autômatos conscientes", incapazes de controlar nossa existência, como pensava T. H. Huxley um século atrás.[10] Quando a mente é informada sobre as ações executadas pelo nosso organismo, o sentimento associado à informação indica que as ações foram engendradas pelo self. Tanto a informação como a autenticação das ações correntes são essenciais para motivar a deliberação sobre as ações futuras. Sem esse tipo de informação validada e sentida, não seríamos capazes de assumir a responsabilidade moral pelas ações que nosso organismo executa.

A EDUCAÇÃO DO INCONSCIENTE COGNITIVO

Um maior controle sobre as imprevisibilidades do comportamento humano só pode ser alcançado com acumulação de conhecimentos e com a reflexão sobre os fatos descobertos. Analisar os fatos sem pressa, avaliar o resultado das decisões e ponderar os resultados emocionais dessas decisões é o caminho para a construção de um guia prático também conhecido como sabedoria. Com base na sabedoria, podemos deliberar e ter esperanças de nortear nosso comportamento segundo as convenções culturais e regras éticas que baseiam nossa biografia e o mundo em que vivemos. Também podemos reagir a essas convenções e regras, enfrentar os conflitos decorrentes de discordar com elas e até mesmo tentar modificá-las. Um bom exemplo é o conflito defrontado por indivíduos que têm objeções de consciência.

Igualmente importante é nossa necessidade de estar alertas para uma singular barreira com que deparam as decisões que são fruto de uma deliberação consciente: elas têm de encontrar um caminho para o inconsciente cognitivo a fim de permear o maquinário da ação — e precisamos facilitar essa influência. Um modo de transpor a barreira seria um intenso ensaio consciente dos procedimentos e ações que desejamos que o nosso inconsciente execute, um processo de prática repetida que nos leve a dominar uma *habilidade de execução* — um programa de ação psicológica composto conscientemente que mandamos para a esfera não consciente.

Não estou inventando nada de novo no que está dito acima. Apenas delineio um mecanismo prático, deduzido de como presumo que sejam as operações neurais de decisão e ação. Há milênios que líderes sagazes recorrem a uma solução comparável quando pedem que seus seguidores observem rituais disciplinados, cujo efeito colateral sem dúvida é a imposição gradual de decisões determinadas conscientemente sobre processos de ação não conscientes. Como seria de esperar, tais rituais em geral envolvem a criação de emoções intensificadas, inclusive a dor, um meio empiricamente descoberto de gravar o mecanismo desejado na mente humana. No entanto, o que imagino vai muito além de rituais religiosos e cívicos; abrange questões do cotidiano em várias áreas. Penso, em especial, em questões de saúde e comportamento social. Nossa educação insuficiente sobre os processos não conscientes provavelmente explica, por exemplo, por que tantos de nós falham lamentavelmente em fazer o que seria bom em matéria de alimentação e exercício. *Pensamos* estar no controle, mas com frequência não estamos, e as epidemias de obesidade, hipertensão e doenças cardíacas são a prova. Nossa constituição biológica nos inclina a consumir o que não devemos, mas além disso o mesmo fazem as tradições culturais que se pautaram nessa constituição biológica e foram por ela moldadas, e até a indústria da publicidade que a explora. Não se trata de uma conspiração. É uma coisa natural. Talvez essa seja uma boa esfera para uma construção ritualizada de habilidades, se é que é disso que precisamos.

O mesmo se aplica à epidemia de dependência de drogas. Uma das razões por que muitos indivíduos se tornam dependentes de todo tipo de droga, sem falar do álcool, tem relação com as pressões da homeostase. É natural que no decorrer de cada dia todos nós deparemos com frustrações, preocupações e dificuldades que desequilibram a homeostase e em consequência nos fazem sentir mal-estar, talvez angústia, desânimo ou tristeza. Um efeito das chamadas substâncias viciantes é restaurar rapidamente e por um período finito o equilíbrio perdido. Como o fazem? Creio que elas alteram a imagem sentida que o cérebro está formando de seu corpo naquele momento. O estado de desequilíbrio homeostático é neuralmente representado como uma paisagem corporal obstruída, desarranjada. Depois de certas drogas, em certas dosagens, o cérebro representa um organismo funcionando com mais suavidade. O sofrimento que corresponde à imagem anteriormente sentida assume uma forma de prazer temporário. O sistema de apetite do cérebro é temporariamente sequestrado, e o resultado final não é bem aquele desejado reequilíbrio da homeostase, pelo menos não por longo tempo. Acontece que rejeitar a possibilidade de uma rápida correção do sofrimento requer um esforço tremendo, até para quem já sabe que a correção é efêmera e que as consequências da escolha podem ser terríveis. Na estrutura que delineei, há uma razão óbvia para esse estado de coisas. A demanda homeostática não consciente está naturalmente no controle e só pode ser combatida por uma força oposta poderosa e bem treinada. Spinoza parece ter tido a ideia certa quando disse que uma emoção com consequências negativas só poderia ser contrabalançada por outra emoção mais poderosa. O que isso pode significar é que apenas treinar o processo não consciente a recusar polidamente não é uma solução. O mecanismo não consciente tem de ser treinado pela mente consciente para desferir um bom contragolpe emocional.

CÉREBRO E JUSTIÇA

As concepções biologicamente fundamentadas de controle consciente e inconsciente são importantes para o modo como vivemos e em especial para como devemos viver. Mas talvez sua maior importância resida nas questões pertinentes ao comportamento social — em particular o setor do comportamento social conhecido como comportamento moral — e à violação dos acordos sociais codificados em leis.

A civilização, sobretudo em seu aspecto relacionado à justiça, tem por eixo a noção de que os seres humanos são conscientes de um modo que os animais não são. Em geral, as culturas desenvolvem sistemas de justiça que recorrem ao senso comum para fundamentar as complexidades da tomada de decisão e proteger a sociedade de quem viola as leis estabelecidas. Compreensivelmente, e com raras exceções, tem sido ínfimo o peso atribuído às evidências provenientes da ciência do cérebro e da ciência cognitiva.

Vem crescendo o temor de que os dados revelados pela ciência sobre o funcionamento do cérebro, ao se tornarem mais amplamente conhecidos, possam solapar a aplicação das leis, coisa que em geral os sistemas legais têm evitado, deixando de levar esses dados em consideração. Mas o necessário, na verdade, é uma análise mais criteriosa desses dados na hora de aplicar a justiça. O fato de que qualquer pessoa capaz de conhecimento é responsável por suas ações não significa que a neurobiologia da consciência seja irrelevante para o processo da justiça e para o processo de educação destinado a preparar os futuros adultos para a existência adaptativa em sociedade. Ao contrário, advogados, juízes, legisladores, planejadores e educadores precisam familiarizar-se com a neurobiologia da consciência e da tomada de decisão. Isso é importante para promover a elaboração de leis realistas e preparar as futuras gerações para o controle responsável de suas ações.

Em certos casos de disfunção cerebral, até a mais exercitada deliberação pode não ser capaz de sobrepujar forças não conscientes ou conscientes. Mal começamos a vislumbrar o perfil desses casos, mas sabemos, por exemplo, que pacientes com certos tipos de lesão pré-frontal podem ser incapazes de controlar a impulsividade. O modo como tais indivíduos controlam suas ações não é normal. Como devem ser julgados quando postos nas mãos da justiça? Como criminosos ou doentes neurológicos? Talvez as duas coisas, eu diria. Sua doença neurológica não deveria, de modo algum, desculpar suas ações, mesmo que pudessem explicar aspectos de um crime. Mas se eles têm uma doença neurológica, são de fato pacientes, e é nessa condição que a sociedade deve lidar com eles. Uma tragédia do nosso tempo nessa área é que estamos apenas começando a entender essas facetas da doença neurológica; depois que a doença é diagnosticada, temos pouco a oferecer como tratamento. Isso, porém, não limita absolutamente a responsabilidade que a sociedade tem de investigar e debater em público os conhecimentos disponíveis, assim como a necessidade de mais estudos sobre esses problemas.[11]

Outros pacientes, cuja lesão pré-frontal concentra-se no setor ventromedial, julgam dilemas morais hipotéticos de um modo muito prático e utilitário que tem pouca ou nenhuma aplicação para o lado mais humanitário do nosso espírito. Quando confrontados, por exemplo, com um suposto caso de tentativa de assassinato que fracassou apesar da intenção de matar, eles não julgam que a situação seja significativamente diferente de um homicídio involuntário, impremeditado. Podem, inclusive, achar a primeira dessas situações mais permissível.[12] O modo como tais indivíduos entendem as motivações, intenções e consequências é inconvencional, para dizer o mínimo, mesmo que em seu dia a dia eles provavelmente não sejam capazes de fazer mal a uma mosca. Ainda temos muito que aprender sobre como o cérebro humano processa os julgamentos de comportamento e controla as ações.

NATUREZA E CULTURA

A história da vida tem a forma de uma árvore com numerosos ramos, cada qual conducente a espécies distintas. Inclusive espécies que não se encontram na extremidade de um ramo alto podem ser extraordinariamente inteligentes em sua vizinhança zoológica. Seus avanços devem ser avaliados em relação a essa vizinhança. Ainda assim, quando vemos a árvore da vida de uma perspectiva do longo prazo, não podemos deixar de reconhecer que os organismos efetivamente progridem do simples para o complexo. Dessa perspectiva, faz sentido indagar quando a consciência surgiu na história da vida. Qual terá sido a sua utilidade para os seres vivos? Se acompanharmos a evolução biológica como uma marcha impremeditada subindo pela árvore da vida, a resposta sensata é que a consciência surgiu bem tarde, na parte alta da árvore. Não há sinal de consciência na sopa primordial nem em bactérias, em organismos unicelulares ou multicelulares simples, em fungos ou plantas, todos eles organismos interessantes que apresentam elaborados mecanismos de regulação da vida, precisamente os mecanismos cujo trabalho a consciência viria a aprimorar tempos depois. Nenhum desses organismos tem cérebro, muito menos mente. Na ausência de neurônios, o comportamento é limitado e a mente não é possível; inexistindo mente, não há consciência propriamente dita, apenas precursores de consciência.

Ao surgirem neurônios, a vida passa por uma notável mudança. Os neurônios aparecem como uma variação do tema das demais células do corpo. São feitos dos mesmos componentes das outras células, funcionam em geral de maneira idêntica, e no entanto são especiais. Tornam-se condutores de sinais: mecanismos de processamento capazes de transmitir e receber mensagens. Em virtude dessas capacidades sinalizadoras, os neurônios organizam-se em circuitos e redes complexos. Esses circuitos e redes, por sua vez, representam fenômenos que ocorrem em outras células e, direta ou indiretamente, influenciam o funcionamento de outras células e até o seu próprio funcionamento. O trabalho dos neurônios é totalmente voltado para outras células do corpo, embora não percam sua condição de células corporais só porque adquiriram a capacidade de transmitir sinais por vias eletroquímicas, enviar esses sinais a vários locais do organismo e constituir circuitos e sistemas imensamente complexos. Eles são células do corpo, acentuadamente dependentes de nutrientes como são todas as células corporais; destoam sobretudo pela capacidade de realizar truques que as outras células não sabem fazer, e mostram a decidida atitude de ter uma vida longa, se possível tão longa quanto a de seu possuidor. Exagera-se a separação entre corpo e cérebro, pois os neurônios que compõem o cérebro *são* células corporais, e esse fato é de grande relevância para o problema mente-corpo.

Quando neurônios surgem em organismos capazes de movimento, a vida sofre uma mudança que a natureza nega às plantas.

Tem início uma incessante progressão da complexidade funcional: comportamentos cada vez mais elaborados, processos mentais e, por fim, consciência. Um segredo por trás dessa complexidade gradativa agora está claro. Relaciona-se ao número de neurônios disponível em um organismo e, igualmente importante, aos padrões em que eles se organizam em circuitos de escalas cada vez maiores até comporem regiões cerebrais macroscópicas que formam sistemas com intricadas articulações funcionais. A importância conjunta do número de neurônios e de seu padrão de organização é a causa da impossibilidade de estudar os problemas do comportamento e da mente com base apenas na investigação dos neurônios individualmente, das moléculas que atuam sobre eles ou dos genes envolvidos no governo da vida desses neurônios. Estudar individualmente os neurônios, microcircuitos, moléculas e genes é indispensável para alcançarmos uma compreensão abrangente do problema. A enorme diferença entre as mentes e os comportamentos dos outros grandes primatas e dos humanos, porém, deve-se ao *número* de elementos cerebrais e ao *padrão* de organização desses elementos.

Os sistemas nervosos evoluíram como gestores da vida e curadores do valor biológico, de início contando com a assistência de disposições não residentes em cérebros, mas por fim auxiliados por imagens, isto é, mentes. O surgimento da mente trouxe progressos espetaculares na regulação da vida para numerosas espécies, mesmo quando as imagens não eram detalhadas e tinham apenas a mesma duração do momento perceptual, desaparecendo totalmente depois. Os cérebros dos insetos sociais são um exemplo desses progressos, pois mostram uma espantosa complexidade e no entanto são de certo modo inflexíveis, vulneráveis a interrupções de suas sequências comportamentais e ainda não capazes de manter representações em um espaço de trabalho temporário na memória. O comportamento regido por uma mente tornou-se muito complexo em numerosas espécies não humanas, mas provavelmente a flexibilidade e criatividade que caracterizam as ações humanas não poderiam surgir apenas de uma mente genérica. A mente teve de ser protagonizada, enriquecida por um processo do self surgido em seu meio.

Assim que o self surge na mente, o jogo da vida muda, embora timidamente no início. As imagens dos mundos interno e externo podem ser organizadas de modo coeso em torno do protosself e passam a ser orientadas pelos requisitos de homeostase do organismo. Os mecanismos de recompensa e punição, assim como os impulsos e motivações, que vinham moldando o processo da vida em fases anteriores da evolução, ajudam então o desenvolvimento de emoções complexas. A inteligência social começa a ganhar flexibilidade. A presença do self central é seguida pela expansão do espaço mental de processamento, da memória convencional e da evocação, da memória de trabalho e do raciocínio. A regulação da vida passa a enfocar um indivíduo gradualmente mais bem definido. Por fim emerge o self autobiográfico, e com sua chegada a regulação da vida sofre uma mudança radical.

Se a natureza pode ser considerada indiferente, insensível, desalmada, a consciência humana cria a possibilidade de questionar essa impassibilidade. O surgimento da consciência humana está associado a mudanças evolucionárias no cérebro, no comportamento e na mente que, por fim, levaram à criação da cultura, uma novidade radical no curso da história natural. O aparecimento dos neurônios, com sua decorrente diversificação do comportamento e abertura do caminho para o nascimento das mentes, constitui um evento fundamental nessa grandiosa trajetória. Mas o advento de cérebros conscientes, por fim capazes de refletir a respeito de si mesmos, é o evento fundamental seguinte. Ele abriu o caminho para uma reação de rebeldia, ainda que imperfeita, contra os ditames de uma natureza indiferente.

Como se desenvolveu a mente independente e rebelde? Só podemos fazer conjecturas, e as páginas seguintes são um mero esboço de um quadro imensamente complexo, que não cabe num só livro, muito menos em um capítulo. Ainda assim, podemos ter certeza de que nossa mente rebelde não se desenvolveu de uma hora para outra. Mentes constituídas por mapas de diversas modalidades sensoriais ajudaram a melhorar a regulação da vida, porém mesmo quando os mapas tornaram-se imagens mentais propriamente sentidas, não eram independentes, e muito menos rebeldes. Imagens sentidas do interior do organismo favoreceram as chances de sobrevivência e criaram um espetáculo potencialmente belo, só que não havia ninguém para observá-lo. Quando pela primeira vez mentes adicionaram um self central à sua composição, momento esse que consideramos o verdadeiro início da consciência, chegamos mais perto do alvo, mas ainda não o atingimos. Ter um protagonista simples foi uma inequívoca vantagem, pois gerava uma firme ligação entre as necessidades de regulação da vida e a profusão de imagens mentais que o cérebro estava formando sobre o mundo à sua volta. A direção do comportamento foi otimizada. Mas a independência a que me refiro só pôde emergir quando o self tornou-se complexo o suficiente para revelar um quadro mais completo da condição humana, quando organismos vivos se tornaram capazes de aprender que dor e perda eram possíveis, mas também eram possíveis o prazer, o florescimento, a tolice, quando houve perguntas a ser feitas sobre o passado e o futuro humano, quando a imaginação pôde mostrar modos possíveis de reduzir o sofrimento, minimizar perdas e aumentar a probabilidade de felicidade e fantasia. Foi então que a mente rebelde começou a conduzir a existência humana por novos rumos, alguns desafiadores, outros cordatos, mas todos baseados no pensamento através do conhecimento, um conhecimento mítico de início, científico depois, mas sempre conhecimento.

O SELF SURGE NA MENTE

Que maravilhoso seria descobrir onde e quando o self robusto surgiu na mente e começou a gerar a revolução biológica chamada cultura. Mas, apesar das investigações feitas pelos que interpretam e datam os registros humanos sobreviventes ao tempo, não temos condições de responder a tais questões. Temos certeza de que o amadurecimento do self ocorreu de um modo lento e gradual, mas irregular, e que o processo aconteceu em várias partes do mundo, não necessariamente ao mesmo tempo. No entanto, sabemos que nossos ancestrais humanos mais diretos andavam pela Terra há cerca de 200 mil anos, e que por volta de 30 mil anos atrás humanos estavam criando pinturas e esculturas, entalhando em rocha, fundindo metais, confeccionando joias e possivelmente fazendo música. A data suposta para a caverna de Chauvet, em Ardèche, é 32 mil anos atrás, e há 17 mil anos a caverna de Lascaux já era uma espécie de Capela Sistina, com centenas de pinturas complexas e milhares de entalhes, numa intricada mistura de figuras e sinais abstratos. Temos aí, obviamente, a presença de uma mente capaz de processar símbolos. Desconhecemos a relação exata entre o surgimento da linguagem e a explosão de expressão artística e refinado fabrico de ferramentas que distinguem o *Homo sapiens*. Mas sabemos que, por dezenas de milhares de anos, humanos já tinham funerais suficientemente elaborados para requerer um tratamento especial dos mortos e o equivalente de pedras tumulares. É difícil imaginar como tais comportamentos teriam sido possíveis sem que houvesse uma preocupação explícita com a vida, uma primeira tentativa de interpretá-la e atribuir-lhe valor, na esfera emocional, naturalmente, mas também na intelectual. E é inconcebível que essa preocupação ou interpretação pudesse surgir na ausência de um self robusto.

O desenvolvimento da escrita, há cerca de 5 mil anos, fornece-nos um punhado de dados irrefutáveis, e sem dúvida na época dos poemas homéricos, que provavelmente têm menos de 3 mil anos, o self autobiográfico já existia na mente humana. Apesar disso, compreendo a suposição de Julian Jaynes de que algo muito importante pode ter ocorrido com a mente humana durante o relativamente breve intervalo de tempo entre os acontecimentos narrados na *Ilíada* e os que constam na *Odisseia*.[13] À medida que se acumularam conhecimentos sobre os humanos e sobre o universo, a contínua reflexão pode muito bem ter alterado a estrutura do self autobiográfico e conduzido a uma coesão maior dos aspectos relativamente separados do processamento mental; a coordenação da atividade cerebral, impelida primeiro pelo valor e depois pela razão, teria funcionado vantajosamente para nós. Seja como for, o self capaz de rebeldia que imagino é um avanço recente, da ordem de milhares de anos, um mero instante no tempo evolucionário. Esse self recorre a características que o cérebro humano adquiriu, muito provavelmente, durante o longo período do Pleistoceno. Ele depende da capacidade cerebral de manter registros expansíveis de memória não só de habilidades motoras, mas também de fatos e eventos, em particular fatos e eventos pessoais, aqueles que compõem o andaime da biografia, da pessoalidade e da identidade individual. Esse self rebelde depende da capacidade de reconstruir e manipular registros de memória em um espaço de trabalho no cérebro paralelo ao espaço perceptual, uma área de armazenagem off-line onde o tempo pode ser suspenso brevemente e as decisões podem ficar livres da tirania das respostas imediatas. Ele depende da capacidade cerebral de criar não só representações mentais que imitem a realidade de maneira fiel e mimética, mas também representações que simbolizem ações, objetos e indivíduos. O self rebelde depende da atividade cerebral para comunicar estados mentais, especialmente estados de sentimento, por meio de gestos do corpo e das mãos, e também pela voz, na forma de tons musicais e linguagem verbal. Por fim, ele depende da invenção de sistemas de memória externos, paralelos aos existentes em cada cérebro, e com isso quero dizer as representações pictóricas encontradas nas primeiras pinturas, entalhes e esculturas, ferramentas, joias, arquitetura funerária e, muito tempo depois do advento da linguagem, em registros escritos, certamente a mais importante variedade de memória externa até pouco tempo atrás.

Tão logo o self autobiográfico se torna capaz de funcionar com base em conhecimentos gravados em circuitos cerebrais e em registros externos na pedra, argila ou papel, os humanos adquirem o poder de atrelar suas necessidades biológicas individuais à sabedoria acumulada. Assim tem início um longo processo de indagação, reflexão e resposta, encontrado em toda a história humana registrada nos mitos, religiões, artes e várias estruturas inventadas para governar o comportamento social — a moralidade construída, os sistemas de justiça, a economia, a política, a ciência e a tecnologia. As consequências culminantes da consciência ocorrem graças à memória. É uma memória adquirida através de um filtro de valor biológico e animada pelo raciocínio.

AS CONSEQUÊNCIAS DO SELF CAPAZ DE REFLEXÃO

Imagine os seres humanos de épocas remotas, algum tempo depois que a linguagem verbal se estabeleceu como meio de comunicação. Imagine indivíduos conscientes cujo cérebro era dotado de muitas das capacidades que encontramos nos humanos atuais, e que buscavam muitas das coisas que ainda hoje buscamos: alimento, sexo, abrigo, segurança, conforto, dignidade, talvez transcendência. Nesse ambiente, a competição por recursos era um problema dominante, os conflitos podiam ser abundantes, e a cooperação era essencial. Recompensa, punição e aprendizado orientavam o comportamento desses indivíduos. Suponhamos que eles possuíam um conjunto de emoções semelhantes às nossas. Apego, nojo, medo, alegria, tristeza e raiva sem dúvida estavam presentes, com emoções que governavam a sociabilidade, como confiança, vergonha, compaixão, desprezo, orgulho, reverência e admiração. E suponhamos que esses humanos antigos já fossem animados por uma intensa curiosidade sobre seu meio físico e sobre outros seres vivos, da mesma espécie ou não. Se os estudos de tribos relativamente isoladas no século xx podem ser considerados um guia, esses humanos também tinham curiosidade sobre si mesmos e contavam histórias sobre sua origem e seu destino. Os mecanismos por trás dessa curiosidade são relativamente fáceis de imaginar. Os humanos do passado distante sentiriam afeição e apego por outros indivíduos com quem criavam laços, especialmente parceiros sexuais e filhos, e sentiriam pesar quando esses laços fossem rompidos, quando vissem outros sofrendo ou estivessem sofrendo eles próprios. Também vivenciariam e testemunhariam momentos de alegria e satisfação e episódios de sucesso nas tarefas de caçar, cortejar, encontrar abrigo, guerrear e criar os filhos.

Podemos supor que essa descoberta sistemática do drama da existência humana e suas possíveis compensações só foi possível depois do desenvolvimento de uma consciência humana completa — uma mente com um self autobiográfico capaz de guiar a deliberação reflexiva e reunir conhecimentos. Por fim, dada a provável capacidade intelectual desses humanos antigos, é bem possível que eles tenham especulado sobre a posição que ocupavam no universo, o *de onde e para onde* que até hoje, milhares de anos depois, continua sendo uma obsessão humana. É nessa altura que o self rebelde chega à maturidade. É quando surgem mitos para explicar a condição humana e suas ações, quando se elaboram convenções sociais e regras conducentes aos princípios de uma verdadeira moralidade, dominando os comportamentos pró-morais como o altruísmo familiar e o altruísmo recíproco, comportamentos que a natureza já apresentava muito antes do surgimento do self reflexivo; é quando são criadas narrativas religiosas a partir dos mitos e em torno deles, destinadas a explicar as razões do drama e a impor as novas leis criadas para reduzi-lo. Em suma, a consciência reflexiva não só melhorou a revelação da existência, mas também permitiu a indivíduos conscientes começar a interpretar sua condição e a agir em função dela.

O motor desses avanços culturais, proponho, é o *impulso homeostático*. As explicações baseadas apenas nas consideráveis expansões cognitivas que os cérebros maiores e mais inteligentes produziram não bastam para justificar o extraordinário desenvolvimento da cultura. De uma forma ou de outra, os avanços culturais manifestam o mesmo objetivo que a forma de homeostase automática à qual venho aludindo ao longo deste livro. Eles respondem quando é detectado um desequilíbrio no processo da vida e procuram corrigi-lo nos limites da biologia humana e do ambiente físico e social. A elaboração de leis e regras morais e o desenvolvimento de sistemas de justiça constituem uma resposta à detecção de desequilíbrios causados por comportamentos sociais que põem os indivíduos e o grupo em risco. Os expedientes culturais criados em resposta ao desequilíbrio visam restaurar o equilíbrio dos indivíduos e do grupo. A contribuição dos sistemas econômicos e políticos, bem como, por exemplo, o desenvolvimento da medicina, são respostas a problemas funcionais encontrados no espaço social que demandam correção nos limites desse espaço para que não venham a comprometer a regulação da vida dos indivíduos pertencentes ao grupo. Os desequilíbrios a que me refiro são definidos por parâmetros sociais e culturais, e assim a detecção dos desequilíbrios ocorre no nível elevado da mente consciente — na estratosfera do cérebro — e não no nível subcortical. Chamo de "homeostase sociocultural" esse processo global. No nível neural, a homeostase sociocultural começa no nível cortical, embora as reações emocionais ao desequilíbrio também acionem imediatamente a homeostase básica, atestando mais uma vez que a regulação da vida do cérebro humano é híbrida: acima, abaixo, de novo acima, em um curso oscilatório que flerta frequentemente com o caos, mas o evita por um triz. A reflexão consciente e o planejamento da ação introduzem novas possibilidades no governo da vida acima da homeostase automatizada, em uma sensacional novidade da fisiologia. A reflexão consciente pode inclusive questionar e modular a homeostase automática e decidir sobre os limites homeostáticos ótimos em um nível que é superior ao necessário para a sobrevivência e que conduz ao bem-estar com maior frequência. O bem-estar imaginado, sonhado e esperado tornou-se uma ativa motivação das ações humanas. A homeostase sociocultural adicionou-se como uma nova camada funcional de gestão da vida, mas a homeostase biológica permaneceu.

Armados com a reflexão consciente, os organismos cujo design evolucionário pautava-se pela regulação da vida e pela tendência ao equilíbrio homeostático inventaram formas de consolação para quem sofria, de recompensa para quem ajudava os sofredores, de injunção para quem prejudicava os outros, normas de comportamento destinadas a prevenir o mal e promover o bem, com uma mistura de punições e prevenções, de penalidades e louvações. O problema de como tornar toda essa sabedoria compreensível, transmissível, persuasiva, imponível — em suma, de conseguir que fosse acatada — foi enfrentado, e encontrou-se a solução: contar histórias. Isso é algo que os cérebros fazem, de modo natural e implícito. Contar histórias implicitamente criou nosso self, e não é de surpreender que essa prática seja encontrada em todas as sociedades e culturas humanas. Também não deve surpreender que as narrativas socioculturais tenham tomado sua autoridade de empréstimo a seres míticos supostamente dotados de mais poder e mais conhecimento que os humanos, seres cuja existência explicava todos os tipos de sofrimento e cuja atividade tinha a capacidade de oferecer socorro e modificar o futuro. Nos céus do Crescente Fértil ou do Valhala, esses seres exercem fascínio sobre a mente humana.

Indivíduos e grupos cujo cérebro deu-lhes a capacidade de inventar ou usar tais narrativas para trazer melhoras a si mesmos e à sociedade em que viviam tornaram-se bem-sucedidos o bastante para que as características dessa arquitetura cerebral fossem selecionadas, individualmente ou no âmbito de todo o grupo, e para que a frequência delas aumentasse no decorrer das gerações.[14]

Nessa ideia de que existem duas amplas classes de homeostase, a básica e a sociocultural, não se deve interpretar que esta última é uma construção puramente "cultural", enquanto a primeira é "biológica". Biologia e cultura são totalmente interativas. A homeostase sociocultural é moldada pelo funcionamento de muitas mentes cujos cérebros foram primeiro construídos de certo modo sob a orientação de genomas específicos. Curiosamente, existem evidências cada vez mais numerosas de que os avanços culturais podem conduzir a profundas modificações no genoma humano. Por exemplo, a invenção da lacticultura e a disponibilidade de leite na dieta levou a mudanças nos genes que permitem a tolerância à lactose.[15]

* * *

    Suponho que o mesmo impulso homeostático que moldou o desenvolvimento de mitos e religiões esteve por trás do surgimento das artes, ajudado pela mesma curiosidade intelectual e pelo mesmo impulso de explicar. Isso pode parecer irônico, se pensarmos que Freud via na arte um antídoto para as neuroses causadas pela religião. No entanto, meu intuito não é ironizar. As mesmas condições poderiam realmente ensejar esses dois avanços. Se a necessidade de gerir a vida foi uma das razões do surgimento da música, dança, pintura e escultura, então a capacidade de melhorar a comunicação e organizar a vida social foram duas outras fortes razões e deram às artes um poder adicional de permanência.

    Feche os olhos por um momento e imagine os seres humanos em tempos remotos, talvez mesmo antes de a linguagem surgir, mas já dotados de mente e consciência, equipados com emoções e sentimentos, cientes do que é estar triste ou alegre, em perigo ou em segurança e conforto, ganhar ou perder, sentir prazer ou dor. E agora imagine como eles expressariam esses estados dos quais tinham consciência. Talvez entoassem gritos de perigo ou de saudação, gritos de reunião, de alegria, de pesar. Talvez trauteassem ou até cantassem, já que o sistema vocal humano é um instrumento musical inerente. Ou imagine que eles recorressem à percussão, pois a cavidade torácica é um tambor natural. Imagine a percussão como um recurso para concentrar a mente ou como uma ferramenta de organização social — percutir para chamar à ordem, para conclamar às armas. Ou ainda, imagine que aqueles homens sopravam uma primitiva flauta de osso como um meio de produzir um encantamento mágico, seduzir, consolar, divertir. Ainda não é Mozart, nem *Tristão e Isolda*, mas achou-se um meio. Sonhe mais um pouco.

    Ao nascerem artes como a música, a dança e a pintura, provavelmente as pessoas tencionavam transmitir aos outros informações sobre ameaças e oportunidades, sobre sua própria tristeza ou alegria, sobre a moldagem do comportamento social. Contudo, paralelamente à comunicação, as artes também teriam produzido uma compensação homeostática. Do contrário, como teriam prevalecido? Tudo isso mesmo antes da maravilhosa descoberta de que, quando os humanos conseguiam produzir palavras e encadeá-las em sentenças, nem todos os sons eram semelhantes. Os sons possuíam acentos naturais, e os acentos podiam ter relações no tempo. Podiam criar ritmos, e certos ritmos podiam gerar prazer. A poesia tornou-se possível, e essa técnica encontrou, por fim, modos de influenciar a prática da música e da dança.

As artes só puderam surgir depois de os cérebros terem adquirido certas características mentais que decerto se estabeleceram no decorrer de um longo período evolucionário, novamente o Pleistoceno. Há muitos exemplos dessas características. Entre elas estão a reação emocional de prazer com a visão de certas formas e pigmentos, presentes em objetos naturais mas também aplicáveis a objetos feitos pelo homem e à decoração do corpo; a reação de prazer a determinadas características de sons e a certos tipos de organização dos sons relacionados aos timbres, aos tons e suas afinidades e aos ritmos. O mesmo vale para a reação emotiva a certos tipos de organização espacial e a paisagens que incluem vastos panoramas abertos e a proximidade de água e vegetação.[16]

A arte pode ter começado como um expediente homeostático para o artista e os que desfrutassem de sua arte, e também como um meio de comunicação. Por fim, tanto para o artista como para sua plateia, os usos diversificaram-se. A arte passou a ser um meio privilegiado de trocar informações a respeito de fatos e emoções considerados importantes para os indivíduos e para a sociedade, como o demonstram os poemas épicos, o teatro e as esculturas de tempos remotos. Também se transformou em um modo de induzir emoções e sentimentos alentadores, e nisso a música sobressai em todas as épocas. Igualmente importante, a arte tornou-se um modo de explorar a própria mente e a mente dos outros, uma maneira de ensaiar aspectos específicos da vida e um modo de exercitar juízos morais e ações morais. Em última análise, porque as artes possuem raízes profundas na biologia e no corpo humano, mas podem elevar o homem aos níveis superiores de pensamento e sentimento, elas se tornaram o caminho para o refinamento homeostático que as pessoas idealizam e que anseiam por alcançar, o equivalente biológico da dimensão espiritual nos assuntos humanos.

Em suma, as artes prevaleceram na evolução por terem valor para a sobrevivência e contribuírem para o desenvolvimento da noção de bem-estar. Elas ajudaram a dar coesão aos grupos sociais e a promover a organização social, auxiliaram na comunicação, compensaram desequilíbrios emocionais decorrentes de medo, raiva, desejo e tristeza. Provavelmente, também inauguraram o longo processo de criar registros externos da vida cultural, como sugerido por Chauvet e Lascaux.

Dizem que a arte sobreviveu porque tornava os artistas mais atraentes para o sexo oposto; quem pensar em Picasso há de sorrir e concordar. Mas provavelmente só por seu valor terapêutico as artes já teriam prevalecido.

As artes foram uma compensação imperfeita para o sofrimento humano, para a felicidade não alcançada, para a inocência perdida, mas ainda assim alguma compensação elas trouxeram e ainda trazem, como um consolo diante das calamidades provocadas pela natureza e do mal causado pelos homens. Elas são uma das maravilhosas dádivas da consciência ao ser humano.

E qual é a suprema dádiva da consciência à humanidade? Talvez a capacidade de navegar pelo futuro nos mares da nossa imaginação, de conduzir o navio do self a um porto seguro e produtivo. Essa dádiva extraordinária depende, mais uma vez, do encontro do self com a memória. Temperada com os sentimentos pessoais, é a memória que permite ao homem imaginar seu bem-estar individual e o bem-estar global da sociedade, inventar modos e recursos para alcançar e ampliar esse bem-estar. É pela memória que incessantemente situamos o self no evanescente agora, entre um passado já vivido e um futuro antevisto, oscilando sempre entre os ontens que ficaram para trás e os amanhãs que não passam de possibilidades. O futuro nos empurra à frente, de um ponto distante e fugidio, e nos anima a prosseguir viagem no *presente*. Talvez isso seja o que T. S. Eliot quis dizer quando escreveu "O tempo passado e o tempo futuro/ O que poderia ter sido e o que foi/ Aludem a um só fim, que é sempre presente".[17]

Apêndice

A ARQUITETURA DO CÉREBRO

As imagens tridimensionais do cérebro humano vistas a olho nu evidenciam um óbvio arranjo arquitetônico. O padrão geral é semelhante em todos os cérebros, e certos componentes aparecem em cada cérebro na mesma posição. Suas relações são como as dos componentes do nosso rosto: olhos, boca, nariz. A forma e o tamanho exatos diferem ligeiramente conforme o indivíduo, mas o conjunto das variações é limitado. Não há rosto humano com olhos quadrados, ou com um olho maior do que o nariz ou a boca, e, de modo geral, a simetria é respeitada. Restrições comparáveis aplicam-se às posições relativas dos elementos. Como os rostos, os nossos cérebros são extremamente semelhantes nas regras gramaticais que regem a disposição das partes no espaço. No entanto, os cérebros são acentuadamente individuais. Cada cérebro é único.

Um outro aspecto da arquitetura que é importante para as ideias deste livro, porém, é invisível a olho nu. Situado sob a superfície, ele consiste em uma colossal rede de *axônios*, as fibras que interligam os neurônios. O cérebro possui bilhões de neurônios (aproximadamente 10^{11}), os quais fazem trilhões de conexões entre si (cerca de 10^{15}). Contudo, as conexões são feitas segundo *padrões*, e um dado neurônio não se conecta a todos os demais. Ao contrário, sua rede é muito seletiva. Vista de longe, ela constitui um diagrama de ligações, ou muitos diagramas, dependendo do setor do cérebro.

Entender o diagrama de ligações é um caminho para entender o que o cérebro faz e como ele faz. Só que isso não é fácil, pois o diagrama de ligações sofre consideráveis mudanças durante e depois do desenvolvimento. Nascemos com certos padrões de conexão, instalados conforme as instruções dos nossos genes. Ainda no útero, essas conexões são influenciadas por vários fatores ambientais. Depois do nascimento, as experiências individuais em ambientes únicos põem-se a trabalhar nesse padrão inicial de conexões, podando, fortalecendo certas conexões, enfraquecendo outras, engrossando ou afinando os cabos da rede, tudo sob a influência de nossas atividades. Aprender e criar memórias é simplesmente o processo de esculpir, modelar, ajustar, fazer e refazer nossos diagramas de conexões cerebrais individuais. O processo que começa quando nascemos continua até que a morte nos separe da vida, ou algum tempo antes se for interrompido pela doença de Alzheimer.

Como descobrir o desenho dos diagramas de conexão? Até bem pouco tempo atrás, o estudo desse problema requeria espécimes de cérebro, geralmente material proveniente de autópsia de seres humanos ou animais de laboratório. Amostras de tecido cerebral eram fixadas e tingidas com corantes identificadores, e fatias finíssimas de tecido podiam ser analisadas ao microscópio. Temos uma venerável tradição de estudos desse tipo na neuroanatomia experimental, e a eles devemos grande parte dos conhecimentos hoje disponíveis sobre a rede de ligações do cérebro. Mas nossos conhecimentos neuroanatômicos continuam a ser embaraçosamente incompletos, por isso há uma necessidade urgente de que esses estudos prossigam, servindo-se do considerável progresso nos corantes usados e no poder dos microscópios modernos.

Novas possibilidades surgiram recentemente com os métodos de ressonância magnética em seres humanos vivos. Métodos não invasivos, como as imagens de difusão, agora nos permitem um primeiro vislumbre *in vivo* das redes de conexões humanas. Embora essas técnicas ainda estejam longe de ser satisfatórias, prometem fascinantes revelações.

Como é que os bilhões de neurônios em um cérebro humano e os trilhões de sinapses que eles formam conseguem produzir não só as ações que constituem os comportamentos, mas também as mentes — mentes das quais seus possuidores podem estar conscientes, mentes capazes de criar culturas? Dizer que tantos neurônios e sinapses fazem o trabalho graças à interatividade em massa e à complexidade resultante não é uma boa resposta. A interatividade e a complexidade precisam estar presentes, sem dúvida, mas não são amorfas. Elas derivam dos vários tipos de organização dos circuitos locais e dos ainda mais variados modos como esses circuitos criam regiões e as regiões se agregam em sistemas. O modo como cada região é formada internamente determina seu funcionamento. A localização de uma região na arquitetura global também é importante, pois seu lugar no plano global determina suas parceiras no sistema — as regiões que falam para ela e para as quais ela fala. Para complicar ainda mais as coisas, o oposto também vale: em certa medida, as parceiras com as quais ela interage determinam onde será seu lugar. Mas antes de prosseguir, cabe aqui uma breve exposição sobre os materiais usados para construir a arquitetura do cérebro.

OS TIJOLOS E A ARGAMASSA

O cérebro produtor de mente é feito de tecido neural, e este, como qualquer tecido vivo, é feito de células. O principal tipo de célula cerebral é o *neurônio*, e, pelas razões que mencionei nos capítulos 1, 2 e 3, o neurônio é uma célula distinta no universo da biologia. Os neurônios e seus axônios estão engastados — *suspensos* talvez fosse um termo melhor — em um andaime composto por outro tipo de célula cerebral, a *célula glial*. Além de dar apoio físico aos neurônios, as células gliais também lhes fornecem parte dos nutrientes. Os neurônios não podem sobreviver sem as células gliais, mas tudo indica que eles são a unidade cerebral fundamental para o comportamento e a mente.

Quando neurônios usam seus axônios e enviam mensagens a fibras musculares, podem produzir movimentos; e quando neurônios estão ativos em redes muito complexas de regiões criadoras de mapas, o resultado são imagens, o principal meio circulante da atividade mental. As células gliais não fazem nada parecido, pelo que sabemos, embora ainda não tenha sido totalmente elucidada a sua colaboração para o funcionamento dos neurônios. Um aspecto a lamentar é que as células gliais são a origem dos mais letais tumores cerebrais, os gliomas, para os quais ainda não há cura. O pior é que, por motivos que ainda não estão claros, a incidência de gliomas malignos vem aumentando no mundo inteiro, à diferença de praticamente todos os outros tipos de câncer maligno. A outra origem comum de tumores cerebrais são as células das meninges — as membranas que cobrem como uma pele o tecido cerebral. Os meningiomas tendem a ser benignos, mas, por sua localização e crescimento irrefreado, podem comprometer gravemente o funcionamento do cérebro, portanto não têm nada de inócuo.

Cada neurônio possui três elementos anatômicos principais: (1) o *corpo celular*, que é a usina de força da célula e inclui o núcleo e organelas como as mitocôndrias (o genoma do neurônio, seu complemento de genes gestores, localiza-se no interior do núcleo, embora também exista DNA nas mitocôndrias); (2) a principal fibra de saída de sinais, conhecida como *axônio*, que se projeta do corpo celular; (3) as fibras de entrada de sinais, conhecidas como *dendritos*, que se projetam do corpo celular, lembrando uma galhada. Os neurônios interligam-se por intermédio de uma área fronteiriça que chamamos de *sinapse*. Na maioria das sinapses, o axônio de um neurônio faz contato químico com os dendritos de outro.

Os neurônios podem estar ativos (disparando) ou inativos (não disparando), "on" ou "off". O disparo é a produção de um sinal eletroquímico que atravessa a fronteira e chega a outro neurônio, na sinapse, provocando o disparo desse outro neurônio se o sinal for condizente com o que esse outro neurônio requer para disparar. O sinal eletroquímico viaja do corpo do neurônio ao longo do axônio. A fronteira sináptica localiza-se entre a extremidade de um axônio e o início de outro neurônio, geralmente no dendrito. Há muitas variações e exceções menores a essa descrição clássica, e diferentes tipos de neurônio apresentam formas e tamanhos distintos; mas como descrição geral esse esquema é aceitável. Cada neurônio é tão pequeno que requer a máxima amplificação ao microscópio para ser visto; uma sinapse demanda um microscópio ainda mais poderoso. No entanto, a pequenez é relativa e está nos olhos amplificados de quem vê. Comparados às moléculas que os compõem, os neurônios são criaturas gigantescas.

Quando neurônios "disparam", a corrente elétrica que chamamos de potencial de ação propaga-se do corpo celular pelo axônio. O processo é veloz — leva apenas alguns milissegundos, o que dá uma ideia das escalas temporais notavelmente diferentes dos processos cerebrais e mentais. Precisamos de *centenas* de milissegundos para nos tornar conscientes de um padrão que se apresenta aos nossos olhos. Vivenciamos sentimentos em uma escala temporal de *segundos*, ou seja, *milhares* de *milissegundos*, e de *minutos*.

Quando a corrente de disparos chega a uma sinapse, desencadeia a liberação de substâncias químicas conhecidas como neurotransmissores (o glutamato é um exemplo) no espaço entre duas células, a fenda sináptica. Em um neurônio excitatório, a interação cooperativa de muitos outros neurônios cujas sinapses são adjacentes e liberam (ou não) seus próprios sinais transmissores determina se o neurônio seguinte irá ou não disparar, ou seja, se ele irá produzir seu próprio potencial de ação, que conduzirá a sua própria liberação de neurotransmissor, e assim por diante.

As sinapses podem ser fortes ou fracas. A força sináptica determina se os impulsos continuarão a propagar-se até o neurônio seguinte e o grau de facilidade dessa propagação. Em um neurônio excitatório, uma sinapse forte facilita a condução do impulso, enquanto uma sinapse fraca impede ou bloqueia a propagação.

Um aspecto fundamental do aprendizado é o fortalecimento de sinapses. A força se traduz em facilidade de disparo e, portanto, ajuda a ativação dos neurônios seguintes na cadeia. A memória depende desse funcionamento. O que sabemos sobre a base neural da memória no nível dos neurônios devemos às ideias pioneiras de Donald Hebb, que em meados do século xx aventou pela primeira vez a possibilidade de o aprendizado depender do fortalecimento de sinapses e da facilitação dos disparos dos neurônios subsequentes. Ele apresentou essa hipótese em bases puramente teóricas, mas a ideia foi mais tarde comprovada. Em décadas recentes, nossos conhecimentos sobre o aprendizado aprofundaram-se até o nível dos mecanismos moleculares e da expressão gênica.

Em média, cada neurônio conversa com um número relativamente pequeno de outros neurônios, não com a maioria e jamais com todos. De fato, muitos neurônios só conversam com seus colegas mais próximos, dentro de circuitos relativamente localizados; outros, mesmo aqueles cujo axônio prolonga-se por vários centímetros, fazem contato apenas com uns poucos neurônios. Ainda assim, dependendo da localização do neurônio na arquitetura global, ele pode ter mais ou menos parceiros.

Os bilhões de neurônios organizam-se em circuitos. Alguns são minúsculos microcircuitos, operações acentuadamente locais, invisíveis a olho nu. Quando muitos microcircuitos estão juntos, porém, formam uma região com uma dada arquitetura.

Há duas variedades de arquiteturas regionais elementares: a variedade *núcleo* e a variedade *seção* [*patch*] *de córtex cerebral*. Em uma seção de córtex cerebral, os neurônios dispõem-se em bainhas de superfícies bidimensionais empilhadas em camadas. Muitas dessas camadas apresentam uma excelente organização topográfica, o que é ideal para um mapeamento detalhado. Em um núcleo de neurônios (não confundir com o núcleo celular no interior de cada neurônio), geralmente os neurônios dispõem-se como uvas numa tigela, mas há exceções parciais a essa regra. Os núcleos geniculados e os núcleos coliculares, por exemplo, têm duas camadas curvas bidimensionais. Vários núcleos também possuem uma organização topográfica, o que leva a crer que são capazes de gerar mapas imprecisos.

Os núcleos contêm "know-how". Seus circuitos incorporam conhecimentos sobre como agir ou o que fazer quando certas mensagens ativam o núcleo. Graças a esse know-how dispositivo, a atividade dos núcleos é indispensável para a gestão da vida em espécies com cérebros menores, aquelas que possuem pouco ou nenhum córtex cerebral e uma capacidade limitada de criar mapas. Mas os núcleos também são indispensáveis para administrar a vida em cérebros como o nosso, onde são responsáveis pela gestão básica — metabolismo, respostas viscerais, emoções, atividade sexual, sentimentos *e* aspectos da consciência. O governo dos sistemas endócrino e imunológico depende de núcleos, e o mesmo ocorre com nossa vida afetiva. Entretanto, nos humanos boa parte do funcionamento dos núcleos está sob a influência da mente, o que significa a influência, em alto grau mas não totalmente, do córtex cerebral.

Um dado importante é que as regiões separadas definidas por núcleos e por seções de córtex cerebral são interligadas e, por sua vez, formam circuitos em escalas cada vez maiores. Numerosas seções de córtex cerebral estabelecem interconexões interativas, mas cada seção também se conecta a núcleos subcorticais. Às vezes uma seção de córtex recebe sinais de um núcleo, outras vezes envia sinais, e às vezes tanto recebe como envia. Especialmente significativas são as interações com a miríade de núcleos do tálamo (cujas conexões com o córtex cerebral tendem a ser de mão dupla) e com os gânglios basais (cujas conexões tendem a descer a partir do córtex ou subir na direção deste, mas não ambas as coisas).

Em resumo, os circuitos neuronais constituem regiões corticais quando se dispõem em bainhas que se empilham em camadas paralelas como num bolo, ou constituem núcleos quando seu agrupamento não se dá em camadas (com as exceções já mencionadas). Tanto as regiões corticais como os núcleos são interligados por "projeções" axônicas formando *sistemas* e, em níveis gradualmente maiores de complexidade, *sistemas de sistemas*. Quando os grupos de projeções axônicas são grandes o bastante para serem visíveis a olho nu, recebem o nome de "vias". Com relação à escala, todos os neurônios e circuitos locais são microscópicos, enquanto todas as regiões corticais, a maioria dos núcleos e todos os sistemas de sistemas são macroscópicos.

Se os neurônios são os tijolos, qual seria o equivalente da argamassa no cérebro? Seria simplesmente o grande número de células *gliais* que descrevi como o andaime dos neurônios em todas as partes do cérebro. As bainhas de mielina que envolvem os axônios de condução rápida também são gliais. Elas fornecem proteção e isolamento a esses axônios, prestando-se novamente ao papel de argamassa. As células gliais são muito diferentes dos neurônios, pois não possuem axônios nem dendritos e não transmitem sinais por longas distâncias. Em outras palavras, elas não se ocupam das outras células do organismo, e seu papel não é regular nem representar outras células. O papel imitativo dos neurônios não se aplica às células gliais. Mas os papéis que as células gliais desempenham vão além de meras prateleiras para os neurônios. As células gliais intervêm na nutrição dos neurônios mantendo e distribuindo produtos energéticos, por exemplo, e, como já mencionado, sua influência talvez vá além.

MAIS SOBRE A ARQUITETURA EM GRANDE ESCALA

O sistema nervoso tem divisões centrais e periféricas. O principal componente do *sistema nervoso central* é o *cérebro*, que se compõe de dois *hemisférios cerebrais*, direito e esquerdo, unidos pelo *corpo caloso*. Para fazer graça, dizem que a natureza inventou o corpo caloso para impedir os hemisférios cerebrais de descair. Mas sabemos que essa densa coleção de fibras nervosas liga as metades esquerda e direita, em ambas as direções, e tem um papel integrativo importante.

Os hemisférios cerebrais são cobertos pelo córtex cerebral, que se organiza em lobos (*occipitais, parietais, temporais* e *frontais*) e inclui uma região conhecida como *córtex cingulado*, visível somente na superfície interna (mesial). Duas regiões do córtex cerebral que não são visíveis quando examinamos a superfície do cerebelo são o *córtex insular*, sepultado sob as regiões frontais e parietais, e o *hipocampo*, uma estrutura cortical especial entranhada no lobo temporal.

Sob o córtex cerebral, o sistema nervoso central também inclui conglomerados profundos de núcleos como os *gânglios basais*, o *prosencéfalo basal*, a *amígdala* e o *diencéfalo* (uma combinação do *tálamo* e *hipotálamo*). O cérebro é ligado à medula espinhal pelo *tronco cerebral*, atrás do qual se situa o *cerebelo* com seus dois hemisférios. Embora o hipotálamo em geral seja mencionado com o tálamo, constituindo o diencéfalo, na realidade o hipotálamo é funcionalmente mais próximo do tronco cerebral, com o qual partilha os aspectos mais cruciais da regulação da vida.

O sistema nervoso central está ligado a todos os pontos do corpo por feixes de axônios que se originam em neurônios. (Os feixes são conhecidos como nervos.) O conjunto de todos os nervos que ligam o sistema nervoso central à periferia e vice-versa constitui o *sistema nervoso periférico*. Os nervos transmitem impulsos do cérebro para o corpo e do corpo para o cérebro. Um dos mais antigos e mais importantes setores do sistema nervoso periférico é o *sistema nervoso autônomo*, assim chamado porque grande parte de seu funcionamento está fora do nosso controle voluntário. O sistema nervoso autônomo compõe-se dos sistemas *simpático, parassimpático* e *entérico*. Ele tem um papel fundamental na regulação da vida e nas emoções e sentimentos. O cérebro e o corpo também são interligados por moléculas químicas como os hormônios, que transitam pela corrente sanguínea. As que seguem do cérebro para o corpo originam-se em núcleos como os do hipotálamo. Moléculas químicas também viajam na outra direção e influenciam diretamente os neurônios em locais como a área postrema, que não possui a proteção da barreira hematoencefálica. (A barreira hematoencefálica é um escudo protetor contra certas moléculas que circulam na corrente sanguínea.) A área postrema situa-se no tronco cerebral, muito próxima de estruturas reguladoras da vida como os núcleos parabraquiais e periaquedutais.

Se fizermos um corte no sistema nervoso central em qualquer direção e observarmos essa fatia, notaremos uma diferença entre setores escuros e claros. Os setores escuros são conhecidos como *matéria cinzenta* (embora sejam mais pardos do que cinza), e os setores claros, como *matéria branca* (que está mais para o bege do que para o branco). A matéria cinzenta deve seu tom mais escuro à alta densidade dos numerosos corpos celulares de neurônios; a matéria branca é mais clara graças às bainhas isolantes dos axônios que emanam dos corpos celulares situados na matéria cinzenta. Como já mencionado, o isolamento é composto de mielina e acelera a condução da corrente elétrica nos axônios. O isolamento de mielina e a rápida condução de sinais caracterizam os axônios evolucionariamente modernos. As fibras desmielinizadas são lentas e mais antigas na evolução.

Há duas variedades de matéria cinzenta. De modo geral, a variedade em camadas é encontrada no córtex cerebral, que envolve os hemisférios cerebrais, e no *córtex cerebelar*, que recobre o cerebelo. A outra variedade é composta de *núcleos*, cujos principais exemplos já foram mencionados: os *gânglios basais* (situados profundamente em cada hemisfério cerebral e compostos de três grandes núcleos, o caudado, o putâmen e o pálido); a *amígdala*, uma massa única de bom tamanho situada nas profundezas de cada lobo temporal; e vários agregados de núcleos menores que formam o *tálamo*, o *hipotálamo* e os setores cinzentos do *tronco cerebral*.

O córtex cerebral é o manto do cérebro. Cobre as superfícies de cada hemisfério cerebral, inclusive as reentrâncias dos sulcos e fissuras, as fendas que dão ao cérebro sua singular aparência amarrotada. A espessura aproximada do córtex é de três milímetros, e as camadas são paralelas umas às outras e também à superfície do cérebro. A parte evolucionariamente moderna do córtex cerebral é o *neocórtex*. As principais divisões do córtex cerebral são

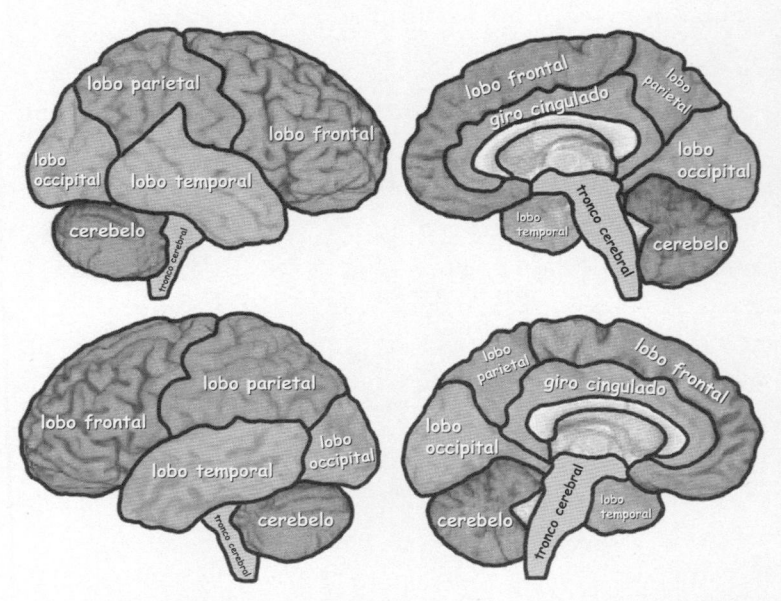

Figura A.1. Arquitetura do cérebro humano em grande escala, em reconstituição tridimensional baseada em dados de ressonância magnética. As vistas laterais (externas) dos hemisférios cerebrais direito e esquerdo são representadas nos painéis da esquerda; as vistas mediais (internas), nos da direita. A estrutura branca arqueada nos painéis da direita corresponde ao corpo caloso.

chamadas de lobos: frontais, temporais, parietais e occipitais. Todas as outras estruturas cinzentas (os vários núcleos já mencionados e o cerebelo) são subcorticais.

Fiz várias menções neste livro aos *córtices sensoriais iniciais* ou aos *córtices de associação*, e também aos *córtices de associação de ordem superior*. A designação *inicial* não tem nenhuma conotação temporal; refere-se à posição ocupada por uma região no espaço, ao longo de uma cadeia de processamento sensorial. Os córtices sensoriais iniciais são aqueles situados nas proximidades e ao redor do ponto de entrada das vias sensoriais periféricas para o

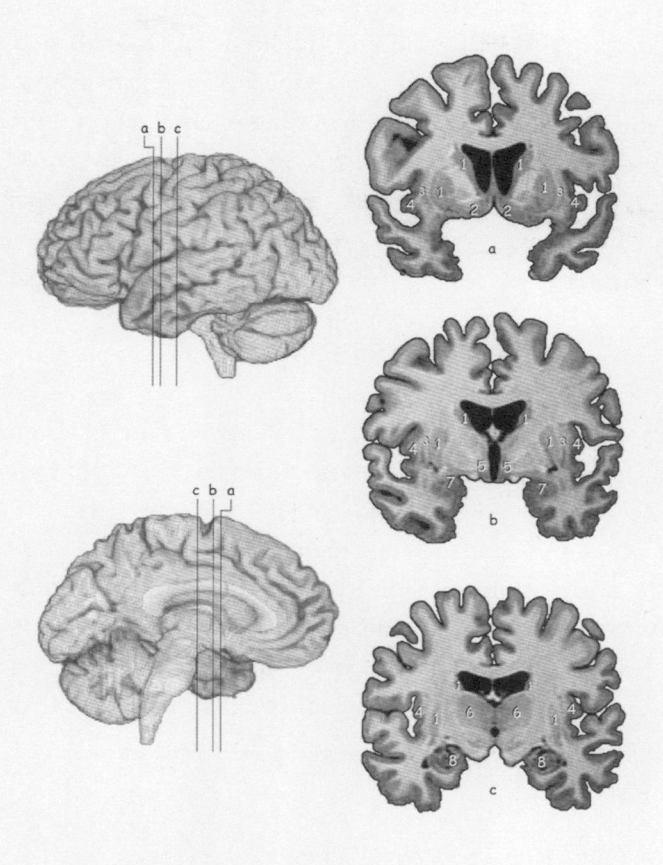

Figura A.2. Os painéis da esquerda representam reconstituições tridimensionais do cérebro humano visto das perspectivas lateral (o painel superior) e medial (o inferior).

Os painéis à direita mostram três seções do volume cerebral, obtidas ao longo das linhas indicadas por a, b e c. As seções revelam estruturas importantes localizadas sob a superfície do cérebro: 1 = gânglios basais; 2 = prosencéfalo basal; 3 = claustro; 4 = córtex insular; 5 = hipotálamo; 6 = tálamo; 7 = amígdala; 8 = hipocampo. O córtex cerebral envolve toda a superfície dos hemisférios cerebrais, inclusive as reentrâncias de todos os sulcos. Nas seções acima, o córtex cerebral é indicado por uma orla escura, facilmente distinguível da matéria branca que ele envolve. As áreas em preto no centro das seções correspondem aos ventrículos laterais.

córtex cerebral — por exemplo, o ponto de entrada dos sinais da visão, audição ou do tato. As regiões iniciais tendem a organizar-se concentricamente. Têm um papel fundamental na produção de mapas detalhados, usando os sinais trazidos pelas vias sensoriais.

Os córtices de associação, como diz o nome, encarregam-se de inter-relacionar os sinais provenientes dos córtices iniciais. Localizam-se em todas as partes do córtex cerebral onde não existem córtices sensoriais iniciais ou córtices motores. Estão organizados hierarquicamente, e os situados mais acima na cadeia costumam ser conhecidos como córtices de associação de ordem superior. Os córtices pré-frontais e os córtices temporais anteriores são exemplos de córtices de associação de ordem superior.

As várias regiões do córtex cerebral são tradicionalmente identificadas por números correspondentes ao padrão arquitetônico distintivo de sua organização neuronal, conhecido como citoarquitetura. O sistema mais conhecido de numeração das regiões foi proposto por Brodmann um século atrás, e continua útil. Os números de Brodmann não guardam nenhuma relação com o tamanho da área ou sua importância funcional.

A IMPORTÂNCIA DA LOCALIZAÇÃO

A estrutura anatômica interna de uma região cerebral é um importante determinador de sua função. Outro é a localização da região no volume tridimensional do cérebro. A localização no volume cerebral como um todo e a estrutura anatômica interna são, em grande medida, consequências da evolução, mas também são influenciadas pelo desenvolvimento individual. A experiência do indivíduo molda os circuitos, e embora ela seja mais marcada no nível dos microcircuitos, também é inevitavelmente percebida no nível macroanatômico.

A idade evolucionária dos núcleos é antiga, remonta a uma época da história da vida em que cérebros inteiros não passavam de cadeias de gânglios, enfileirados como contas num rosário. Essencialmente, um gânglio é um núcleo individual antes de ser incorporado pela evolução em uma massa cerebral. O cérebro dos nematódeos que mencionei no capítulo 2 consiste em cadeias de gânglios.

No volume do cérebro como um todo, a localização dos núcleos é razoavelmente inferior, sempre abaixo do manto constituído pelo córtex cerebral. Os núcleos localizam-se no tronco cerebral, hipotálamo e tálamo, gânglios basais e prosencéfalo basal (cuja extensão inclui a coleção de núcleos conhecida como amígdalas). Apesar de não pertencerem à área nobre do córtex cerebral, esses núcleos ainda assim têm uma hierarquia. Quanto mais antigos, historicamente falando, mais próximos da linha média do cérebro. E como tudo no cérebro possui duas metades, esquerda e direita divididas por uma linha mediana, também os núcleos muito antigos olham para seus irmãos gêmeos do outro lado da linha média. É assim com os núcleos do tronco cerebral, tão vitais para a regulação da vida e para a consciência. No caso de núcleos um pouco mais modernos — as amígdalas, por exemplo —, a esquerda e a direita são mais independentes e claramente separadas uma da outra.

Os córtices cerebrais são evolucionariamente mais recentes do que os núcleos. Distinguem-se todos por sua estrutura bidimensional em formato de bainha, que dá a alguns deles a capacidade de criar mapas detalhados. Mas o número de camadas em um córtex varia de apenas três (nos córtices antigos) a seis (nos mais recentes). A complexidade da circuitaria no interior e através dessas camadas também é variável. A localização geral no volume total do cérebro também influi na função. Em geral, córtices muito modernos situam-se no local e nas vizinhanças do ponto onde importantes vias sensoriais — por exemplo, auditivas, visuais, somatossensitivas — adentram o manto do córtex cerebral e, assim, conectam-se ao processamento sensorial e à criação de mapas. Em outras palavras, pertencem ao clube do "córtex sensorial inicial".

Os córtices motores também têm idades evolucionárias variadas. Alguns são pequenos e muito antigos e estão situados na linha média nas regiões do cíngulo anterior e motoras suplementares, claramente visíveis na superfície interna (ou medial) de cada hemisfério cerebral. Outros córtices motores são modernos, têm uma estrutura complexa e ocupam um território de bom tamanho na superfície externa do cérebro (a superfície lateral).

A contribuição que uma dada região pode dar ao funcionamento global do cérebro depende significativamente de suas parceiras: as que falam com ela e aquelas com as quais ela também fala; especificamente, quais regiões projetam seus neurônios para a região X (e assim modificam o estado da região X) e quais regiões recebem projeções da região X (portanto são modificadas pelos sinais que ela lhes envia). Muito depende da localização da região X na rede. Possuir ou não capacidades de criar mapas é outro fator importante no papel funcional da região X.

A mente e o comportamento resultam do funcionamento a cada instante de galáxias de núcleos e porções corticais, articuladas por projeções neurais convergentes e divergentes. Se as galáxias forem bem organizadas e trabalharem em harmonia, seu possuidor pode fazer poesia. Do contrário, pode enlouquecer.

NAS INTERFACES ENTRE O CÉREBRO E O MUNDO

Dois tipos de estruturas neurais localizam-se na fronteira entre o cérebro e o mundo. Um tipo volta-se *para dentro*; o outro, *para fora*. A primeira dessas categorias de estruturas neurais é composta pelos receptores sensitivos da periferia do corpo: a retina, a cóclea na orelha interna, os terminais nervosos da pele etc. Esses receptores não recebem projeções neuronais do exterior — ou pelo menos não de maneira natural, pois recentemente sinais semelhantes aos neuronais transmitidos por implantes protéticos vêm mudando essa situação. Em vez disso, recebem *estímulos físicos*: luz, vibração, contato mecânico. Receptores sensitivos iniciam uma cadeia de sinais a partir da fronteira do corpo para o interior do cérebro, através de múltiplas hierarquias de circuitos neuronais que penetram profundamente nos territórios cerebrais. No entanto, eles não sobem simplesmente como água por um encanamento. A cada nova estação, são processados e transformados. Além disso, tendem a enviar sinais de volta aos locais onde tiveram início as cadeias de projeção destinadas ao interior. Essas pouco estudadas características da arquitetura cerebral provavelmente são importantíssimas para certos aspectos da consciência.

 O outro tipo de ponto fronteiriço situa-se onde terminam as projeções do cérebro *para o exterior* e começa o ambiente. As cadeias de sinais têm início dentro do cérebro, mas terminam ou liberando moléculas químicas na atmosfera ou conectando-se a fibras musculares do corpo. Este segundo caso é o que nos permite o movimento e a fala, e é onde terminam as principais cadeias voltadas para o exterior. Adiante das fibras musculares vem o movimento direto no espaço. Em fases iniciais da evolução, a liberação de moléculas químicas na membrana ou na fronteira da pele desempenhava papéis importantes na vida dos organismos. Era um meio de ação crucial. Nos humanos, essa faceta permanece sem estudo, embora não haja dúvidas quanto à liberação de feromônios.

 Podemos conceituar o cérebro como uma elaboração progressiva de algo que começou como um simples arco reflexo: o neurônio NEU sente o objeto OB e sinaliza para o neurônio ZADIG, que projeta para a fibra muscular MUSC e causa movimento. Mais adiante na evolução, um neurônio seria adicionado ao circuito reflexo entre NEU e ZADIG. Trata-se de um *interneurônio*, que chamaremos de INT; ele atua de modo que a resposta do neurônio ZADIG não seja mais automática. O neurônio ZADIG só responderá, por exemplo, se o neurônio NEU disparar com força total sobre ele; não disparará se receber uma mensagem mais fraca. Parte crucial da decisão é deixada nas mãos do neurônio INT.

Um aspecto fundamental da evolução do cérebro foi a adição de um equivalente dos interneurônios em todos os níveis dos circuitos cerebrais — uma profusão desses equivalentes, aliás. Os maiores dentre eles, localizados no córtex cerebral, poderiam muito bem ser chamados de inter-regiões. Elas se entrepõem entre as outras regiões com o bom e óbvio propósito de modular as respostas simples a estímulos diversos e torná-las menos simples, menos automáticas.

Pelo caminho, enquanto ia tornando a modulação mais sutil e refinada, o cérebro desenvolveu sistemas capazes de mapear estímulos. Esse mapeamento tornou-se tão detalhado que culminou na produção de imagens e da mente. Mais adiante, o cérebro adicionou a essas mentes um processo do self, o que permitiu a criação de respostas inovadoras. Por fim, nos humanos, quando essas mentes conscientes organizaram-se em coletivos de seres semelhantes, tornou-se possível a criação de culturas e dos artefatos externos que as acompanham. As culturas, por sua vez, influenciaram o funcionamento dos cérebros no decorrer das gerações e acabaram influenciando a própria evolução do cérebro humano.

O cérebro é um sistema de sistemas. Cada sistema é composto de uma elaborada interconexão de regiões corticais pequenas mas macroscópicas e de núcleos subcorticais, que são feitos de circuitos locais microscópicos, os quais por sua vez são feitos de neurônios, todos eles ligados por sinapses.

O que os neurônios fazem depende do agrupamento neuronal local ao qual eles pertencem; o que os sistemas executam dependem de como os agrupamentos locais influenciam outros agrupamentos pertencentes a uma arquitetura interligada; finalmente, a contribuição de um agrupamento para o funcionamento do sistema ao qual ele pertence, seja ela qual for, depende de seu lugar nesse sistema.

NOTA SOBRE A HIPÓTESE DA EQUIVALÊNCIA ENTRE MENTE E CÉREBRO

A perspectiva adotada neste livro contém uma hipótese da qual nem todos gostam e que muito menos aceitam: a ideia de que os estados mentais e os estados cerebrais são essencialmente equivalentes. Vale a pena mencionar as razões da relutância em endossar essa hipótese.

No mundo físico, do qual o cérebro inequivocamente faz parte, equivalência e identidade são definidas por atributos físicos como massa, dimensões, movimento, carga etc. Os que rejeitam a identidade entre estados físicos e estados mentais afirmam que, enquanto um mapa cerebral que corresponde a determinado objeto físico pode ser descrito em termos físicos, seria absurdo discutir seu respectivo padrão mental também em termos físicos. A razão alegada é que até hoje a ciência não foi capaz de determinar os atributos físicos dos padrões mentais, e se a ciência não consegue fazê-lo, então não se pode identificar o mental com o físico. A meu ver, porém, esse raciocínio pode carecer de fundamento. Explicarei por que penso assim.

Primeiro, precisamos refletir sobre como determinamos que

os estados não mentais são físicos. No caso de objetos que estão no mundo externo, nós os percebemos com nossas sondas sensitivas periféricas e os medimos com vários instrumentos. No caso dos eventos mentais, porém, não é possível fazer o mesmo. Não porque os eventos mentais não sejam equivalentes a estados neurais, mas porque, em razão do local onde ocorrem — o interior do cérebro —, os estados mentais não se prestam à medição. Na verdade, os eventos mentais só podem ser percebidos por uma parte do próprio processo que os inclui: a mente. Podemos até lamentar que seja assim, contudo isso nada diz a respeito da natureza física ou não física da mente. Entretanto, a situação realmente impõe ressalvas importantes às intuições que podem ser ensejadas por ela, e assim é prudente duvidarmos da visão tradicional de que os estados mentais *não podem* ser equivalentes a estados físicos. É irracional defender essa posição com base unicamente em observações introspectivas. A perspectiva pessoal deve ser usada e desfrutada por aquilo que ela nos dá diretamente: uma experiência que pode ser tornada consciente e que pode ajudar a nortear nossa vida, contanto que uma profunda análise reflexiva off-line — o que inclui a investigação científica — valide seu conselho.

O fato de que os mapas neurais e suas imagens correspondentes se encontram *dentro* do cérebro, acessíveis apenas ao seu dono, é um obstáculo. Mas onde mais os mapas/imagens haveriam de ser encontrados, a não ser em um setor privado e recôndito do cérebro, uma vez que é lá dentro que eles se formam? O surpreendente seria encontrá-los fora do cérebro, pois a anatomia cerebral não é estruturada para externalizá-los.

Por ora, devemos considerar a equivalência entre estados mentais e estados cerebrais uma hipótese útil, não uma certeza. Para dar-lhe respaldo, será necessário continuar reunindo evidências, o que requer uma perspectiva adicional, baseada em dados da neurobiologia evolucionária aliados a diversos dados da neurociência.

Alguém poderia questionar a necessidade de uma perspectiva adicional para compreendermos os eventos mentais, mas há boas justificativas. O fato de que os eventos mentais são *correlacionados* com os cerebrais — o que ninguém contesta — e o fato de que estes últimos existem dentro do cérebro, inacessíveis à mensuração direta, justificam uma abordagem especial. Além disso, como os eventos mentais/cerebrais são certamente produto de uma longa história de evolução biológica, faz sentido incluir as evidências evolucionárias nesse exame. Por último, considerando que os eventos mentais/cerebrais são possivelmente os fenômenos mais complexos da natureza, a necessidade de um enfoque especial não deve ser vista como excepcional.

Mesmo com a ajuda de técnicas da neurociência mais poderosas que as atuais, não é provável que um dia sejamos capazes de catalogar a totalidade dos fenômenos neurais associados a um estado mental, ainda que ele seja simples. O que é possível e necessário, por enquanto, é uma aproximação teórica gradual fundamentada em novas evidências empíricas.

Aceitar a hipotética equivalência entre mental e neural é especialmente útil no obsedante problema da causalidade descendente. Os estados mentais realmente influenciam o comportamento, como podemos ver com facilidade em todos os tipos de ações executadas pelo sistema nervoso e pelos músculos que ele comanda. O problema, alguns diriam o mistério, relaciona-se a como um fenômeno considerado não físico — a mente — pode exercer influência sobre o sistema nervoso, inquestionavelmente físico, que nos possibilita a ação. Quando os estados mentais e os estados neurais são considerados as duas faces do mesmo processo — um Jano a menos para nos confundir —, a causalidade descendente deixa de ser um problema tão intratável.

Por outro lado, rejeitar a equivalência entre mente e cérebro requer uma suposição problemática: a de os neurônios criarem mapas de coisas e esses mapas serem fenômenos mentais completamente formados seria algo menos natural e plausível do que outras células no organismo criarem, por exemplo, as formas de partes do corpo ou executarem ações corporais. Quando células do corpo agrupam-se em uma configuração espacial específica, segundo um plano, elas constituem um objeto.

Um bom exemplo é a mão. Ela é feita de ossos, músculos, tendões, tecido conectivo, uma rede de vasos sanguíneos e outra de vias nervosas, além de várias camadas de pele, tudo isso montado segundo um padrão arquitetônico específico. Quando esse objeto biológico move-se no espaço, executa uma ação, por exemplo, apontar para alguém. Tanto o objeto como a ação constituem fenômenos físicos no espaço. Ora, quando neurônios organizados em uma bainha bidimensional estão ativos ou inativos segundo os sinais que recebem, eles criam um padrão. Quando o padrão corresponde a um objeto ou ação, constitui um mapa de alguma outra coisa, um mapa desse objeto ou dessa ação. Como se baseia na atividade de células físicas, o padrão é tão físico quanto os objetos ou ações aos quais ele corresponde. O padrão é momentaneamente *desenhado* no cérebro, *esculpido* ali pela atividade cerebral. Por que circuitos de células cerebrais não haveriam de criar algum tipo de correspondência imagética para as coisas, contanto que as células estejam propriamente conectadas, funcionem como devem funcionar e se tornem ativas quando devem tornar-se? Por que os padrões resultantes de atividade momentânea necessariamente seriam menos físicos do que já eram físicos os objetos e as ações?

Notas

1. DESPERTAR [pp. 15-47]

1. Eu me dei conta da oposição ao estudo da consciência em fins dos anos 1980, quando pela primeira vez conversei sobre o assunto com Francis Crick. Na época ele andava pensando em deixar de lado seus temas favoritos em neurociência e voltar seus esforços para a consciência. Eu não estava disposto a fazer o mesmo, uma posição sensata, considerando o clima da época. Lembro-me de que Francis me perguntou, bem-humorado como de costume, se eu conhecia a definição de Stuart Sutherland para *consciência*. Não conhecia. Sutherland, psicólogo britânico famoso por suas observações depreciativas e devastadoras sobre questões e colegas diversos, acabara de publicar em seu *Dicitionary of psychology* uma espantosa definição, que Francis leu para mim: "Consciência é um fenômeno fascinante mas de difícil apreensão; é impossível especificar o que ela é, o que faz ou por que evoluiu. Nada que valha a pena ser lido jamais foi escrito a respeito dela". Stuart Sutherland, *International dictionary of psychology*, 2ª ed. (Nova York, Continuum, 1996).

Demos boas risadas, e antes de discutirmos os méritos dessa obra-prima de entusiasmo, Francis leu-me a definição de Sutherland para o *amor*. Aqui está ela, para o leitor curioso: "Uma forma de doença mental ainda não reconhecida por nenhum compêndio clássico de diagnósticos". Mais risadas.

Mesmo para os padrões daquela época, a afirmação de Sutherland era extrema, embora realmente refletisse uma atitude disseminada: ainda não chegara o momento para investigar a consciência, que para todo mundo significava investigar como o cérebro é responsável pela consciência. Essa atitude não paralisou a área, mas em retrospectiva vemos que foi perniciosa: ela separou artificialmente o problema da consciência do problema da mente. Com certeza deu aos neurocientistas licença para continuar a investigar a mente sem ter de confrontar os obstáculos impostos pelo estudo da consciência. (Surpreendentemente, anos depois encontrei Sutherland e lhe contei que estava me dedicando a questões sobre a mente e o self. Ele pareceu gostar da ideia e me tratou com grande cordialidade.)

A atitude negativa não desapareceu, de modo algum. Respeito o ceticismo dos colegas que ainda a têm, mas a ideia de que explicar o surgimento de mentes conscientes está fora do alcance do saber atual me parece disparatada e provavelmente falsa, tanto quanto a ideia de que precisamos esperar por um próximo Darwin ou Einstein para solucionar o mistério. A mesma inteligência que pode, por exemplo, atracar-se ambiciosamente com a história evolucionária da biologia e descobrir a codificação genética por trás da nossa vida deveria, pelo menos, tentar estudar o problema da consciência antes de declarar a derrota. Darwin, aliás, não considerava a consciência o Everest da ciência, e eu me identifico com essa posição.

Quanto a Einstein, que via a natureza pelas lentes de Espinosa, é difícil imaginá-lo desconcertado pela consciência caso a ideia de elucidá-la alguma vez lhe houvesse despertado o interesse.

2. A partir de mais ou menos uma década atrás, em artigos científicos e num livro, tratei especificamente do problema da consciência. Ver António Damásio, "Investigating the biology of consciousness", *Philosophical Transactions of the Royal Society B: Biological Sciences* 353 (1998); António Damásio, *The feeling of what happens: body and emotion in the making of consciousness* (Nova York, Harcourt Brace, 1999) [*O mistério da consciência*, Companhia das Letras, 2000]; Joseph Parvizi e António Damásio, "Consciousness and the brainstem", *Cognition* 79 (2001), pp. 135-59; António Damásio, "The person within", *Nature* 423 (2003), p. 227; Josef Parvizi e António Damásio, "Neuroanatomical correlates of brainstem coma", *Brain* 126 (2003), pp. 1524-36; David Rudrauf e A. R. Damásio, "A conjecture regarding the biological mechanism of subjectivity and feeling", *Journal of Consciousness Studies* 12 (2005), pp. 236-62; António Damásio e Kaspar Meyer, "Consciousness: an overview of the phenomenon and of its possible neural basis", em Steven Laureys e Giulio Tononi (orgs.), *The neurology of consciousness: neuroscience and neuropathology* (Londres, Academic Press, 2009).

3. W. Penfield, "Epileptic automatisms and the centrencephalic integrating system", *Research Publications of the Association for Nervous and Mental Disease* 30 (1952), pp. 513-28; W. Penfield e H. H. Jasper, *Epilepsy and the functional anatomy of the human brain* (Nova York, Little, Brown, 1954); G. Moruzzi e H. W.

Magoun, "Brain stem reticular formation and activation of the EEG", *Electroencephalography and Clinical Neurophysiology* 1, nº 4 (1949), pp. 455-73.

4. Para uma análise da literatura pertinente, sugiro a edição atual de um clássico: Jerome B. Posner, Clifford B. Saper, Nicholas D. Schiff e Fred Plum, *Plum and Posner's diagnosis of stupor and coma* (Nova York, Oxford University Press, 2007).

5. William James, *The principles of psychology* (Nova York, Dover Press, 1890).

6. Um "sinal vagamente pressentido" e "uma dádiva vagamente entendida" são palavras que tomei de empréstimo a T. S. Eliot para expressar essa condição difícil de definir, em Damásio, *O mistério da consciência*.

7. James, *Principles*, I, cap. 2.

8. Damásio, "The somatic marker hypothesis and the possible function of the prefrontal cortex", *Philosophical Transactions of the Royal Society B: Biological Sciences* 351, nº 1346 (1996), pp. 1413-20; A. Damásio, *Descartes' error* (Nova York, Putnam, 1994) [*O erro de Descartes*, Companhia das Letras, 1996].

9. John Searle, *The mystery of consciousness* (Nova York, New York Review of Books, 1990) [*O mistério da consciência*, Paz e Terra, 1998].

10. Preferir estudar a consciência através da percepção e postergar o interesse pelo self tem sido uma estratégia clássica, exemplificada por Francis Crick e Christof Koch em "A framework of consciousness", *Nature Neuroscience*, 6, nº 2 (2003), pp. 119-26. Uma notável exceção, encontrada em um livro que trata principalmente da emoção, é J. Panksepp, *Affective neuroscience: the foundation of human and animal emotions* (Nova York, Oxford University Press, 1998). Rodolfo Llinás também reconhece a importância do self; ver seu livro *I of the vortex: from neurons to self* (Cambridge, Mass., MIT Press, 2002). O pensamento de Gerald Edelman sobre a consciência implica a presença de um processo do self, embora não seja esse o enfoque de suas propostas em *The remembered present: a biological theory of consciousness* (Nova York, Basic Books, 1989).

11. A essência da discordância é analisada em James, *Principles*, I, pp. 350--52. Eis a afirmação de Hume e a resposta de James:

HUME: "Eu, quando entro muito intimamente no que denomino *eu mesmo*, sempre tropeço em alguma percepção específica, de calor ou frio, luz ou sombra, amor ou ódio, dor ou prazer. Nunca sou capaz de surpreender *a mim mesmo*, em momento algum, sem uma percepção e nunca sou capaz de observar coisa alguma além da percepção. Quando minhas percepções são removidas por um tempo qualquer, como durante o sono profundo, fico insensível de *mim mesmo* e se pode verdadeiramente dizer que não existo. E se todas as minhas percepções fossem removidas pela morte e eu não pudesse pensar, sentir, ver, amar, odiar depois da dissolução do meu corpo, eu seria totalmente aniquilado, e não consigo imaginar o que mais haveria de ser preciso para fazer de mim uma perfeita não entidade. Se alguém, depois de uma reflexão profunda e imparcial, julgar que tem uma definição diferente de si mesmo, devo confessar que não terei mais condições de argumentar com ele. Só poderei admitir que ele pode ter tanta razão quanto eu, e que nós dois somos essencialmente diferentes nesse pormenor. Ele talvez possa perceber algo simples e contínuo a que denomina si mesmo; embora eu tenha certeza de que não existe tal princípio em mim". Hume, *Treatise on human nature*, livro I.

JAMES: "Mas Hume, depois de fazer esse bom trabalho introspectivo, joga fora o bebê junto com a água do banho e alça um voo tão extremado quanto os filósofos substancialistas. Assim como eles dizem que o Self nada mais é do que Unidade, unidade abstrata e absoluta, também Hume diz que [o Self] nada mais é do que Diversidade, diversidade abstrata e absoluta; enquanto na verdade ele [o Self] é essa mistura de unidade e diversidade que nós mesmos já constatamos ser tão fácil distinguir [...] ele nega que esse fio de semelhança, esse núcleo de igualdade que percorre os ingredientes do Self exista mesmo como uma coisa fenomênica".

12. D. Dennet, *Consciousness explained* (Nova York, Little, Brown, 1992); S. Gallagher, "Philosophical conceptions of self: implications for cognitive science", *Trends in Cognitive Science* 4, nº 1 (2000), pp. 14-21; G. Strawson, "The self", *Journal of Consciousness Studies* 4, nº 5-6 (1997), pp. 405-28. Além das obras citadas na nota 10, ver Damásio, *O mistério da consciência*; P. S. Churchland, "Self-representation in nervous systems", *Science* 296, nº 5566 (2002), pp. 308-10; J. Ledoux, *The synaptic self: how our brains become who we are* (Nova York, Viking Press, 2002); Chris Frith, *Making up the mind: how the brain creates our mental world* (Nova York, Wiley-Blackwell, 2007); G. Northoff, A. Heinzel, M. de Greck, F. Bermpohl, H. Doborowolny e J. Panksepp, "Self-referential processing in our brain — a meta-analysis of imaging studies of the self", *Neuroimage* 31, nº 1 (2006), pp. 440-57.

13. O trabalho de Roger Penrose e Stuart Hameroff exemplifica essa posição, que também foi defendida pelo filósofo David Chalmers. Ver R. Penrose, *The emperor's new mind: concerning computers, minds, and the laws of physics* (Oxford, Oxford University Press, 1989); S. Hameroff, "Quantum computation in brain microtubules? The Penrose-Hameroff 'Orch OR' model of consciousness", *Philosophical Transactions of the Royal Society A: Mathematical, Physical and Engineering Sciences* 356 (1998), pp. 1869-96; David Chalmers, *The conscious mind: in search of a fundamental theory* (Oxford, Oxford University Press, 1996). O argumento sobre a coincidência dos mistérios foi defendido convincentemente em Patricia S. Churchland e Rick Grush, "Computation and the brain", em R. Wilson (org.), *The MIT encyclopedia of cognitive science* (Cambridge, Mass., MIT Press, 1998).

14. A falsa intuição é reforçada pelo argumento de que as dimensões ou a massa dos estados mentais não podem ser medidas por instrumentos convencionais. Isso é inegavelmente verdade, mas tal situação resulta da localização dos eventos mentais (o recôndito interior do cérebro), onde não se pode efetuar medições convencionais. A situação é frustrante para os observadores, mas nada diz quanto à existência ou inexistência de uma qualidade física dos estados mentais. Os estados mentais começam fisicamente, e na esfera física permanecem. Só podem ser revelados quando uma construção igualmente física chamada self torna-se disponível e faz seu trabalho de testemunha. As concepções tradicionais de *matéria* e *mental* são desnecessariamente estreitas. O ônus da prova fica para quem acha natural que estados mentais sejam constituídos por atividade cerebral. Mas endossar a separação intuitiva de mente e cérebro como a única plataforma para analisar o problema provavelmente não incentivará a busca de provas adicionais.

15. O pensamento evolucionário também é um fator importante nas hipóteses sobre a consciência apresentadas, entre outros, por Gerald Edelman, Jaak Panksepp e Rodolfo Llinás. Ver também Nicholas Humphrey, *Seeing red: a study in consciousness* (Cambridge, Mass., Harvard University Press, 2006). Para exemplos de pensamento evolucionário aplicado ao estudo da mente humana, ver E. O. Wilson (um pioneiro nessa área), *Consilience: the unity of knowledge* (Nova York, Knopf, 1998), e Steven Pinker, *How the mind works* (Nova York, Norton, 1997) [*Como a mente funciona*, Companhia das Letras, 1998].

16. Para trabalhos fundamentais a respeito de pressões selecionadoras sobre o desenvolvimento do cérebro individual, ver Jean-Pierre Changeux, *Neuronal man: the biology of mind* (Nova York, Pantheon, 1985) e Edelman, *Remembered present*.

17. Minhas considerações anteriores sobre o self não incluíram o self primordial. O sentimento elementar da existência era parte do self central. Cheguei à conclusão de que o processo só pode funcionar se o componente do tronco cerebral no protosself gerar um sentimento elementar, poderíamos dizer primitivo, independentemente de qualquer objeto que interaja com o organismo e com isso modifique o protosself. Jaak Panksepp há tempos apresentou uma visão mais ou menos comparável do processo, e também lhe atribuiu uma origem no tronco cerebral. Ver Panksepp, *Affective neuroscience*. Há diferenças na concepção de Panksepp. Primeiro, o sentimento simples que ele postula parece estar necessariamente relacionado a eventos externos no mundo. Ele o descreve como "o inefável sentimento de sentir-se um agente ativo nos eventos percebidos do mundo". Por outro lado, eu postulo que o sentimento primitivo/self primordial é um produto espontâneo do protosself. Em teoria, sentimentos primordiais ocorrem independentemente de o protosself estar ou não ocupado com objetos e

eventos externos ao cérebro. Precisam estar relacionados ao corpo vivo, e nada mais. A descrição de Panksepp condiz mais estreitamente com minha definição de self central, que inclui um sentimento de conhecer em relação a um objeto. Ele parece estar um grau acima na escala da construção. A segunda diferença é que Panksepp associa essa consciência primária principalmente a atividades motoras em estruturas do tronco cerebral (matéria cinzenta periaquedutal, cerebelo, colículos superiores), enquanto eu dou ênfase a estruturas sensoriais como o núcleo do trato solitário e o núcleo parabraquial, embora em estreita associação com a matéria cinzenta periaqueductal e camadas profundas dos colículos superiores.

18. O estudo das ligações entre redes neurobiológicas e redes sociais é um importante campo de investigação. Ver Manuel Castells, *Communication power* (Nova York, Oxford University Press, 2009).

19.Ver F. Scott Fitzgerald, *The diamond as big as the Ritz* (Nova York, Scribner's, 1922).

2. DA REGULAÇÃO DA VIDA AO VALOR BIOLÓGICO [pp. 48-83]

1. Algumas das fontes para os conceitos apresentados nesta parte são: Gerald M. Edelman, *Topobiology: an introduction to molecular embryology* (Nova York, Basic Books, 1988): Christian De Duve, *Blueprint for a cell: the nature and origin of life* (Burlington, N.C., Neil Paterson, 1991); Robert D. Barnes e Edward E. Ruppert, *Invertebrate zoology* (Nova York, Saunders College Publishing, 1994); Eshel Ben-Jacob, Ofer Schochet, Adam Tenenbaum, Inon Cohen, Andras Czirók e Tamas Vicsek, "Generic modeling of cooperative growth patterns in bacterial colonies", *Nature* 368, nº 6466 (1994), pp. 46-9; Christian De Duve, *Vital dust: life as a cosmic imperative* (Nova York, Basic Books, 1995); Ann B. Butler e William Hodos, *Comparative vertebrate neuroanatomy* (Hoboken, N.J., Wiley Interscience, 2005); Andrew H. Knoll, *Life on a young planet* (Princeton, N.J., Princeton University Press, 2003); Bert Holldobler e Edward O. Wilson, *The superorganism* (Nova York, W. W. Norton, 2009); Jonathan Flint, Ralph J. Greenspan e Kenneth Kendler, *How genes influence behavior* (Nova York, Oxford University Press, 2010).

2. Lynn Margulis, *Symbiosis in cell evolution: microbial communities* (San Francisco, W. H. Freeman, 1993); L. Sagan, "On the origin of mitosing cells", *Journal of Theoretical Biology* 14 (1967), pp. 225-74; J. Shapiro, "Bacteria as multicellular organisms", *Scientific American* 256, nº 6 (1998), pp. 84-9.

3. Em textos anteriores, aludi a essa amostra primeva, no comportamento de organismos simples, de atitudes que normalmente associamos a comportamento humano complexo. Ver António Damásio, *The feeling of what happens:*

body and emotion in the making of consciousness (Nova York, Harcourt Brace, 1999) [*O mistério da consciência*, Companhia das Letras, 2000] e *Looking for Spinoza* (Nova York, Harcourt Brace, 2003) [*Em busca de Espinosa*, Companhia das Letras, 2004]. Comentários comparáveis encontram-se em Rodolfo Llinás, *I of the vortex: from neurons to self* (Cambridge, Mass., MIT Press, 2002), e T. Fitch, "Nano-intentionality: a defense of intrinsic intentionality", *Biology and Philosophy*, 23, nº 2 (2007), pp. 157-77.

4. Para uma análise da fisiologia geral dos neurônios, ver Eric R. Kandel, James H. Schwartz e Thomas M. Jessel, *Principles of natural science*, 4ª ed. (Nova York, McGraw-Hill, 2000).

5. De Duve, *Vital dust*.

6. Claude Bernard, *An introduction to the study of experimental medicine* (1865), trad. Henry Copley Greene (Nova York, Macmillan, 1927); Walter Cannon, *The wisdom of the body* (Nova York, W. W. Norton, 1932).

7. Respostas sobre as origens da homeostasia precisam ser buscadas em níveis ainda mais simples. O comportamento de certas moléculas está por trás de sua montagem espontânea em combinações como o RNA e o DNA. Aqui confrontamos questões sobre a própria origem da vida. Podemos dizer com alguma confiança que a configuração de algumas moléculas dá a elas uma *auto*preservação natural, o mais próximo da primeira luz da homeostasia que podemos chegar no momento.

8. Para uma apreciação da neurociência sobre a noção de valor, ver Read Montague, *Why choose this book? How we make decisions* (Londres, Penguin, 2006). Um livro recente sobre tomada de decisão atenta para a noção de valor: Paul W. Glimcher *et al*., orgs., *Neuroeconomics: decision making and the brain* (Londres, Academic Press, 2009), especialmente Peter Dayan e Ben Seymour, "Values and actions in aversion"; António Damásio, "Neuroscience and the emergence of neuroeconomics"; Wolfram Schultz, "Midbrain dopamine neurons: a retina of the reward system?"; Bernard W. Balleine, Nathaniel D. Daw e John P. O'Doherty, "Multiple forms of value learning and the function of dopamine"; Brian Knutson, Mauricio R. Delgado e Paul E. M. Phillips, "Representation of subjective value in the striatum"; e Kenji Doya e Minoru Kimura, "The basal ganglia and encoding of value".

9. Para uma clara exposição sobre a complexidade da regulação homeostática, ver Alan G. Watts e Casey M. Donovan, "Sweet talk in the brain: glocosensing, neural networks, and hypoglycemic counterregulation", *Frontiers in Neuroendocrinology* 31 (2010), pp. 32-43.

10. C. Bargmann, "Olfaction — from the nose to the brain", *Nature* 384, nº 6609 (1996), pp. 512-3; C. Bargmann, "Neuroscience: comraderie and nostalgia

in nematodes", *Current Biology* 15 (2005), R832-33. Agradeço a Baruch Blumberg por alertar-me para o conceito de *quorum sensing*.

11. A regulação da vida de maneira automatizada, sem participação de mente e consciência, vista em organismos simples, é boa o suficiente para permitir a sobrevivência em meios que oferecem nutrientes abundantes e baixo risco de condições, como variações de temperatura ou presença de predadores. Mas esses organismos simples devem permanecer nos meios aos quais estão adaptados ou defrontar-se com a extinção. A maioria das espécies ainda existentes prospera bem em seu nicho ecológico e funciona *exclusivamente* graças à regulação automatizada da vida.

Sair do nicho ecológico traz possibilidades de todo tipo para a criatura errante. No entanto, afastar-se do nicho encerra potencialmente um custo. Em situações de escassez, a sobrevivência só é possível quando o vira-mundo está equipado com refinados mecanismos que lhe permitem novas opções de comportamento. Esses novos mecanismos devem oferecer valiosos "conselhos" sob a forma de fazer o passeante ir para outro lugar e encontrar o que necessita, e devem sugerir meios alternativos seguros para que ele o faça. Os novos mecanismos também permitem à criatura errante predizer riscos iminentes, como predadores, e fornecer-lhe meios de escapar.

3. A GERAÇÃO DE MAPAS E IMAGENS [pp. 87-117]

1. Rodolfo Llinás, *op. cit.*

2. Para uma clara exposição sobre a razão de o cérebro não ser uma tábula rasa, ver Steve Pinker, *The blank slate: the modern denial of human nature* (Nova York, Viking, 2002) [*Tábula rasa*, Companhia das Letras, 2004].

3. R. B. H. Tootell, E. Switkes, M. S. Silverman *et al.*, "Functional anatomy of macaque striate cortex. II. Retinotopic organization", *Journal of Neuroscience* 8 (1983), pp. 1531-68; K. Meyer, J. T. Kaplan, R. Essex, C. Weber, H. Damásio e A. Damásio, "Predicting visual stimuli on the basis of activity in auditory cortices", *Nature Neuroscience* 13 (2010), pp. 667-8; G.Rees e J. D. Haynes, "Decoding mental states from brain activity in humans", *Nature Reviews Neuroscience* 7 (7 jul. 2006), pp. 523-34. Ver também Gerald Edelman, *Neural Darwinism: the theory of neural group selection* (Nova York, Basic Books, 1987), para uma valiosa análise dos mapas neurais e para sua ênfase na noção do valor aplicada à seleção de mapas; David Hubel e Torsten Wiesel, *Brain and visual perception* (Nova York, Oxford University Press, 2004).

4. A atribuição de valor possivelmente se faz com base em um marcador emocional, um marcador somático, como propus em outro trabalho: A. Damá-

sio, "The somatic marker hypothesis and the possible functions of the prefrontal cortex", *Philosophical Transactions of the Royal Society B: Biological Sciences* 351 (1996), pp. 1413-20.

5. Para exames da literatura relevante em neuropsicologia, ver H. Damásio e A. Damásio, *Lesion analysis in neuropsychology* (Nova York, Oxford University Press, 1989); Kenneth M. Heilman e Edward Valenstein, orgs., *Clinical neuropsychology*, 4ª ed. (Oxford, Oxford University Press, 2003); H. Damásio e A. R. Damásio, "The neural basis for memory, language and behavioral guidance: advances with the lesion method in humans", *Seminars in the Neurosciences* 2 (1990), pp. 277-96; A. Damásio, D. Tranel e M. Rizzo, "Disorders of complex visual processing", em M. M. Mesulam, org., *Principles of behavioral and cognitive neurology* (Nova York, Oxford University Press, 2000).

6. Bjorn Merker é outro autor que aponta o tronco cerebral como origem da mente e até da consciência em "Consciousness without a cerebral cortex", *Behavioral and Brain Sciences* 30 (2007), pp. 63-81.

7. António R. Damásio, Paul J. Eslinger, Hanna Damásio, Gary W. Van Hoesen e Steven Cornell, "Multimodal amnesic syndrome following bilateral temporal and basal forebrain damage", *Archives of Neurology* 42, nº 3 (1985), pp. 252-9; Justin S. Feinstein, David Rudrauf, Sahib S. Khlasa, Martin D. Cassell, Joel Bruss, Thomas J. Grabowski e Daniel Tranel, "Bilateral limbic system destruction in man", *Journal of Clinical and Experimental Neuropsychology*, 17 de setembro de 2009, pp. 1-19.

8. Entretanto, é possível argumentar que, na ausência da ínsula, outros córtices somatossensoriais (sI, sII) talvez possam servir de origem dos sentimentos, ou que os córtices cingulados anteriores também poderiam ter esse papel, já que frequentemente se mostram ativos em estudos de sentimentos emocionais baseados em ressonância magnética funcional fMRI. Essa ideia é problemática, por várias razões. Primeiro, os córtices cingulados anteriores são essencialmente estruturas motoras, envolvidas na geração de respostas emocionais e não no sentimento de emoções. Segundo, as informações viscerais são primeiro canalizadas para a ínsula e só então distribuídas para sI e sII. Uma lesão extensa na ínsula impede esse processo. Terceiro, estudos de ressonância magnética funcional de sentimentos corporais e emocionais em indivíduos normais revelam ativações insulares sistemáticas e abundantes, mas raras ativações em sI e sII, uma descoberta condizente com o fato de que sI e sII são dedicados à exterocepção e à propriocepção (o mapeamento de informações do tato, pressão e movimentos esqueléticos) e não à interocepção (o mapeamento das vísceras e do meio interno). De fato, a dor de origem visceral tende a não produzir um bom mapeamento em sI, como demonstrado por M. C. Bushnell, G. H. Duncan, R. K. Hofbauer, B. Ha, J.-I.-Chen e B. Carrier em "Pain perception: is there a role for primary somato-

sensory cortex?", *Proceedings of the National Academy of Sciences* 96 (1999), pp. 7705-9.

9. J. Parvizi e A. R. Damásio, "Consciousness and the brainstem", *Cognition* 79 (2001), pp. 135-60.

10. Alan D. Shewmon, Gregory L. Holmes e Paul A. Byrne, "Consciousness in congenitally decorticate children: developmental vegetative state as a self-fulfilling prophecy", *Developmental Medicine and Child Neurology* 41 (1999), pp. 364-74.

11. Bernard M. Strehler, "Where is the self? A neuronatomical theory of consciousness", *Synapse* 7 (1991), pp. 44-91; J. Panksepp, *Affective neuroscience: the foundation of human and animal emotions* (Nova York, Oxford University Press, 1998). Ver também Merker, "Consciousness".

12. A disposição mapeada da retina é preservada, e a atividade do colículo esquerdo condiz com o campo visual direito e vice-versa. Os neurônios nas camadas superficiais do colículo superior respondem mais aos estímulos móveis do que aos estacionários, e mais aos que se movem lentamente do que aos que se movem depressa. Também preferem estímulos que transitam pelo campo visual em uma direção específica. A visão proporcionada pelo colículo superior privilegia a detecção e o acompanhamento de alvos móveis.

Diferentemente das camadas superficiais, as camadas profundas do colículo ligam-se a várias estruturas relacionadas a visão, audição, sensação corporal e movimento. As informações visuais chegam a essas camadas vindo diretamente da retina contralateral. As informações auditivas chegam do colículo inferior. As informações somatossensoriais chegam da medula espinhal, do núcleo do trigêmeo, do núcleo vagal, da área postrema e do hipotálamo. As informações proprioceptivas, a variedade de informações somatossensoriais relacionada à musculatura, chegam ao colículo superior vindo da medula espinhal via cerebelo. Informações vestibulares são transmitidas através de projeções por intermédio do núcleo fastigial.

13. É bem sugestivo o contraste entre os colículos superior e inferior. O inferior também é uma estrutura em camadas, mas seu domínio é puramente auditivo. Ele constitui uma importante estação intermediária para sinais auditivos a caminho do córtex cerebral. O colículo superior tem um domínio visual, ligado às suas camadas superficiais, e um domínio coordenador, ligado às camadas profundas. Ver Paul J. May, "The mammalian superior colliculus: laminar structure and connections", *Progress in Brain Research* 151 (2006), pp. 321-78; Barry E. Stein, "Development of the superior colliculus", *Annual Review of Neuroscience* 7 (1984), pp. 95-125; Eliana M. Klier, Hongying Wang e Douglas J. Crawford, "The superior colliculus encodes gaze commands in retinal coordinates", *Nature Neuroscience* 4, nº 6 (2001), pp. 627-32; e Michael F. Huerta e John K.

Harting, "Connectional organization of the superior colliculus", *Trends in Neurosciences*, agosto de 1984, pp. 286-9.

14. Bernard M. Strehler, "Where is the self? A neuroanatomical theory of consciousness", *Synapse* 7 (1991), pp. 44-91; Merker, "Consciousness".

15. D. Denny-Brown, "The midbrain and motor integration", *Proceedings of the Royal Society of Medicine* 55 (1962), pp. 527-38.

16. Michael Brecht, Wolf Singer e Andreas K. Engel, "Patterns of synchronization in the superior colliculus of anesthetized cats", *Journal of Neuroscience* 19, nº 9 (1999), pp. 3567-79; Michael Brecht, Rainer Goebel, Wolf Singer e Andreas K. Engel, "Synchronization of visual responses in the superior colliculus of awake cats", *NeuroReport* 12, nº 1 (2001), pp. 43-7; Michael Brecht, Wolf Singer e Andreas K. Engel, "Correlation analysis of corticotectal interactions in the cat visual system", *Journal of Neuropsychology* 79 (1998), pp. 2394-407.

17. W. Singer, "Formation of cortical cell assemblies", *Symposium on qualitative biology* 55 (1990), pp. 939-52; Llinás, *I of the vortex*.

18. L. Melloni, C. Molina, M. Pena, D. Torres, W. Singer e E. Rodríguez, "Synchronization of neural activity across cortical areas correlates with conscious perception", *Journal of Neuroscience* 27, nº 11 (2007), pp. 2858-65.

4. O CORPO NA MENTE [pp. 118-39]

1. Franz Brentano, *Psychology from an empirical standpoint*, trad. Antos C. Rancurello, D. B. Terrel e Linda L. McAllister (Londres, Routledge, 1995), pp. 88-9.

2. Daniel Dennett, *The intentional stance* (Cambridge, Mass., MIT Press, 1987), defendeu esse argumento tempos atrás, e o mesmo fez recentemente Tecumseh Fitch em "Nanointentionality: a defense of intrinsic intentionality", *Biology and Philosophy* 23, nº 2 (2007), pp. 157-77.

3. William James, *The principles of psychology* (Nova York, Dover Press, 1890). Até pouco tempo atrás, a neurociência deu pouca atenção à noção de James sobre a importância do corpo para a compreensão da mente. Em filosofia, porém, o corpo continuou a ter um papel central, e um exemplo renomado dessa linha de pensamento é Maurice Merleau-Ponty, *Phenomenology of perception* (Londres, Routledge, 1962). Entre os filósofos contemporâneos, Mark Johnson é reconhecidamente o líder nessa área. O corpo foi tratado com destaque no seu conhecido livro em coautoria com George Lakoff, *Metaphors we live by* (Chicago, University of Chicago Press, 1980), mas duas monografias posteriores tornaram-se clássicas para o tema: Mark Johnson, *The body in the mind: the bodily basis of meaning, imagination and reason* (Chicago, University of Chicago Press, 1987) e

Mark Johnson, *The meaning of the body: aesthetics of human understanding* (Chicago, University of Chicago Press, 2007).

4. Julian Jaynes, *The origin of consciousness in the breakdown of the bicameral mind* (Nova York, Houghton Mifflin, 1976).

5. As duas figuras fundamentais nessa história são Ernst Heirich Weber e Charles Scott Sherrington. Ver Weber, *Handwörterbuch des Physiologie mit Rücksicht auf physiologische Pathologie*, org. R. Wagner (Braunschwieg, Alemanha: Biewig und Sohn, 1846), e Sherrington, *Text-book of physiology*, org. E. A. Schäefer (Edimburgo, Pentland, 1900). Infelizmente, quando fez a revisão de seu clássico livro, Sherrington abandonara o conceito alemão de sensibilidade geral do corpo ou *Gemeingefühl* e não ressaltou mais sua concepção anterior de "eu material". Ver C. S. Sherrington, *The integrative action of the nervous system* (Cambridge, Cambridge University Press, 1948). A. D. Craig apresenta uma apreciação histórica acurada dessa situação em "How do you feel? Interoception: the sense of the physiological condition of the body", *Nature Reviews Neuroscience* 3 (2002), pp. 655-66.

6. Os fundamentos da interligação corpo-cérebro são bem examinados em Clifford Saper, "The central autonomic nervous system: conscious visceral perception and autonomic pattern generation", *Annual Review of Neuroscience* 25 (2002), pp. 433-69. Ver também Stephen W. Porges, "The polyvagal perspective", *Biological Psychology* 74 (2007), pp. 116-43. A estrutura dos núcleos do tronco cerebral e hipotalâmicos encarregados de executar esse proesso de mão dupla pode ser vislumbrada nos seguintes artigos: Caroline Gauriau e Jean-François Bernard, "Pain pathways and parabrachial circuits in the rat", *Experimental Physiology* 87, nº 2 (2001), pp. 251-8; M. Giola, R. Luigi, Maria Grazia Pretruccioli e Rosella Bianchi, "The cytoarchitecture of the adult human parabrachial nucleus: a Nissl and Golgi study", *Archives of Histology and Cytology* 63, nº 5 (2001), pp. 411-24; Michael M. Behbahani, "Functional characteristics of the midbrain periaqueductal gray", *Progress in Neurobiology* 46 (1995), pp. 575-605; Thomas M. Hyde e Richard R. Miselis, "Subnuclear organization of the human caudal nucleus of the solitary tract", *Brain Research Bulletin* 29 (1992), pp. 95-109; Deborah A. McRitchie e Istvan Törk, "The internal organization of the human solitary nucleus", *Brain Research Bulletin* 31 (1992), pp. 171-93; Christine H. Block e Melinda L. Estes, "The cytoarchitectural organization of the human parabrachial nuclear complex", *Brain Research Bulletin* 24 (1989), pp. 617-26; L. Bourgeais, L. Monconduit, L. Villanueva e J. F. Bernard, "Parabrachial internal lateral neurons convey nociceptive messages from the deep laminas of the dorsal horn to the intralaminar thalamus", *Journal of Neuroscience* 21 (2001), pp. 2159-65.

7. A. Damásio, *O erro de Descartes* (Companhia das Letras, 1996).

8. M. E. Goldberg e C. J. Bruce, "Primate frontal eye fields. III. Maintenance

of a spatially accurate saccade signal". *Journal of Neurophysiology* 64 (1990), pp. 489-508; M. E. Goldberg e R. H. Wurtz, "Extraretinal influences on the visual control of eye movement", em D. R. Humphrey e H.-J. Freund, orgs., *Motor control: concepts and issues* (Chichester, U.K., Wiley, 1991), pp. 163-79.

9. G. Rizzolatti e L. Craighero, "The mirror-neuron system", *Annual Review of Neuroscience* 27 (2004), pp. 169-92; V. Gallese, "The shared manifold hypothesis", *Journal of Consciousness Studies* 8 (2001), pp. 33-50.

10. R. Hari, N. Forss, S. Avikainen, E. Kirveskari, S. Salenius e G. Rizzolatti, "Activation of human primary motor cortex during action observation: a neuromagnetic study", *Proceedings of the National Academy of Science* 95 (1998), pp. 15061-5.

11. Tania Singer, Ben Seymour, John O'Doherty, Holger Kaube, Raymond J. Dolan e Cris D. Frith, "Empathy for pain involves the affective but not sensory components for pain", *Science* 303 (2004), pp. 1157-62.

12. R. Adolphs, H. Damásio, D. Tranel, G. Cooper e A. Damásio, "A role for somatosensory cortices in the visual recognition of emotion as revealed by three-dimensional lesion mapping", *Journal of Neuroscience* 20 (2000), pp. 2683-90.

5. EMOÇÕES E SENTIMENTOS [pp. 140-65]

1. Martha C. Nussbaum, *Upheavals of thought: the intelligence of emotions* (Cambridge, Cambridge University Press, 2001).

2. R. M. Sapolsky, *Why zebras don't get ulcers: an updated guide to stress, stress-related diseases, and coping* (Nova York, W. H. Freeman, 1998); David Servan-Schreiber, *The instinct to heal: curing stress, anxiety, and depression without drugs and without talk therapy* (Emmaus, Pa., Rodale, 2004).

3. William James, "What is an emotion?", *Mind* 9 (1884), pp. 188-205.

4. W. B. Cannon, "The James-Lange theory of emotions: a critical examination and an alternative theory", *American Journal of Psychology* 39 (1927), pp. 106-24.

5. António Damásio, *O erro de Descartes* (Companhia das Letras, 1996).

6. A. Damásio, T. Brabowski, A. Bechara, H. Damásio, Laura L. B. Ponto, J. Parvizi e Richard D. Hichwa, "Subcortical and cortical brain activity during the feeling of self-generated emotions", *Nature Neuroscience* 3 (2000), pp. 1049-56.

7. A. Damásio, "Fundamental feelings", *Nature* 413 (2001), p. 781; A. Damásio, *Em busca de Espinosa* (Companhia das Letras, 2004).

8. Ver A. D. Craig, "How do you feel — now? The anterior insula and human awareness", *Nature Reviews Neuroscience* 10 (2009), pp. 59-70. Craig supõe que o córtex insular fornece o substrato para estados de sentimento, corporais e

emocionais, e sugere que a própria percepção desses estados origina-se na ínsula. Em conflito direto com a hipótese de Craig temos as evidências que mencionei nos capítulos 3 e 4 quando tratei da flagrante persistência de sentimentos e consciência depois de dano na ínsula e da provável presença de sentimentos em crianças destituídas de córtex.

9. D. Rudrauf, J. P. Lachaux, A. Damásio, S. Baillet, L. Hugueville, J. Martinerie, H. Damásio e B. Renault, "Enter feelings: somatosensory responses following early stages of visual induction of emotion", *International Journal of Psychophysiology* 72, nº 1 (2009), pp. 13-23; D. Rudrauf, O. David, J. P. Lachaux, C. Kovach, J. Martinerie, B. Renault e A. Damásio, "Rapid interactions between the ventral visual stream and emotion-related structures rely on a two-pathway architecture", *Journal of Neuroscience* 28, nº 11 (2008), pp. 2793-803.

10. A. Damásio, "Neuroscience and ethics: intersections", *American Journal of Bioethics* 7, nº 1 (2007), pp. 3-7.

11. M. H. Immordino-Yang, A. McColl, H. Damásio e A. Damásio, "Neural correlates of admiration and compassion", *Proceedings of the National Academy of Sciences* 106, nº 19 (2009), pp. 8021-6.

12. J. Haidt, "The emotional dog and its rational tail: a social intuitionist approach to moral judgement", *Psychological Review* 108 (2001), pp. 814-34; Christopher Oveis, Adam B. Cohen, June Gruber, Michelle N. Shiota, Jonathan Haidt e Dacher Keltner, "Resting respiratory sinus arrhythmia is associated with tonic positive emotionality", *Emotion* 9, nº 2 (abril 2009), pp. 265-70.

6. UMA ARQUITETURA PARA A MEMÓRIA [pp. 166-93]

1. Eric R. Kandel, James H. Schwartz e Thomas M. Jessel, *Principles of neural science*, 4ª ed. (Nova York, McGraw-Hill, 2000); e E. Kandel, *In search of memory: the emergence of a new science of mind* (Nova York, W. W. Norton, 2006).

2. A. R. Damásio, H. Damásio, D. Tranel e J. P. Brandt, "Neural regionalization of knowledge access: preliminary evidence", *Symposia on Quantitative Biology* 55 (1990), pp. 1309-47; A. Damásio, D. Tranel e H. Damásio, "Face agnosia and the neural substrates of memory", *Annual Review of Neuroscience* 13 (1990), pp. 89-109.

3. Stephen M. Kosslyn, *Image and mind* (Cambridge, Mass., Harvard University Press, 1980).

4. A. R. Damásio, "Time-locked multiregional retroactivation: a systems--level proposal for the neural substrates of recall and recognition", *Cognition* 33 (1989), pp. 25-62. O modelo ZCD foi incorporado a teorias cognitivas. Ver, por exemplo, L. W. Barsalou, "Grounded cognition", *Annual Review of Psychology* 59

(2008), pp. 617-45, e W. K. Simmons e L. W. Barsalou, "The similarity-in-topography principle: reconciling theories of conceptual deficits", *Cognitive Neuropsychology* 20 (2003), pp. 451-86.

5. K. S. Rockland e D. N. Pandya, "Laminar origins and terminations of cortical connections of the occipital lobe in the rhesus monkey", *Brain Research* 179 (1979), pp. 3-20; G. W. Van Hoesen, "The parahippocampal gyrus: new observations regarding its cortical connections in the monkey", *Trends in Neuroscience* 5 (1982), pp. 345-50.

6. Patric Hagmann, Leila Cammoun, Xavier Gigandet, Reto Meuli, christopher J. Honey, Van J. Wedeen e Olaf Sporns, "Mapping the structural core of human cerebral cortex", *PLos Biology* 6, nº 7 (2008) e159.doi:10.1371/journal. pio. 00 60159.

7. Algumas zonas de convergência ligam sinais relacionados a categorias de entidades (por exemplo, a cor e a forma de uma ferramenta) e se localizam em córtices de associação situados imediatamente em seguida aos córtices cuja atividade define representações de características. Nos humanos, quando se trata de uma entidade visual, isso incluiria córtices nas áreas 37 e 39, em seguida a mapas corticais iniciais. Seu nível na hierarquia anatômica é relativamente baixo. Outras ZCDs ligam sinais relacionados a combinações mais complexas, por exemplo, a definição de certas classes de objetos por sinais de ligação relacionados a forma, cor, som, temperatura e odor. Essas ZCDs estão localizadas em um nível superior na hierarquia córtico-cortical (por exemplo, em setores anteriores das áreas 37, 39, 22 e 20). Elas representam combinações de entidades ou características de várias entidades, e não entidades ou características únicas. As ZCDs capazes de ligar entidades em eventos situam-se no topo das correntes hierárquicas, nas regiões temporais e frontais mais anteriores.

8. Kaspar Meyer e António Damásio, "Convergence and divergence in a neural architecture for recognition and memory", *Trends in Neurosciences* 32, nº 7 (2009), pp. 376-82.

9. G. A. Calvert, E. T. Bullmore, M. J. Brammer, R. Campbell, S. C. R. Williams, P. K. McGuire, P. W. R. Woodruff, S. D. Iversen e A. S. David, "Activation of auditory cortex during silent lip rading", *Science* 276 (1997), pp. 593-6.

10. M. Kiefer, E. J. Sim, B. Herrnberger, J. Grothe e K. Hoenig, "The sound of concepts: four markers for a link between auditory and conceptual brain systems", *Journal of Neuroscience* 28 (2008), pp. 12224-30; J.González, A. Barros--Loscertales, F. Pulvermüller, V. Meseguer, A. Sanjuán, V. Belloch e C. Ávila, "Reading cinnamon activates olfactory brain regions", *Neuroimage* 32 (2006), pp. 906-12; M. C. Hagen, O. Franzen, F. McGlone, G. Essick, C. Dancer e J. V. Pardo, "Tactile motion activates the human middle temporal/V_5) complex", *European Journal of Neuroscience* 16 (2002), pp. 957-64; K. Sathian, A. Zangaladze, J. M.

Hoffman e S. T. Grafton, "Feeling with the mind's eye", *Neuroreport* 8 (1997), pp. 3877-81; A. Zangaladze, C. M. Epstein, S. T. Grafton e K. Sathian, Involvement of visual cortex in tactile discrimination of orientation", *Nature* 401 (1999), pp. 587-90; Y.-D. Zhou e J. M. Fuster, "Neuronal activity of somatosensory cortex in a cross-modal (visuo-haptic) memory task", *Experiments in Brain Research* 116 (1997), pp. 551-5; Y.-D.Zhou e J. M. Fuster, "Visuo-tactile cross-modal associations in cortical somatosensory cells", *Proceedings of the National Academy of Sciences* 97 (2000), pp. 9777-82.

11. S. M. Kosslyn, G. Ganis e W. L. Thompson, "Neural foundations of imagery", *Nature Reviews Neuroscience* 2 (2001), pp. 635-42; Z.Pylyshyn, "Return of the mental image: are there really pictures in the brain?", *Trends in Cognitive Science* 7 (2003), pp. 113-8.

12. S. M. Kosslyn, W. L. Thompson, I. J. Kim e N. M. Alpert, "Topographical representations of mental images in primary visual cortex", *Nature* 378 (1995), pp. 496-8; S. D. Slotnick, W. L. Thompson e S. M. Kosslyn, "Visual mental imagery induces retinotopically organized activation of early visual areas", *Cerebral Cortex* 15 (2005), pp. 1570-83; S. M. Kosslyn, A. Pascual-Leone, O. Felician, S. Camposano, J. P. Keenan, W. L. Thompson, G. Ganis, K. E. Sukel e N. M. Alpert, "The role of Area 17 in visual imagery: convergent evidence from PET and rTMS", *Science* 284 (1999), pp. 167-70; M. Lotze e U. Halsband, "Motor imagery", *Journal of Physiology* 99 (2006), pp. 386-95; K. M. O'Craven e N. Kanwisher, "Mental imagery of faces and places activates corresponding stimulus-specific brain regions", *Journal of Cognitive Neuroscience* 12 (2000), pp. 1013-23; M. J. Farah, "Is visual imagery really visual? Overlooked evidence from neuropsychology", *Psychological Review* 95 (1998), pp. 307-17.

13. V. Gallese, L. Fadiga, L. Fogassi e G. Rizzolatti, "Action recognition in the premotor cortex", *Brain* 119 (1996), pp. 593-609; G. Rizzolatti e L. Craighero, "The mirror-neuron system", *Annual Review of Neuroscience* 27 (2004), pp. 169-92.

14. A. Damásio e K. Meyer, "Behind the looking-glass", *Nature* 454 (2008), pp. 167-8.

15. Numerosos estudos da abrangente literatura sobre os neurônios-espelho são compatíveis com o modelo das ZCDs: E. Kohler, C. Keysers, M. A. Umiltà, L. Fogassi, V. Gallese e G. Rizzolatti, "Hearing sounds, understanding actions: action representation in mirror neurons", *Science* 297 (2002), pp. 846-8; C. Keysers, E. Kohler, M. A. Umiltà, L. Nanetti, L. Fogassi e V. Gallese, "Audiovisual mirror neurons and action recognition", *Experiments in Brain Research* 153 (2003), pp. 628-36; V. Raos, M. N. Evangeliou e H. E. Savaki, "Mental stimulation of action in the service of action perception", *Journal of Neuroscience* 27 (2007), pp. 12675-83; D. Tkach, J. Reimer e N. G. Hatsopoulos, "Congruent activity during action and action observation in motor cortex", *Journal of Neuroscience* 27 (2007), pp.

13 241-50; S.-J. Blakemore, D. Bristow, G. Bird, C. Frith e J. Ward, "Somatosensory activations during the observation of touch and a case of vision-touch synaesthesia", *Brain* 128 (2005), pp. 1571-83; A. Lahav, E. Saltzman e G. Schlaug, "Action representation of sound: audiomotor recognition network while listening to acquired actions", *Journal of Neuroscience* 27 (2007), pp. 308-14; G. Buccino, F. Binkofski, G. R. Fink, L. Fadiga, L. Fogassi, V. Gallese, R. J. Seitz, K. Zilles, G. Rizzolatti e H.-J. Freund, "Action observation activates premotor and parietal areas in a somatotopic manner: an fMRI study", *European Journal of Neuroscience* 13 (2001), pp. 400-4; M. Iacoboni, L. M. Koski, M. Brass, H. Bekkering, R. P. Woods, M.-C. Dubeau, J. C. Mazziota e G. Rizzolatti, "Reafferent copies of imitated actions in the right superior temporal cortex", *Proceedings of the National Academy of Sciences* 98 (2001), pp. 13 995-9; V. Gazzola, L. Aziz-Zadeh e C. Keysers, "Empathy and the somatotopic auditory mirror system in humans", *Current Biology* 16 (2006), pp. 1824-9; C. Catmur, V. Walsh e C. Heyes, "Sensorimotor learning configures the human mirror system", *Current Biology* 17 (2007), pp. 1527-31; C. Catmur, H. Gillmeister, G. Bird, R. Liepelt, M. Brass e C. Heyes, "Through the looking-glass: counter-mirror activation following incompatible sensorymotor learning", *European Journal of Neuroscience* 28 (2008), pp. 1208-15.

16. G. Kreiman, C. Koch e I. Fried, "Imagery neurons in the human brain", *Nature* 408 (2000), pp. 357-61.

7. A CONSCIÊNCIA OBSERVADA [pp. 197-223]

1. Harold Bloom, *The Western canon* (Nova York, Harcourt Brace, 1994); Harold Bloom, *Shakespeare: the invention of the human* (Nova York, Riverhead, 1998); James Wood, *How fiction works* (Nova York, Farrar, Straus and Giroux, 2008).

2. Para análises recentes da neurociência básica da consciência, recomendo *The neurology of conscience*, de Steven Laureys e Giulio Tononi, orgs., (Londres, Elsevier, 2008). Para exames dos aspectos clínicos da consciência, recomendo Jerome B. Posner, Clifford B. Saper, Nicholas D. Schiff e Fred Plum, *Plum and Posner's diagnosis of stupor and coma* (2007), já citado. Ver também Todd E. Feinberg, *Altered egos: how the brain creates the self* (Nova York, Oxford University Press, 2001), para uma análise recente da literatura clínica pertinente; e A. R. Damásio, "Consciousness and its disorders", em Arthur K. Asbury, G. McKhann, I. McDonald, P. J. Goadsby e J. McArthur (orgs.), *Diseases of the nervous system: clinical neuroscience and therapeutic principles*, 3ª ed. (Nova York, Cambridge University Press, 2002), pp. 289-301.

3. Adrian Owen, "Detecting awareness in the vegetative state", *Science* 313 (2006), p. 1402.

4. Adrian Owen e Steven Laureys, "Willful modulation of brain activity in disorders of consciousness", *New England Journal of Medicine* 362 (2010), pp. 579-89.

5. António Damásio, *The feeling of what happens: body and emotions in the making of consciousness* (Nova York, Harcourt, Brace, 1999) [*O mistério da consciência: do corpo e das emoções ao conhecimento de si*, Companhia das Letras, 2000].

6. António Damásio, "The somatic marker hypothesis and the possibile functions of the prefrontal cortex", *Philosophical Transactions of the Royal Society B: Biological Sciences* 351 (1996), pp. 1413-20.

7. Sigmund Freud, "Some elementary lessons in psychoanalysis", *International Journal of Psycho-Analysis* 21 (1940).

8. Kraft-Ebbing, *Psychopathia Sexualis* (Stuttgart: Ferdinand Enke, 1886).

9. Para cuidadosas considerações sobre o tema da mente e consciência durante o sono e o sonho, recomendo Allan Hobson, *Dreaming: an introduction to the science of sleep* (Nova York, Oxford University Press, 2002), e Rodolfo Llinás, *I of the vortex: from neurons to self* (Cambridge, Mass., MIT Press, 2002).

8. A CONSTRUÇÃO DA MENTE CONSCIENTE [pp. 224-58]

1. Bernard Baars é um bom exemplo desse enfoque, que foi usado proveitosamente por Changeux e Dehaene. Ver S. Dehaene, M. Kerszberg e J.-P. Changeux, "A neuronal model of a global workspace in effortful cognitive tasks", *Proceedings of the National Academy os Sciences* 95, nº 24 (1998), pp. 14529-34. Edelman e Tononi também estudaram a consciência dessa perspectiva. Ver Gerald M. Edelman e Giulio Tononi, *A universe of consciousness: how matter becomes imagination* (Nova York, Basic Books, 2000). Da mesma forma, o trabalho de Crick e Koch enfoca os aspectos mentais da consciência e reconhece explicitamente que o self não é incluído na interpretação. Ver F. Crick e C. Koch, "A framework for consciousness", *Nature Neuroscience* 6, nº 2 (2003), pp. 119-26.

2. Estou pensando nestes estudos extremamente importantes: G. Moruzzi e H. W. Magoun, "Brain stem reticular formation and activation of the EEG", *Electroencephalography and Clinical Neurophysiology* 1 (1949), pp. 455-73; e W. Penfield e H. H. Jasper, *Epilepsy and the functional anatomy of the human brain* (Nova York, Little, Brown, 1954).

3. Como foi dito na nota 17 do capítulo 1, Panksepp também ressalta a noção de sentimentos primários, sem os quais o processo da consciência não

pode ocorrer. O mecanismo detalhado não é o mesmo, mas creio que a essência da ideia é. O mais das vezes, as análises sobre os sentimentos supõem que eles surgem de interações com o mundo (como o "sentimento de conhecer", de James, ou o meu "sentimento do que acontece"), ou como resultado de emoções. Mas os sentimentos primordiais *precedem* tais situações, e presumivelmente isso também vale para os sentimentos primários de Panksepp.

4. L. W. Swanson, "The hypothalamus", em A. Björklund, T. Hökfelt e L. W. Swanson, orgs., *Handbook of chemical neuroanatomy*, v. 5, *Integrated systems of the CNS* (Amsterdam, Elsevier, 1987).

5. J. Parvizi e A. Damásio, *Cognition*. Ver uma exposição pormenorizada em Damásio, *O mistério da consciência* (Companhia das Letras, 2000).

6. Bernard J. Baars, "Global workspace theory of consciousness: toward a cognitive neuroscience of human experience", *Progress in Brain Research* 150 (2005), pp. 45-53; D. L. Sheinberg e N. K. Logothetis, "The role of temporal cortical areas in perceptual organization", *Proceedings of the National Academy of Sciences* 94, nº 7 (1997), pp. 3408-13; S. Dehaene, L. Naccache, L. Cohen *et al.*, "Cerebral mechanisms of word masking and unconscious repetition priming", *Nature Neuroscience* 4, nº 7 (2001), pp. 752-8.

7. Como foi mencionado no capítulo 5, as contribuições de A. D. Craig para os aspectos da medula espinhal e os aspectos corticais do sistema são especialmente notáveis: A. D. Craig, "How do you feel? Interoception: the sense of the physiological condition of the body", *Nature Reviews Neuroscience* 3 (2002), pp. 655-66.

8. K. Meyer, "How does the brain localize the self?" *Science E-letters* (2008), disponível em www.sciencemag.org/cgi/eletters/317/5841/1096#10767. Ver também B. Lenggenhager, T. Tadi, T. Metzinger e O. Blanke, "Video ergo sum: manipulating bodily self-consciousness", *Science* 317 (2007), p. 1096; e H. H. Ehrsson, "The experimental induction of out-of-body experiences", *Science* 317 (2007), p. 1048.

9. Michael Gazzaniga, *The mind's past* (Berkeley: University of California Press, 1998).

10. Meu interesse pelos colículos superiores nasceu em meados dos anos 1980. Bernard Strehler, com quem debati a questão em várias ocasiões, é ainda mais fascinado pelos colículos. Mais recentemente, Bjorn Merker apresentou uma descrição muito convincente dessa estrutura como mais do que um mero assistente da visão. Bernard M. Strehler, "Where is the self? A neuroanatomical theory of consciousness", *Synapse* 7 (1991), pp. 44-91; Bjorn Merker, "Consciousness without a cerebral cortex", *Behavioral and Brain Sciences* 30 (2007), pp. 63--81. Em sua análise sobre a importância da matéria cinzenta periaqueductal, Jaak Panksepp também chamou a atenção para os colículos.

11. A construção da perspectiva sensorial resultaria da combinação de imagens recém-obtidas dos pelicanos com atividade nos portais sensoriais acionados pela interação objeto-organismo. A atividade dos portais sensoriais seria ligada a imagens do objeto mediante uma sincronização das atividades relacionadas a cada conjunto de imagens. O tempo, e não o espaço, seria o elo fundamental. O sentimento de poder agir e de possuir a própria mente derivaria de um mecanismo comparável que ligaria no tempo as atividades relacionadas a novas imagens de objetos a atividades que definem mudanças no protosself no nível dos mapas interoceptivos, portais sensoriais e representações musculoesqueléticas. O grau de coesão em que seriam mantidos esses componentes dependeria da sincronização.

9. O SELF AUTOBIOGRÁFICO [pp. 259-94]

1. C. Koch e F. Crick, "What is the function of the claustrum?", *Philosophical Transactions of the Royal Society B: Biological Sciences* 360, nº 1458 (29 de junho de 2005), pp. 1271-9.

2. R. J. Maddock, "The retrosplenial cortex and emotion: new insights from functional neuroimaging of the human brain", *Trends in Neurosciences* 22 (1999), pp. 310-6; R.Morris, G. Paxinos e M. Petrides, "Architectonic Analysis of the human retrosplenial cortex", *Journal of Comparative Neurology* 421 (2000), pp. 14--28; para uma análise crítica, ver A.E. Cavanna e M. R. Trimble, "The precuneus: a review of its functional anatomy and behavioural correlates", *Brain* 129 (2006), pp. 564-83.

3. J. Parvizi, G. W. Van Hoesen, J. Buckwalter e A. R. Damásio, "Neural connections of the posteromedial cortex in the Macaque", *Proceedings of the National Academy of Sciences* 103 (2006), pp. 1563-8.

4. Patric Hagmann, Leila Cammoun, Xavier Gigandet, Reto Meuli, Christopher J. Honey, Van J. Wedeen e Olaf Sporns, "Mapping the structural core of human cerebral cortex", *PLoS Biology* 6, e159.doi:10.1371/journal.pbio.0060159.

5. Pierre Fiset, Tomás Paus, Thierry Daloze, Gilles Plourde, Pascal Meuret, Vincent Bonhomme, Nadine Hajj-Ali, Steven B. Backman e Alan C. Evans, "Brain mechanisms of propofol-induced loss of consciousness in humans: a positron emission tomographic study", *Journal of Neuroscience* 19 (2009), pp. 5506-13; M. T. Alkire e J. Miller, "General anesthesia and the neural correlates of consciousness", *Progress in Brain Research* 150 (2005), pp. 229-44. A eficácia do propofol na interrupção da consciência não fica longe de interromper a vida definitivamente — uma das razões para que o monitoramento dos efeitos dessa droga tenha de ser extremamente cuidadoso. Michael Jackson parece ter morrido por uma

overdose de propofol ou possivelmente de uma combinação nefasta de propofol com outros medicamentos que interferem na atividade do cérebro.

6. Pierre Maquet, Christian Degueldre, Guy Delfiore, Joël Aerts, Jean-Marie Péters, André Luxen e Georges Franck, "Functional neuroanatomy of human slow wave sleep", *Journal of Neuroscience* 17 (1997), pp. 2807-12; P. Maquet *et al.*, "Human cognition during REM sleep and the activity profile within frontal and parietal cortices: a reappraisal of functional neuroimaging data", *Progress in Brain Research* 150 (2005), pp. 219-27; M. Massimini *et al.*, "Breakdown of cortical effective connectivity during sleep", *Science* 309 (2005), pp. 2228-32.

7. D. A. Gusnard e M. E. Raichle, "Searching for a baseline: functional imaging and the resting human brain", *Nature Reviews Neuroscience* 2 (2001), pp. 685-94.

8. António R. Damásio, Thomas J. Grabowski, Antoine Bechara, Hanna Damásio, Laura L. B. Ponto, Josef Parvizi e Richard D. Hichwa, "Subcortical and cortical brain activity during the feeling of self-generated emotions", *Nature Neuroscience* 3 (2000), pp. 1049-56.

9. R. L. Buckner e Daniel C. Carroll, "Self-projection and the brain", *Trends in Cognitive Sciences* 11, nº 2 (2006), pp. 49-57; R. L. Buckner, J. R. Andrews--Hanna e D. L. Schacter, "The brain's default network: anatomy, function, and relevance to disease", *Annals of the New York Academy of Sciences* 1124 (2008), pp. 1-38; M. H. Immordino-Yang, A. McColl, H. Damásio *et al.*, "Neural Correlates of Admiration and Compassion", *Proceedings of the National Academy of Sciences* 106, nº 19 (2009), pp. 8021-6; R. L. Buckner *et al.*, "Cortical hubs revealed by intrinsic functional connectivity: mapping, assessment of stability, and relation to Alzheimer's disease", *Journal of Neuroscience* 29 (2009), pp. 1860-73.

10. M. E. Raichle e M. A. Mintun, "Brain work and brain imaging", *Annual Review of Neuroscience* 29 (2006), pp. 449-76; M. D. Fox *et al.*, "The human brain is intrinsically organized into dynamic, anticorrelated functional networks", *Proceedings of the National Academy of Sciences* 102 (2005), pp. 9673-8.

11. B. T. Hyman, g. W. Van Hoesen e A. R. Damásio, "Cell-specific pathology isolates the hippocampal formation", *Science* 225 (1984), pp. 1168-70; G. W. Van Hoesen, B. T. Hyman e A. R. Damásio, "Cellular disconnection within the hippocampal formation as a cause of amnesia in Alzheimer's," *Neurology* 34, nº 3 (1984), pp. 188-9; G. W. Van Hoesen e A. Damásio, "Neural correlates of cognitive impairment in Alzheimer's disease", em V. Mountcastle e F. Plum, orgs., *Handbook of physiology, higher functions of the brain*, (Bethesda, Md., American Physiological Society, 1987).

12. J. Parvizi, G. W. Van Hoesen e A. R. Damásio, "Selective pathological changes of the periaqueductal gray in Alzheimer's disease", *Annals of Neurology* 48 (2000), pp. 344-53; J. Parvizi, G. W. Van Hoesen e A. Damásio, "The selective

vulnerability of brainstem nuclei to Alzheimer's disease", *Annals of Neurology* 49 (2001), pp. 53-66.

13. R. L. Buckner *et al.*, "Molecular, structural, and functional characterization of Alzheimer's disease: evidence for a relationship between default activity, amyloid, and memory, *Journal of Neuroscience* 25 (2005), pp. 7709-17; S. Minoshima *et al.*, "Metabolic reduction in the posterior cingulate cortex in very early Alzheimer's disease", *Annals of Neurology* 42 (1997), pp. 85-94.

14. Curiosamente, o fato de que os cpms estão envolvidos na doença de Alzheimer é uma descoberta feita há bastante tempo, já em 1976, mas que não recebeu a devida atenção na época. Ver A. Brun e L. Gustafson, "Distribution of cerebral degeneration in Alzheimer's disease", *European Archives of Psychiatry and Clinical Neuroscience* 223, nº 1 (1976). Brun e Gustafson haviam apontado o notável contraste entre o córtex cingulado anterior intacto (ele geralmente é poupado na doença de Alzheimer) e o córtex cingulado posterior, onde a patologia era vasta. Eles não poderiam saber, na época, que no curso da doença os emaranhados neurofibrilares nos cpms apareciam depois que a lesão temporal anterior; também desconheciam o que hoje sabemos sobre a estrutura interna dos cpms e seu singular diagrama de conexões. Ver A. Brun e E. Englund, "Regional pattern of degeneration in Alzheimer's disease: neuronal loss and histopathological grading", *Histopathology* 5 (1981), pp. 549-64; A. Brun e L. Gustafson, "Limbic involvement in presenile dementia", *Archiv für Psychiatrie und Nervenkrankheiten* 226 (1978), pp. 79-93.

15. G. W. Van Hoesen, B. T. Hyman e A. R. Damásio, "Entorhinal cortex pathology in Alzheimer's disease", *Hippocampus* 1 (1991), pp. 1-8.

16. Randy Buckner e colegas referiram-se a essa possibilidade como "hipótese do metabolismo". A equipe de Buckner também apresentou eloquentes dados de neuroimagens funcionais indicando que os cpms mostram notáveis reduções no metabolismo do glutamato à medida que avança a doença de Alzheimer.

17. J. D. Bauby, *Le Scaphandre et le papillon* (Paris, Éditions Robert Laffont, 1997).

18. S. Laureys *et al.*, "Differences in brain metabolism between patients in coma, vegetative state, minimally conscious state and locked-in syndrome", *European Journal of Neurology* 10 (supl. 1, 2003), pp. 224-5; e S. Laureys, "The neural correlate of (un)awareness: lessons from the vegetative state", *Trends in Cognitive Sciences* 9 (2005), pp. 556-9.

19. S. Laureys, M. Boly e P. Maquet, "Tracking the recovery of consciousness from coma", *Journal of Clinical Investigation* 116 (2006), pp. 1823-5.

20. A. D. Craig, "How do you feel — now? The anterior insula and human awareness", *Nature Reviews Neuroscience* 10 (2009), pp. 59-70.

10. ALINHAVANDO AS IDEIAS [pp. 295-322]

1. Jerome B. Posner, Clifford B. Saper, Nicholas D. Schiff e Fred Plum, *Plum and Posner's diagnosis of stupor and coma* (Nova York, Oxford University Press, 2007).

2. J. Parvizi e A. R. Damásio, "Neuroanatomical correlates of brainstem coma", *Brain* 126 (2003), pp. 1524-36.

3. G. Moruzzi e H. W. Magoun, "Brain stem reticular formation and activation of the EEG", *Electroencephalography and Clinical Neurophysiology* 1 (1949), pp. 455-73; J. Olszewski, "Cytoarchitecture of the human reticular formation", em J. F. Delafresnaye *et al.*, orgs., *Brain mechanisms and consciousness* (Springfield, Ill., Charles C. Thomas, 1954); A. Brodal, *The reticular formation of the brain stem: anatomical aspects and functional correlations* (Edimburgo, William Ramsay Henderson Trust, 1959); A. N. Butler e W. Hodos, "The reticular formation", em Ann B. Butler e William Hodos, orgs., *Comparative vertebrate neuroanatomy: evolution and adaptation* (Nova York, Wiley-Liss, 1996); e W. Blessing, "Inadequate frameworks for understanding bodily homeostasis", *Trends in Neurosciences* 20 (1997), pp. 235-9.

4. J. Parvizi e A. Damásio, "Consciousness and the brainstem", *Cognition* 49 (2001), pp. 135-59.

5. E. G. Jones, *The thalamus*, 2ª ed. (Nova York, Cambridge University Press, 2007); Rodolfo Llinás, *I of the vortex: from neurons to self* (Cambridge, Mass., MIT Press, 2002); M. Steriade e M. Deschenes, "The thalamus as a neuronal oscillator", *Brain Research* 320 (1984), pp. 1-63; M. Steriade, "Arousal: revisiting the reticular activating system", *Science* 272 (1992), pp. 225-6.

6. Um comentário abrangente sobre os fundamentos da anatomia e fisiologia do córtex cerebral encontra-se em uma importante coletânea de artigos: E. G. Jones, A. Peters e John H. Morrison, orgs., *Cerebral cortex* (Nova York, Springer, 1999).

7. Vários filósofos contemporâneos que estudam o problema mente-corpo abordam de alguma forma as questões dos *qualia*. As seguintes obras são especialmente valiosas para mim: John R. Searle, *The mystery of consciousness* (Nova York, New York Review of Books, 1990); Patricia Churchland, *Neurophilosophy: toward a unified science of the mind-brain* (Cambridge, Mass., MIT Press, 1989); R. McCauley, org., *The Churchlands and their critics* (Nova York, Wiley-Blackwell, 1996); D. Dennet, *Consciousness explained* (Nova York, Little, Brown, 1992); Simon Blackburn, *Think: a compelling introduction to philosophy* (Oxford, Oxford University Press, 1999); Ned Block, org., *The nature of consciousness: philosophical debates* (Cambridge, Mass., MIT Press, 1997); Owen Flanagan, *The really hard problem: meaning a material world* (Cambridge, Mass., MIT Press, 2007); T.

Metzinger, *Being no one: the self-model theory of subjectivity* (Cambridge, Mass., MIT Press, 2003); David Chalmers, *The conscious mind: in search of a fundamental theory* (Oxford, Oxford University Press, 1996); Galen Strawson, "The self", *Journal of Consciousness Studies* 4 (1997), pp. 405-28; Thomas Nagel, "What is like to be a bat?", *Philosophical Review* (1974), pp. 435-50.

8. Llinás, *Vortex*.

9. N. D. Cook, "The neuron-level phenomena underlying cognition and consciousness: synaptic activity and the action potential", *Neuroscience* 153 (2008), pp. 556-70.

10. R. Penrose, "The Emperor's new mind: concerning computers, minds, and the laws of physics (Oxford, Oxford University Press, 1989); S. Hameroff, "Quantum computation in brain microtubules? The Penrose-Hameroff 'Och OR' Model of Consciousness", *Philosophical Transactions of the Royal Society A: Mathematical, Physical and Engineering Sciences* 356 (1998), pp. 1869-96.

11. D. T. Kemp, "Stimulated acoustic emissions from within the human auditory system", *Journal of the Acoustical Society of America* 64, nº 5 (1978), pp. 1386-91.

12. Um dos enigmas do problema Qualia II deriva da suposição de que neurônios semelhantes entre si não produziriam estados neurais qualitativamente diferentes. Mas esse argumento é ardiloso. O funcionamento geral dos neurônios é de fato formalmente similar, porém os neurônios de sistemas sensoriais distintos têm características bem diferentes. Surgiram em diferentes fases da evolução, e o perfil de suas atividades também tende a diferir. Os neurônios que cuidam da tarefa de sentir o corpo podem muito bem possuir características especiais que teriam um papel na geração de sentimentos. Ademais, seus padrões de interatividade com outras regiões, inclusive em um complexo sensorial cortical, variam muito.

Mal começamos a compreender os microcircuitos dos nossos mecanismos sensoriais periféricos, e sabemos ainda menos a respeito dos microcircuitos das estações subcorticais e das áreas corticais que mapeiam os dados iniciais gerados nos próprios mecanismos sensoriais. Ainda sabemos pouquíssimo sobre a conectividade entre essas estações separadas, especialmente sobre a conectividade reversa, aquela que ocorre do cérebro para a periferia. Por que, por exemplo, o córtex visual primário (V_1, ou área 17) envia mais projeções para o núcleo geniculado lateral do que esse mesmo núcleo envia para o córtex? Isso é bem estranho. O cérebro ocupa-se de coligir os sinais *provenientes* do mundo exterior e trazê-los para suas estruturas. Esses trajetos "para baixo e para fora" têm de realizar algo útil, pois do contrário teriam sido eliminados na evolução. Permanecem inexplicados. A correção por feedbak é a explicação clássica para as projeções "reversas", mas por que a correção de sinais deveria ser a explicação completa?

No próprio córtex cerebral, suponho, projeções reversas funcionam como "retroativadores", como sugerido na estrutura da convergência-divergência. Por exemplo, além de todos os sinais provenientes dos globos oculares e adjacências, será que a retina também envia ao cérebro outros sinais além dos visuais, como informações somatossensitivas? Quando alcançarmos essa compreensão adicional poderemos obter boa parte da resposta à questão de por que ver em vermelho é diferente de ouvir um violoncelo ou cheirar um queijo.

11. VIVER COM CONSCIÊNCIA [pp. 325-61]

1. Um vasto conjunto de obras relata essas descobertas, a começar por H. H. Kornhuber e L. Deecke, "Hirnpotentialänderungen bei Willkübewegungen und passiven Bewegungen des Menschen: Bereitschaftspotential und reafferente Potentiale", *Pflugers Archiv für Gesamte Psychologie* 284 (1965), pp. 1-17; B. Libet, C. A. Gleason, E. W. Wright e D. K. Pearl, "Time of conscious intention to act in relation to onset of cerebral activity (readiness-potential)", *Brain* 106 (1983), pp. 623-42; B. Libet, "Unconscious cerebral initiative and the role of conscious will in voluntary action", *Behavior and Brain Sciences* 8 (1985), pp. 529-66.

Outras importantes contribuições para a literatura sobre esses assuntos incluem: D. M. Wegner, *The illusion of conscious will* (Cambridge, Mass., MIT Press, 2002); P. Haggard e M. Eimer, "On the relationship between brain potentials and the awareness of voluntary movements", *Experimental Brain Research* 126 (1999), pp. 128-33; C. D. Frith, K. Friston, P. F. Liddle e R. S. J. Frackowiack, "Willed action and the prefrontal cortex in man: a study with PET", *Proceedings of the Royal Society of London, Series B* 244 (1991), pp. 241-6; R. E. Passingham, J. B. Rowe e K. Sakai, "Prefrontal cortex and attention to action", em G. Humphreys e M. Riddoch, orgs., *Attention in action* (Nova York, Psychology Press, 2005).

2. Uma competente análise desse problema encontra-se em C. Suhler e P. Churchland, "Control: conscious and otherwise", *Trends in Cognitive Sciences* 13 (2009), pp. 341-7. Ver também J. A. Bargh, M. Chen e L. Burrows, "Automaticity of social behavior: direct effects of trait construct and stereotype activation on action", *Journal of Personality and Social Psychology* 71 (1996), pp. 230-44; R. F. Baumeister *et al.*, "Self-regulation and the executive function: the self as controlling agent", em A. Kruglanski e E. Higgins, orgs., *Social Psychology: handbook of basic principles*, 2ª ed. (Nova York, Guilford Press, 2007); R. Poldrack *et al.*, "The neural correlates of motor skill automaticity, *Journal of Neuroscience* 25 (2005), pp. 5356-64.

3. S. Gallagher, "Where's the action? Epiphenomenalism and the problem

of free will", em Susan Pockett, William P. Banks e Shaun Gallagher, *Does consciousness cause behavior?* (Cambridge, Mass., MIT Press, 2009).

4. Ap Dijksterhuis, "On making the right choice: the deliberation-without--attention effect", *Science* 311 (2006), p. 1005.

5. A. Bechara, A. R. Damásio, H. Damásio e S. W. Anderson, "Insensitivity to future consequences following damage to prefrontal cortex", *Cognition* 50 (1994), pp. 7-15; A. Bechara, H. Damásio, D. Tranel e A. R. Damásio, "Deciding advantageously before knowing the advantageous strategy", *Science* 275 (1997), pp. 1293-4.

6. Uma recente série de experimentos do laboratório de Alan Cowey confirmou, usando um paradigma de apostas, que a escolha da estratégia vencedora em nosso experimento sobre o jogo baseia se em processamento não consciente. N. Persaud, P. McLeod e A. Cowey, "Post-decision wagering objectively measures awareness", *Nature Neuroscience* 10, nº 2 (2007), pp. 257-61.

7. D. Kahneman, "Maps of bounded rationality: psychology for behavioral economists", *American Economic Review* 93 (2003), pp. 1449-75; D. Kahneman e S. Frederick, "Frames and brains: elicitation and control of response tendencies", *Trends in Cognitive Science* 11 (2007), pp. 45-46; Jason Zweig, *Your money and your brain: how the new science of neuroeconomics can help make you rich* (Nova York, Simon and Schuster, 2007); e J. Lehrer, *How we decide* (Nova York, Houghton Mifflin, 2009).

8. Elizabeth A. Phelps, Christopher J. Cannistraci e William A. Cunningham, "Intact performance on an indirect measure of race bias following amygdala damage", *Neuropsychologia* 41, nº 2 (2003), pp. 203-8; N. N. Oosterhof e A. Todorov, "The functional basis of face evaluation", *Proceedings of the National Academy of Sciences* 105 (2008), pp. 11 087-92. Evidências de predisposições inconscientes também foram abordadas em inteligentes textos para o público leigo.

9. Wegner, *Illusion*.

10. T. H. Huxley, "On the hypothesis that animals are automata, and its history", *Fortnightly Review* 16 (1874), pp. 555-80; reimpresso em *Methods and results: essays by Thomas H. Huxley* (Nova York, D. Appleton, 1898).

11. A McArthur Foundation lançou um ambicioso projeto sobre a neurociência e a lei, baseado em um consórcio de instituições. Chefiado por Michael Gazzaniga, o projeto tem por objetivo arrolar, debater e investigar algumas dessas questões à luz da neurociência contemporânea.

12. Entre os trabalhos do nosso grupo sobre esse assunto incluem-se: S. W. Anderson, A. Bechara, H. Damásio, D. Tranel e A. R. Damásio, "Impairment of social and moral behavior related to early damage in human prefrontal cortex", *Nature Neuroscience* 2, nº 11 (1999), pp. 1032-7; M. Koenigs, L. Young, R. Adolphs, D. Tranel, M. Hauser, F. Cushman e A. Damásio, "Damage to the prefrontal cortex

increases utilitarian moral judgements", *Nature* 446 (2007), pp. 908-11; A. Damásio, "Neuroscience and ethics: intersections", *American Journal of Bioethics* 7 (2007), pp. 1, 3-7; L. Young, A. Bechara, D. Tranel, H. Damásio, M. Hauser e A. Damásio, "Damage to ventromedial prefrontal cortex impairs judgement of harmful intent", *Neuron* 65, nº 6 (2010), pp. 845-51.

13. Julian Haynes, *The origin of consciousness in the breakdown of the bicameral mind* (Nova York, Houghton Mifflin, 1976).

14. Dois livros muito diferentes publicados há pouco tempo apresentam uma inteligente interpretação das origens, desenvolvimento histórico e bases biológicas do pensamento religioso: Richard Wright, *The evolution of God* (Nova York, Little, Brown, 2009); e Nicholas Wade, *The faith instinct* (Nova York, Penguin Press, 2009).

15. W. H. Durham, *Co-evolution: genes, culture and human diversity* (Palo Alto, Calif., Stanford University Press, 1991); C. Holden e R. Mace, "Phylogenetic analysis of the evolution of lactose digestion in adults", *Human Biology* 69 (1997), pp. 605-28; Kevin N. Laland, John Odling-Smee e Sean Myles, "How culture shaped the human genome: bringing genetics and the human sciences together", *Nature Reviews Genetic* 11 (2010), pp. 137-48.

16. O biólogo E. O. Wilson foi quem primeiro chamou a atenção para a importância evolucionária dessas características. Dennis Dutton faz uma lista abrangente dessas características fundamentais em *The art instinct: beauty, pleasure, and human evolution* (Nova York, Bloomsbury Press, 2009). Ele também apresenta uma perspectiva biológica sobre as origens das artes, embora sua ênfase seja sobre os aspectos cognitivos, e a minha sobre a homeostase.

17. T. S. Eliot, *The four quartets* (Nova York, Harcourt Books, 1968). Essas palavras são dos três últimos versos da Parte I na seção "Burnt Norton".

Agradecimentos

Dizem os arquitetos que Deus fez a natureza e os arquitetos fizeram o resto, o que é um bom modo de lembrar que os lugares e os espaços, naturais ou construídos pelo homem, têm um papel fundamental naquilo que somos e no que fazemos. Comecei este livro numa manhã de inverno em Paris, escrevi boa parte do texto durante os dois verões subsequentes em Malibu, e agora que escrevo estas linhas e examino as provas em East Hampton, é novamente verão. Como os lugares são muito importantes, agradeço primeiro à sempre festiva Paris, mesmo nevosa e cinzenta, a Cori e Dick Lowe, pelo paraíso que criaram no Pacífico (com a ajuda de Richard Neutra) e a Courtney Ross e a versão bem diferente de paraíso que ela teceu na outra costa com seu gosto refinado.

O pano de fundo para um livro científico, porém, requer muito mais do que as sensações advindas dos lugares em que ele é escrito. No meu caso, devo-o sobretudo aos colegas e alunos que a boa fortuna me deu na University Southern California (USC), tanto no Brain and Creativity Institute como no Dornsife Cognitive Neuroscience Imaging Center, e também em vários outros departamentos e faculdades dessa universidade. Sou grato, pois, à chefia do College of Letters, Arts and Sciences da USC, a Dana e David Dornsife e a Lucy Billingsley, cujo apoio foi vital para a formação do nosso ambiente intelectual cotidiano. É igualmente importante registrar aqui a minha gratidão às agências de financiamento de pesquisa que possibilitaram nosso trabalho, em especial o National Institute for Neurological Disorders and Stroke e a Mathers Foundation.

Alguns colegas e amigos leram os originais na íntegra ou em partes, deram sugestões e discutiram minuciosamente a substância das ideias apresentadas. São eles: Hanna Damásio, Kaspar Meyer, Charles Rockland, Ralph Greenspan, Caleb Finch, Michael Quick, Manuel Castells, Mary Helen Immordino-Yang, Jonas Kaplan, Antoine Bechara, Rebecca Rickman, Sydney Harman e Bruce Adolphe. Um grupo ainda mais numeroso fez a gentileza de ler o texto e me beneficiar com suas reações ou sugestões: Ursula Bellugi, Michael Carlisle, Patricia Churchland, Maria de Sousa, Helder Filipe, Stephan Heck, Siri Hustvedt, Jane Isay, Jonah Lehrer, Yo-Yo Ma, Kingson Man, Joseph Parvizi, Peter Sacks, Julião Sarmento, Peter Sellars, Daniel Tranel, Koen van Gulik e Bill Viola. Minha gratidão a todos, por sua sabedoria, franqueza e generosidade. As muitas omissões e falhas que restaram são responsabilidade minha, e não deles.

Dan Frank, meu editor na Pantheon, é um homem de várias personalidades editoriais, das quais posso diagnosticar no mínimo três: o filósofo, o cientista e o romancista. Cada uma delas aflorou para que ele pudesse dar-me recomendações delicadas mas influentes sobre o manuscrito. Sou grato por seus conselhos, pela paciência com que aguardou minhas meticulosas correções e pela mão firme na hora de podar os excessos da minha prosa (estas linhas são um exemplo de material que certamente seria "dan-frankeado"). E agradeço, como sempre, a Michael Carlisle, velho amigo, irmão adotivo e agente, por sua sabedoria, inteligência e lealdade.

Meu muito obrigado a Kaspar Meyer por preparar as figuras 6.1 e 6.2, e a Hanna Damásio pela preparação de todas as demais figuras e pela permissão para que eu usasse, no capítulo 4, ideias e algumas frases de um artigo sobre mente e corpo que escrevemos juntos para a *Daedalus* alguns anos atrás.

Cinthya Nuñez preparou pacientemente o manuscrito com muita competência e disposição no decorrer de todas as inúmeras revisões; Ryan Essex e Pamela McNeff ajudaram eficientemente com a indispensável pesquisa bibliográfica. Minha gratidão por seu inestimável empenho.

Ethan Bassoff e Lauren Smythe, da Inkwell Management, disponibilizaram seus ouvidos compreensivos e cérebros profissionais a todas as minhas perguntas e pedidos, e o mesmo fez a equipe editorial da Knopf/Pantheon, com destaque para as sempre sorridentes e animadas Michiko Clark, Jillian Verillo, Janet Biehl e Virginia Tan. Agradeço a todos pelas contribuições que deram ao produto final.

Índice remissivo

Os números de páginas em *itálico* referem-se a ilustrações

acetilcolina, *239*, 277, 317
acidente vascular cerebral, 268, 281, 287, 290, 293
ácido gama-aminobutírico, 277
admiração, 161, 162, 164, 165
Adolphs, R., 397*n*, 410*n*
alça corpórea virtual, mecanismo da, 133, 134, 135; na criação de sentimentos de emoção, 155
Alkire, M. T., 404*n*
alucinação, 97, 156
alusão vagamente insinuada, 21
Alzheimer, doença de, 59, 268, 276, 281, 282, 283, *284*, 285, 286, 291, 364, 406*n*
ambiente: estruturas neurais e interface do cérebro com, 379, 380; interação corpo-cérebro no mapeamento, 57, 87, 88, 120, 121; mudanças no corpo e cérebro por interação com, 57; processos de gestão da vida em resposta ao, 60, 61; vantagens da consciência na adaptação ao, 79, 80; *ver também* exterocepção
ameba, 42, 50, 58, 66, 81, 315
amígdala: anatomia, 372, 373, 377; mecanismo da alça corpórea virtual, 133, 134; na produção de efeitos de qualia, 312; na reação de medo, 146; no processamento emocional, 145
amnésia, 291
amor, 17, 286, 385*n*, 387*n*
anatomia: como agregação de sistemas, 51; metáforas da engenharia para, 64; *ver também* estrutura e funcionamento do cérebro
anatomia dos núcleos da matéria cinzenta periaquedutal (PAG): na homeostase, 131, 301; na resposta do medo, 146; na transmissão de in-

formações qualitativas do corpo ao cérebro, 129; no sistema de opioides endógenos, 156; nos sentimentos e emoções, 104, 107, 209
Andrews-Hanna, J. R., 405
anestesia, 21, 41, 200, 208, 268, 276, 277, 278, 279, 290, 335
animais: comportamento adaptativo sem consciência em, 48; consciência em, 42, 214; manifestações de emoções sociais em, 161; níveis de self em, 42; *ver também* formas de vida simples
anosognosia, 293, 294
Aplysia californica, 49
aprendizado: como educação do inconsciente cognitivo, 341; conhecimentos atuais sobre o, 168; estruturas cerebrais envolvidas no, 100, 168; processos neuronais no, 368; *ver também* memória
área postrema, 107, *239*, 317, 318, 372, 394n
área tegmental ventral, 258
artes, 339, 351, 353, 358, 359
Asbury, Arthur K., 401n
assomatognosia, 294
atenção: atividade cerebral durante e depois, 279; definição, 251; efeitos das emoções na, 143; na criação do self central, 251
audição *ver* sistema auditivo
automatismo epiléptico, 204, 205, 206, 207
aves, 42
axônios, 32, 55, 56, 58, 269, 316, 363, 366, 367, 369, 370, 372, 373

Baars, Bernard, 234, 235, 402n, 403n

bactérias, 50, 51, 71, 78, 346; *ver também* formas de vida simples
bainhas de mielina, 370, 373
Balleine, Bernard W., 391n
Bargh, J. A., 409n
Bargmann, Cornelia, 79, 391n
Barnes, Robert D., 390n
Barsalou, L. W., 398n, 399n
base neural da consciência: análise no nível de sistemas em grande escala, 33; conceito do self nos estudos da, 24, 25; conhecimentos e compreensão atuais das, 296, 321, 365; desmistificação da vida e, 46; estrutura conceitual, 32, 33, 35; estruturas cerebrais envolvidas nas, 298; estudos presentes e futuros das, 28; fenômenos mentais como fenômenos cerebrais, 30; implicação para sistemas legais e judiciais, 45, 46, 47; implicações dos estudos sobre, 33; justificativas para uma abordagem evolucionária das, 30; limitação do poder explanatório das, 347, 348; necessidade de perspectiva integrada no estudo das, 29; no tálamo, 302, 303; no tronco cerebral, 298, 299, 301, 302; perspectivas para estudo, 29; pesquisas básicas sobre, 19; trabalho dos neurônios nas, 307, 308, 309
Bauby, Jean-Dominique, 288, 406n
Baumeister, R. F., 409n
Bechara, A., 397n, 405, 410n, 411n
Behbahani, Michael M., 396n
bem-estar: como valor biológico, 68; percepção consciente da regulação ótima da vida, 77; vantagens da consciência na regulação da vida

para o, 81; *ver também* faixa homeostática
Ben-Jacob, Eshel, 390n
Bernard, Claude, 61, 391n
Bernard, Jean-François, 396n
Blackburn, Simon, 407n
Blakemore, S.-J., 401n
Blanke, O., 403n
Blessing, W., 407n
Block, Christine H., 396n
Block, Ned, 407n
Bloom, Harold, 199, 401n
Blumberg, Baruch, 392n
Bourgeais, L., 396n
Brecht, Michael, 395n
Brentano, Franz, 120, 395n
Brodal, A., 407n
Brodmann, áreas de, 237, 246, 270, 376
Bruce, C. J., 396n
Brun, A., 406n
Buccino, G., 401n
Buckner, R. L., 405, 406n
Butler, Ann B., 390n, 407n

C. elegans, 79
Calvert, G. A., 399n
Cannon, Walter, 61, 149, 391n, 397n
capacidade de agir, 207, 230, 255, 258, 404n
Carroll, Daniel C., 405
Castells, Manuel, 390n
Catmur, C., 401n
Cavanna, A. E., 404n
células: célula-avó, 174; células eucarióticas, 50, 58, 67, 71; gliais, 366, 370, 371; *ver também* formas de vida simples; processos celulares
cerebelo: anatomia, 371; funções do, 100; na resposta de medo, 147

cérebro *ver* estrutura e funcionamento do cérebro
Chalmers, David, 388n, 408n
Changeux, Jean-Pierre, 234, 389n, 402n
Churchland, P. S., 328, 388n, 407n, 409n
ciclo da vida: divisão celular e reprodução no, 59, 60; evolução de formas de vida, 53
cílios, 51
citoesqueleto, 50, 51, 52
citoplasma, 50, 51, 52, 53, 55
ciúme, 161, 339
claustro, 267
cóclea, 93, 94, 103, 121, 245, 319, 320, 379
cognição *ver* funcionamento cognitivo
Cohen, L., 403n
colículo inferior, 93, 394n
colículo superior: estrutura do, 111; funções do, 111, 299, 394n; geração de imagem no, 113; mapas do, 111; na criação da consciência, 257; na criação do self, 256; oscilações elétricas na banda gama no, 114
colículos, 93, 104, 109, 111, 113, 181, 256, 257, 299, 301, 302, 390n, 394n, 403n; criação de mapas nos, 93
coma, 202, 287, 290, 299
compaixão, 161, 162, 164, 165
complexidade: de fenômenos neurobiológicos e mentais, 31, 116; na evolução da consciência, 224; no processo de recuperação de memórias, 177; números e padrões de organização dos neurônios, 347, 348
conhecedor, self como *ver* self-conhecedor
consciência: abrangência da, 210; au-

sência de, 16, 17; autobiográfica, 210, 211; central, 211, 214, 215; como estado mental, 197; como fenômeno não físico, 28, 29; como tema de estudo, 385n, 386n; comportamento adaptativo sem, 53; conceituação freudiana da, 221; conteúdos da mente na, 199; definição de, 197, 198, 199, 385n; deliberação consciente como benefício da, 331; domínios passíveis de estudo, 34, 35; efeitos de anestesia, 276; em animais não humanos, 214; em estados vegetativos, 202, 203; emoção como indicador de, 208, 209; escala de intensidade da, 210; estruturas e processos cerebrais envolvidos na, 39, 40, 41, 257, 295, 304, 307, 308; exame introspectivo dos níveis mais simples de, 228, 229, 230; expressividade emocional e, 208, 209; imagens de objetos na, 230; implicações dos estudos sobre a doença de Alzheimer para os modelos da, 281; importância das emoções no exame da, 140; importância do sistema interoceptivo na, 239; importância para a vida humana, 16, 17, 27, 47, 326, 349, 360, 361; linguagem e, 215; mapeamento do corpo conducente à, 138, 139; mente e, 17, 20, 23, 49, 197; na gestão e preservação da vida, 41; na hidranencefalia, 110; na modulação dos estados de dor e prazer, 70, 74, 75, 80, 81; na síndrome do encarceramento, 287, 288; níveis do self na, 39; no sono, 278; objetivos para a investigação da, 18; origens evolucionárias, 31, 346; origens no tronco cerebral, 38; para a homeostase sociocultural, 355, 356; paradoxal, 209, 279; principal característica da, 15, 16; processo do self na criação da, 20, 23, 24, 38, 40, 224, 226, 227; protosself na, 36; qualia e, 313; regulação da vida antes e depois da, 220; representações literárias da, 199; requisitos para, 201, 353; self central na criação da, 252; self como aspecto definidor da, 23, 197, 206, 207, 212; sem sentimentos, 297; sonho e, 222; teoria quântica e, 28; valor biológico nas origens e no desenvolvimento da, 41, 42, 43, 44; vantagem evolucionária da, 219, 325, 326; variação de abrangência e intensidade da, 211; vigília e, 16, 198, 199, 200, 228; *ver também* mente; base neural da consciência; processos não conscientes e inconscientes

construção de estados de sentimento e, 153, 154

construção de significado em zonas de convergência-divergência, 190

construção narrativa: do self como protagonista, 251, 252; na criação do protosself, 255; na criação do self central, 252, 255; para transmissão cultural, 357; seleção e ordenação de imagens para, 217

Cook, N. D., 316, 408n

cópia eferente, 133

corpo: compartimentos, 122; conceituação do corpo na antiguidade, 123; ligação com o protosself, 36; mapas gerais do organismo, 242; meio interno do/estruturas cerebrais envolvidas na monitoração

do, 61, 105, 126, 127; musculatura, 125; sentimentos primordiais do, 37, 234; *ver também* interação corpo-cérebro; mapeamento do corpo; interocepção e sistema corpo interoceptivo; sistemas sensoriais
corpo caloso, 371, *374*
corpos geniculados, 93, 369
córtex cerebelar, 373
córtex cerebral: capacidades na ausência de, 107, 108; conectividade do, para a produção da mente, 114, 115; criação de mapas em, 90; espaço de imagem no, 180, 191, *192*, 234; espaço de trabalho neuronal global no, 234, 235; espaço dispositivo no, 180, *192*, 193, 235; estrutura do, 90, 371, 373; evolução do, 305, 377, 378; funções do, 101, 303, 304; funções do tronco cerebral e, 305, 306; geração de mapas do protoself no, 235; geração do self central no, 303, 304; na criação do self autobiográfico, 262; na resposta do medo, 147; na vigília, 231; no sistema sensorial, 246; origens da consciência no, 39, 296; processos emocionais no, 151; região de convergência-divergência no, 266; seção (*patch*) neuronal, 369, 370; tálamo e, 303, 304
córtex cingulado, 152, 163, *237*, 269, 271, 278, 285, 371, 406*n*
córtex cingulado anterior, em emoções e sentimentos, 152, 163, 393*n*
córtex cingulado posterior, 269
córtex entorrinal: doença de Alzheimer e mudanças no, 282, 283, 286
córtex insular: em processos emocionais, 151, 152; função do, 135; geração do protoself no, 254; lesão no, *106*, 294; localização do, *106*, 371; no processamento de sentimentos, 104; no sistema interoceptivo geral, 241; papel somatossensitivo do, 151, 152; sentimentos na ausência do, 104
córtex parietal, 278, 279
córtex pré-frontal ventromediano: mecanismo da alça corpórea virtual, 133; na produção de efeitos de qualia, 312; no processamento de emoções, 145
córtex retroesplenial, 269
córtex temporal, 266, 279
córtices de associação *ver* córtices sensoriais iniciais
córtices posteromediais: ação de anestésico no, 277; alterações na doença de Alzheimer, 285; atividade metabólica nos, 281; como regiões de convergência-divergência, 265, 272, 273, 275; conectividade, 268, 269, 270, 271, 272; em estados de coma e vegetativo, 289; em processos relacionados ao self na criação da consciência, 267, 268, 269, 274, 275; localização dos, *270*, 275; na experiência de emoções sociais, 164, 165; na rede em modo padrão (*default*), 278, 279, 281; no sono, 278; partes componentes dos, 269
córtices pré-frontais, 135, *265*, 376
córtices sensoriais iniciais: anatomia, 374; componentes dos, 378; em processos da memória, 174, 175, 178, 179, 190; espaços de imagem compostos de, 180, 330; funções, 374; geração de imagens nos, 101;

na geração do estado do self central, 254
córtices somatossensitivos: ausência de, 153; geração do protosself em, 254; na criação da consciência, 257; na emoção e sentimento, 393n; papel dos, 152, 246, 293, 294; ver também tronco cerebral
cortisol, 67, 75, 126, 143
Cowey, Alan, 410n
CPMs ver córtices posteromediais
Craig, A. D., 396n, 397n, 403n, 406n
Craighero, L., 397n, 400n
criatividade, 17
Crick, Francis, 267, 385n, 387n, 402n, 404n
culpa, 161
cultura: base neural da consciência e, 46; desenvolvimento das artes, 357, 358, 359; emoções comuns manifestadas nas diversas, 158; evolução da, 353, 354, 355, 380; evolução do self e, 226, 351, 352; extensão da homeostase à, 43, 355, 356; papel do inconsciente genômico na moldagem da, 339; teoria da equivalência mente-cérebro e, 31; transmissão de, 357; ver também sistemas sociais

Damásio, Hanna, 104, 162, 393n, 405
Darwin, Charles, 158, 386n
Daw, Nathaniel D., 391n
Dayan, Peter, 391n
De Duve, Christian, 390n, 391n
Deecke, L., 409n
Dehaene, Stanislas, 234, 235
Déjérine, Jules, 266
dendritos, 58, 367, 371
Dennet, D., 388n, 395n, 407n

Denny-Brown, Derek, 113, 395n
dependência química, 332, 343
depressão, 311
desânimo, 160
Deschenes, M., 407n
desprezo, 151, 161
devaneios, 212, 253
diencéfalo, 131, 278, 372
Dijksterhuis, Ap, 332, 333, 334, 335, 410n
disposições: arquitetura cerebral para o funcionamento de, 181, 192; conteúdos inconscientes das, 181; e alicerces inconscientes da consciência, 220; evolução da função de mapeamento e, 171, 193; funções das, 181, 182; mapas e, 171; na geração de imagens, 191; na reconstrução de mapas para a evocação, 178, 179
dopamina, 67, 75, 239, 301, 317
dor e prazer: compaixão pelo sofrimento de outros, 165; comunicação corpo-cérebro na, 128, 129, 130, 131; estruturas cerebrais envolvidas na geração de sentimentos de, 102, 103, 104; evolução dos sentimentos, 316; interferência na transmissão de sinais para o cérebro, 156; manutenção consciente da homeostase, 70; mecanismos de incentivo à sobrevivência, 74; modulação não consciente de estados dos tecidos, 74; subjetividade na experiência de, 17; ver também recompensa e punição
Doya, Kenji, 391n
dura-máter, 127
Durham, W. H., 411n
Dutton, Dennis, 411n

Eckhorn, R., 116
Edelman, Gerald, 387n, 389n, 390n, 392n, 402n
efeitos de drogas, 156, 213, 311, 343
Einstein, Albert, 386n
eletroencefalogramas, 202, 278
Eliot, T. S., 361, 387n, 411n
embaraço, 161
emoção: ciclo do sentimento emocional, 143; classificações da, 158; como indicador de consciência, 208, 209; comunicação corpo-cérebro para induzir, 126, 127; conceituação por James, 148, 149; controle da, 159, 160; criação de marcadores somáticos, 22, 218; custo biológico da, 147; definição, 141; desencadeamento, 143, 144, 312; diferenças individuais na experiência de e resposta a, 159; emoções de fundo, 160, 161; especificidade de resposta na, 145, 146; estruturas e processos cerebrais na, 100, 107, 109, 142, 145, 146, 147, 209; importância nos conceitos de cérebro e mente, 140, 143; início da existência humana, 354; mecanismos da homeostase nas origens da, 77; na gestão das imagens, 218; nas mudanças da memória com o tempo, 260; no processamento cognitivo não consciente, 337, 344; origens evolucionárias da, 63, 159, 161; processos cognitivos na, 141, 142, 143, 149, 154; programa automático básico de, 158; regulação da vida centrada no self como base da, 82; sentimentos e, 141, 142, 148; tempo de processamento de, 157; universalidade da, 158; valor biológico e, 140; ver também expressão emocional; sentimentos emocionais
emoções sociais: características únicas de, 161; conjunto das, 161; desencadeamento de, 161, 162; estruturas e processos cerebrais na experiência de, 163, 164, 165; expressão em animais, 161; papel das, 161
empatia: compaixão pelo sofrimento alheio, 165; mapeamento corporal simulado e, 136; percepção de sentimentos em outros, 209
Engel, Andreas K., 395n
Englund, E., 406n
entusiasmo, 160
epilepsia ver automatismo epiléptico
equivalência entre mente e cérebro: base conceitual da, 30, 382, 384; causalidade descendente e, 383; conceituação de imagens e mapas e, 88, 89, 382, 384; cultura e, 31; modelo evolucionário, 31; necessidade de estudo, 382; objeções ao conceito da, 381
erro na atribuição de fonte, 245
Escafandro e a borboleta, O (filme), 288
esclerose lateral amiotrófica, 288
Eslinger, Paul J., 393n
espaço de imagem: criação de estados mentais conscientes no, 295; estruturas e processos cerebrais no funcionamento do, 234; evolução do, 193; modelo de espaço de trabalho neuronal global e, 234, 235; na criação do self central, 254; para recuperação de memórias, 180, 191, *192*
Espinosa, 89, 118, 386n

espiritualidade e religião, 56, 82, 339, 353, 358
esqueleto, 51, 125
estado vegetativo, 108, 110, 202, 215, 268, 276, 281, 284, 287, 288, 289, 290, 291, 299, 300
estados corporais sentidos, 103
Estes, Melinda L., 396n
estimulação magnética transcraniana, 34
estímulos emocionalmente competentes, 159
estrutura e funcionamento do cérebro: alicerces inconscientes da consciência, 220; alterações na doença de Alzheimer, 282, 283, 285; arquitetura neuronal, 32, 33, 363, 364; da rede em modo padrão (*default network*), 279, 281; em portais sensoriais, 246; em processos da memória, 167, 175, 180, 188, 189; em processos emocionais, 100, 107, 109, 142, 145, 146, 147, 150, 152, 153, 157, 163, 164, 209, 313, 314; em regiões produtoras da mente, 99, 100, 101, 102, 103, 114; em respostas preditivas a benefícios e ameaças, 75; evolução da, 50, 305, 306; localização de regiões de convergência-divergência, 266; mecanismo da alça corpórea virtual, 133, 134; metáfora da máquina para, 64; modulação não consciente de estados dos tecidos, 74; na criação da consciência, 39, 40, 41, 257, 295, 304, 305, 307, 308; na criação do self, 34, 35, 38, 254, 256, 262, 264; na geração de mapas do protosself, 235; na geração do protosself, 232, 253; na produção de efeitos de qualia, 312; na vigília, 231; no funcionamento do sistema interoceptivo geral, 241; no funcionamento visceral, 152, 153; no sono, 278; núcleos, 369, 372, 377; papel mapeador da, 87, 90, 91, 93; para a gestão da vida, 56, 301; para implementação do estado do self central, 253, 254, 256; para monitoração do interior do corpo, 105, 127; para o aprendizado, 100, 168; redes corticais, 90; regulação centrada no self como base da, 81, 82; relação entre, 376, 378; representação do mundo externo na, 88; requisitos para a produção da mente, 114, 115, 116; requisitos para o desenvolvimento do self rebelde, 352; seleção e ordenação de imagens, 216, 217; sistema de valor no funcionamento da, 67; valor biológico na evolução da, 41; *ver também* sinalização eletroquímica; base neural da consciência; neurônios e atividade neuronal; *estruturas anatômicas específicas*

evolução: da capacidade de linguagem, 215; da capacidade de se mover, 71; da capacidade homeostática, 62, 63, 64; da complexidade da consciência, 224; da cultura, 226, 227, 351, 352; da emoção, 63, 144, 152, 159, 162; da estrutura e funcionamento dos neurônios, 58; da função de mapeamento, 170, 171; da geração e gestão de imagens, 217, 218; da homeostase sociocultural, 43, 356; da mente, 348, 349; da política de resposta sensorial, 71; das artes, 358, 359; de cérebros com e sem consciência, 49; de comportamento adaptativo, 53, 54; de estrutura e funcionamento do cérebro, 305, 306, 376, 378; de formas de vida, 50, 51, 52; de interneurônios e inter-regiões, 379, 380; de processos do self, 226; do espaço dispositivo e do espaço de imagem no cérebro, 193; do self-conhecedor, 23, 24; do sistema da alça corpórea virtual, 135, 155; evolução contínua do self, 26, 226; importância da subjetividade e consciência na, 16, 17, 27, 348, 349, 350; mecanismos de incentivo à sobrevivência na, 73, 74, 75, 76; neurobiologia da consciência no contexto da, 30, 34; noção dual de self na teoria da, 21; nos primeiros tempos da humanidade, 353, 354, 355; origens dos sentimentos na, 316; origens e desenvolvimento da consciência, 42, 43, 219, 224, 325, 326, 346; regulação da vida centrada no self como base para, 82; surgimento do self na, 351; valor biológico na, 41, 44

expressão emocional: consciência e, 208, 209; controle da, 160; em crianças com hidranencefalia, 108; estruturas cerebrais envolvidas na, 109; na resposta de medo, 147

exterocepção: definição, 72; interocepção e exterocepção na criação do self, 246; mecanismos da, 127; variação infinita de padrões sensoriais na, 246; *ver também* ambiente; sistemas sensoriais

faixa homeostática: como valor biológico, 68, 69; estados de dor e prazer e, 74; no sistema de incentivo à sobrevivência, 74; percepção consciente de condições ótimas, 77; vantagem da consciência na regulação da, 81

Farah, M. J., 400n
Feinberg, Todd E., 401n
Feinstein, Justin S., 393n
fenda sináptica, 368
Feynman, Richard, 7
fibras nervosas A, 127
fibras nervosas C, 127
Fiset, Pierre, 404n
física quântica, 28
Fitch, T., 391n, 395n
Fitzgerald, F. Scott, 47, 166, 390n
Flanagan, Owen, 407n
fluxo de consciência, 199
formação reticular, *239*, 303
formas de vida simples: capacidade homeostática de, 62, 63; capacidade sensorial de, 70; comportamento adaptativo em, 52, 78, 79, 391n; comportamento social de, 78, 79; estruturas unicelulares, 50; evolução, 49, 50, 51; importância para estudo da consciência, 49; manifestações da vontade de viver em, 52, 315; organismos multicelulares como sistemas sociais, 52; precursores de funções de sentimento em, 315

Freud, Sigmund, 221, 222, 339, 358, 402n
Friston, K., 409n
Frith, Chris, 388n, 397n, 401n, 409n
fugir ou imobilizar-se, resposta, 146
funcionamento cognitivo: comportamento adaptativo e, 53; educação do inconsciente cognitivo para o,

341, 342; estruturas cerebrais envolvidas no, 100, 307; evidências de raciocínio inconsciente, 333; no processamento emocional, 142, 143, 149, 154; perspectivas futuras de evolução do, 307

GABA *ver* ácido gama-aminobutírico
Gallagher, S., 388n, 409n, 410n
Gallese, V., 397n, 400n, 401n
gânglios, 377
gânglios basais, 107, 180, 257, 258, 267, 273, 285, 306, 370, 372, 373, *375*, 377
Gauriau, Caroline, 396n
Gazzaniga, Michael, 252, 403n, 410n
Gazzola, V., 401n
genética: da emoção, 159; evolução da capacidade homeostática, 62, 63; inconsciente genômico, 338, 339; influências culturais sobre a, 357
Giola, M., 396n
Glimcher, Paul W., 391n
gliomas, 366
Goldberg, M. E., 396n, 397n
González, J., 399n
gratificação postergada, 326
Greenspan, Ralph, 390n
Grush, Rick, 388n
Gusnard, D. A., 405
Gustafson, L., 406n

habilidades, 335, 342
Hagen, M. C., 399n
Haggard, Patrick, 328, 409n
Hagmann, Patric, 399n, 404n
Haidt, Jonathan, 164, 398n
Hameroff, Stuart, 388n, 408n
Hari, R., 397n
Harting, John K., 395n

Hebb, Donald, 368
Heilman, Kenneth M., 393n
Heinzel, A., 388n
hidranencefalia, 108, 109, 110, 114, 153
hipnose, 213
hipocampo: anatomia, 371; efeitos da doença de Alzheimer, 282; funções do, 100; mudanças na doença de Alzheimer, 283, 286
hipotálamo: anatomia, 372, 373; funções do, 299, 372; na resposta de medo, 146; na vigília, 231; neuroanatomia, 299; no sistema interoceptivo geral, 241; papel na homeostase, *130*
Hobson, Allan, 402n
Hodos, William, 390n, 407n
Holden, C., 411n
Holldobler, Bert, 390n
homeostase: antecipando mudanças para manter a, 63, 69; antes e depois do surgimento da consciência, 220; capacidade de, em todos os níveis de vida, 65, 391n; capacidade do cérebro para a, 42; comportamentos reprodutivos e, 76; definição, 61; dependência de drogas e, 343; disposições na, 172; evolução da, 62, 63, 76; experiência artística e, 359; geração de sentimentos de conhecer na, *239*; impulsos e, 76; motivação e, 76; participação do tronco cerebral na, *130*; política de resposta sensorial para, 72; processo de gestão da vida para manter a, 60, 61; relação dos sistemas regulatórios consciente e inconsciente na, 80; sociocultural, 43, 44, 46, 356, 357; valor biológico e, 43, 68; van-

tagens evolucionárias da consciência na, 326
Homero e poemas homéricos, 123, 352
homúnculo, 208, 248
Hubel, David, 392n
Huerta, Michael F., 394n
Hume, David, 25, 387n, 388n
Humphrey, Nicholas, 389n, 397n
Huxley, T. H., 341, 410n
Hyde, Thomas M., 396n
Hyman, Brad, 282, 405, 406n

Iacoboni, M., 401n
imagens: abstratas, 95; 96, 232; como produto do self, 23; córtex cerebral e, 303; criação e conhecimento de, 30; criação interativa de, 98; de objetos na consciência, 230; de relações entre organismo e objeto, 233, 251, 252, 254; definição, 33, 89, 200; do self na consciência, 230; estruturas cerebrais envolvidas na geração de, 100, 101, 113, 233, 234; evolução da capacidade de produzir e gerar, 217, 218, 219; fluxo ilógico de, 97; fluxo na mente, 96; fontes de, 232, 233; geração neural de, 33; integração de disposições com, 193; mapeamento e, 87, 90, 95, 103; na criação da consciência, 233, 251, 252; na criação do protosself, 36; na criação do self autobiográfico, 261, 262; na criação do self central, 38, 254; na mente não consciente, 97, 216, 217, 218; no armazenamento e recuperação de memórias, 178; no mapeamento do corpo, 36; no self autobiográfico, 39; propriedades representadas em, 95, 96; representações do organismo em, 233; seleção e ordenação de, 217; sentidas, 96, 103, 234, 236, 350; sentimentos e emoções em resposta a, 310; sentimentos primordiais como, 37; valor das, 97, 313; vantagens evolucionárias da consciência no uso de, 325
imagens sentidas, 96, 103, 234, 236, 350
imaginação: como dádiva da consciência, 361; modelo de convergência-divergência da, 188; no devaneio, 212
Immordino-Yang, Mary Helen, 162, 398n, 405
impulsividade, 345
impulsos: emoção e, 141; inconsciente genômico nos, 339; mecanismos para homeostase e, 76
incentivos: evolução, 73, 74, 75, 76; política de resposta não consciente para sobrevivência, 72
inconsciente genômico, 338, 340
informações qualitativas, transmissão ao cérebro de: mapas de portal direcionado para o exterior em, 243, 244; papel dos portais sensoriais em, 319; sinalização corpo-cérebro para, 128, 129, 130, 131
instintos, 339
intencionalidade, 120
interação corpo-cérebro: exterocepção, 71, 127, 246; funções dos neurônios na, 56, 57; interferência na transmissão de sinais de dor para o cérebro, 156; limitações do conhecimento atual sobre a, 321; na criação de registros de memória,

169; na criação do protosself, 247, 248; natureza da comunicação na, 123, 125, 126; no mapeamento do mundo exterior, 32, 57, 88, 120; papel do cérebro na, 123; sentimentos primordiais na, 37, 314; sinalização eletroquímica na, 372, 373, 375; transmissão de informações qualitativas na, 128, 129, 130, 131, 243; *ver também* interocepção e sistema interoceptivo; sistema sensorial
interação interpessoal: capacidade em crianças com hidranencefalia, 108; como domínio do self autobiográfico, 39, 259; conceito de mente na, 18; homeostase sociocultural, 43, 44; percepção de sentimentos em outros, 209; *ver também* sistemas sociais
interneurônios, 380
interocepção e sistema interoceptivo: definição, 71; estruturas e processos cerebrais na, 241; exterocepção e, na criação do self, 246; função homeostática da, 236; importância na criação do self, 240; invariância relativa na, 239, 240, 248; mapas interoceptivos gerais e, 236, 238, 239, 240, 241; mecanismos da, 127; processos neuronais na, 315; sentimentos de emoção e, 142; sinalização eletroquímica na, 317; variação pequena de padrões sensoriais na, 246
inter-regiões, 380
invariância relativa, 240, 248
inveja, 161

Jackson, Michael, 405

James, William, 20, 21, 25, 122, 148, 229, 387n, 395n, 397n
Jasper, Herbert, 20, 386n
Jaynes, Julian, 352, 396n
Jessel, Thomas M., 391n, 398n
Johnson, Mark, 395n, 396n
Jones, E. G., 407n
juízos morais, 280, 360
junção temporoparietal, 266, 279
justiça *ver* sistemas de justiça

Kahneman, D., 410n
Kandel, Eric, 49, 391n, 398n
Kemp, D. T., 408n
Keysers, C., 400n, 401n
Kiefer, M., 399n
Klier, Eliana M., 394n
Knoll, Andrew H., 390n
Knutson, Brian, 391n
Koch, Christof, 387n, 401n, 402n, 404n
Koenigs, M., 410n
Kohler, E., 400n
Kornhuber, H. H., 409n
Kosslyn, Steve, 174, 398n, 400n
Kraft-Ebbing, 402n
Kreiman, G., 401n

lactose, 357, 411n
Lahav, A., 401n
Lakoff, George, 395n
Laland, Kevin N., 411n
Laureys, Steven, 386n, 401n, 402n, 406n
Ledoux, J., 388n
Lehrer, Jonah, 410n, 414
leitura labial, 188
Lenggenhager, B., 403n
lesão cerebral: amnésia causada por, 291; coma resultante de, 202, 287,

290, 299; consequências para o self autobiográfico, 290; deterioração de memória e, 175, 188, 189; efeitos da doença de Alzheimer, 281, 282, 283, 285, 406n; em córtices insulares, 104, *106*; estados vegetativos resultantes de, 202, 203, 288, 299; estudos da neurociência baseados em, 34; no córtex cerebral, 34, 107, 108, 109, 110; perda de colículo superior, 113; tipos de patologias da consciência decorrentes de, 290; tumores, 366

Libet, Benjamin, 327, 409n

linguagem: consciência e, 214; desenvolvimento histórico da, 353; imagens como base da, 96; usos pelos primeiros humanos, 353, 354

Livro do desassossego, O (Pessoa), 7

Llinás, Rodolfo, 38, 88, 315, 387n, 389n, 391n, 392n, 395n, 402n, 407n, 408n

lobos: frontais, 143, 175, 371, *374*; occipitais, 371, *374*; parietais, 371, *374*; temporais, 105, 174, 175, 282, 283, 371, 373, *374*

Logothetis, Nikos, 235, 403n

Lotze, M., 400n

Ma, Yo-Yo, 318, 414

Maddock, R. J., 404n

magnetoencefalografia, 34, 135, 157

Magoun, Horace, 20, 387n, 402n, 407n

mapas: como característica distintiva de cérebros, 87; como produto subjetivo, 95; correspondência direta com o objeto representado, 94, 95, 170; criação interativa de, 87, 88; de portal sensorial direcionado para o exterior, 243, 244, 245, 246; de sentimento de emoção, 154; definição, 33, 88, 89; disposições e, 171; do colículo superior, 111; do protosself, 235; estruturas cerebrais na geração de, 90, 91, 93, 102; evolução dos, 171; formação neural de, 33; geral do organismo, 242; imagens e, 87, 90, 95, *103*; interconexão nos qualia, 320; interoceptivo geral, 236, 238, 239, 240, 241; natureza dinâmica dos, 90, 91; no armazenamento e recuperação de memórias, 178; objetos fontes de, *103*; papel no gerenciamento da vida, 87, 98; problema dos qualia, 313, 314, 315, 316, 318, 319, 320; variedades de, *103*; *ver também* mapeamento do corpo

mapeamento do corpo: a dedicação do cérebro ao corpo e, 119, 120, 121; atividade neuronal no, 57; componentes sensoriais no, 120; correspondência entre o estado real do corpo e o, 129; distinção de características do, 118, 119, 120, 121, 122; em cérebros complexos, 119; empatia e, 136; estruturas cerebrais no, 36, 300; funções, 139; ligação corpo-cérebro no, 118, 119, 125; movimento e, 125; na criação do protosself, 36; na regulação pela mente consciente, 139; processamento de sinais para o, 122; simulação de estados corporais de outros no, 135, 136, 138; simulação de estados do corpo no, 132, 133, 134, 135

Maquet, Pierre, 405, 406n

marcador(es) somático(s): fonte do, 22; função dos, 218

Margulis, Lynn, 390n
Massimini, M., 405
matéria branca, 289, 373, 375
matéria cinzenta, 104, 107, 109, 111, 112, 129, 131, 146, 156, 209, 237, 239, 271, 272, 273, 301, 373, 390n, 403n
May, Paul J., 394n
McDonald, I., 401n
McKhann, G., 401n
McLeod, P., 410n
McRitchie, Deborah A., 396n
medo: neuropsicologia do, 145, 146, 147, 156; resposta fisiológica ao, 146, 147
medula espinhal: função na geração da mente, 99, 100; transmissão de sinais nos, para monitoração do meio interno do corpo, 127
Melloni, L. C., 395n
membrana celular, 50, 51, 316
membros do corpo, origem evolucionária dos, 51
memória: agrupamento de memórias como objeto individual, 261; amnésia, 291, 292; atividade cerebral na rede em modo padrão (*default*) na recuperação de, 280; ausência de divisão celular e, 58; complexidade dos processos de evocação, 177; construção de mapas na, 88; de interações motoras na criação do self, 253; de sonhos, 222, 223; efeitos da doença de Alzheimer, 282, 283; emoções desencadeadas pela, 144; episódica, 177, 178; estrutura e processos cerebrais na, 167, 175, 180, 188, 189; evocação por movimento, 136, 138; explícita, 180, 182; factual e procedural, 178; fatores contextuais na recuperação de, 89; genérica, 177; gravação e evocação preconceituadas, 169; imagens da, 96; implícita, 182, 183; importância para a vida humana, 361; mecanismos evocativos da, 166, 167; mudanças na recuperação de, com o tempo, 167, 260; na evolução da consciência, 226, 352; no self autobiográfico, 259, 260, 261, 262; padrões sensitivo--motores na gravação de, 169; papel do destaque emocional na, 167; papel em processos mentais, 167, 173; papel das zonas de convergência-divergência, 179, 180, 183, 185, 186, 187, 399n; processos neuronais da, 367; requisitos para o desenvolvimento do self rebelde, 352; retroativação sincrônica na, 180, 182; semântica, 177; sistema de armazenamento e recuperação, 172, 173, 174, 175, 176, 178, 179, 180, 182; tipos de, 176, 178; única, 177, 178; volume da, 260; *ver também* aprendizado
meninges, 300, 366
meningiomas, 366
mente: como fenômeno não físico, 28; conceituação na antiguidade, 123; confiabilidade das observações do self sobre a, 27, 228; consciência e, 17, 19, 23, 49, 197; estruturas cerebrais envolvidas na, 114, 115, 116; evidências do funcionamento não consciente da, 202, 203; importância das emoções no exame da, 140; importância evolucionária, 79, 80, 348; medições físicas de fenômenos da, 382, 389n; modelo do homún-

culo, 248; na ausência do córtex cerebral, 108, 109, 110; na regulação da vida e adaptação, 79, 80; objetivos do estudo da, 18; percebida no self e nos outros, 18; qualidades misteriosas da, 17, 27, 46; regiões do cérebro envolvidas na geração da, 99, 100, 101, 102, 103, 114; vigília e, 200, 201, 203, 204, 205, 206; *ver também* equivalência mente-cérebro; consciência; processos não conscientes e conscientes
Merker, Bjorn, 111, 393n, 394n, 395n, 403n
Merleau-Ponty, Maurice, 395n
Metzinger, T., 403n, 408n
Meyer, Kaspar, 170, 185, 386n, 392n, 399n, 400n, 403n
Miller, J., 404n
Mintun, M. A., 405
Mistério da consciência, O (Searle), 24
mitos, 353, 355, 358
Montague, Read, 391n
Morris, R., 404n
Morrison, John H., 407n
Moruzzi, Giuseppe, 20, 386n, 402n, 407n
motivações: emoção e, 141, 144; inconsciente genômico nas, 339; mecanismos para homeostase nas origens das, 76
movimento: estrutura muscular e óssea para, 70, 71, 125; estruturas cerebrais envolvidas no, 100; evocação de imagens mentais pelo, 136, 138; evolução do, 70, 71; integração de sinais neurais para, 112, 113; na criação de mapas cerebrais, 88; sinalização eletroquímica no, 56
músculos: estriados, 71, 125; estrutura e funcionamento dos, 124, 125; lisos, 124, 125; mecanismo para monitoração dos, 127; para movimento, 71, 124
música, 17, 40, 91, 109, 144, 152, 211, 231, 260, 311, 339, 351, 358, 359
mutismo acinético, 108, 113, 208, 281, 284, 291

Naccache, Lionel, 235, 403n
Nagel, Thomas, 408n
nematódeos, 79, 377
neocórtex, 151, 373
nervo trigêmeo, 127, 299
nervo vago, 99, 109
neuromoduladores, 74, 115, 131, 258
neurônios e atividade neuronal: anatomia celular dos, 367; ausência de divisão ou reprodução celular nos, 58; características exclusivas, 55, 59, 347; conexão com o corpo, 56, 57; conhecimento e compreensão atuais dos, 364, 365; estrutura e funcionamento dos, 32, 56, 119, 347, 363, 364, 365, 366, 367, 368, 370, 371, 381; evolução dos, 58, 347; excitabilidade, 316; modelo de convergência-divergência de neurônios-espelho, 189, 190; na análise dos sistemas em grande escala na neurobiologia da consciência, 33; na criação da mente, 365; na criação da mente com sentimento, 35, 58; na geração de mapas, 90; na geração de protossentimentos, 315; na geração de sentimentos, 314; na hipótese da alça corpórea virtual, 134; na recuperação de memórias, 175; na sinalização eletroquímica, 55, 56, 114, 115, 116; neurônios de

Von Economo, 296; neurônios-espelho, 134, 135, 136, 189, 190, 191, 400n; no córtex cerebral, 90, 369, 370; no espaço dispositivo, 191, 192, 193; no processo do aprendizado, 34; núcleos, 369; oscilação sincronizada, 116; padrões de organização, 347, 348, 363, 364, 369, 370; polarização de íons nos, 56; projeções, 370; qualidades necessárias para gerar a mente, 114, 115, 116; redes, 32; registro durante neurocirurgia, 34; variação de ação entre, 408n; vias, 370; *ver também* base neural da consciência

neurotransmissores: em regiões cerebrais geradoras da mente, 115; geração de, 56, 368; modulação não consciente do estado de tecidos, 74; sistemas de valor no funcionamento de, 67

nojo, 151

noradrenalina, *239*

norepinefrina, 67, 301, 317

núcleo accumbens, 258, *271*, 272

núcleo celular, 369, 372, 377

núcleo cuneiforme, *239*

núcleo do trato solitário: conectividade, 105; em processos emocionais, 209; geração de mapas no, 93; na construção de estados de sentimento, 102, 105, 153; na homeostase, 131, 301

núcleo parabraquial: alterações na doença de Alzheimer, 285; conectividade, 105; em processos emocionais, 209; geração de mapas no, 93; na construção de estados de sentimento, 102, 105, 153; no sistema interoceptivo geral, 241; papel na homeostase, 131, 301

núcleo pontino oral, *239*

núcleo trigeminal, 105, 241

núcleos colinérgicos, *131*, *239*

núcleos monoaminérgicos, *131*, *239*

Nussbaum, Martha C., 147, 397n

O'Doherty, John P., 391n, 397n

Olszewski, J., 407n

opérculos parietais, 151

opérculos rolândicos, 135

opioides, 156, 318

orgulho, 161, 162, 354

Oveis, Christopher, 398n

Owen, Adrian, 202, 402n, 407n

oxitocina, 67, 75

padrão neural: definição, 89; na criação de imagens, 98; *ver também* imagens; mapas

Pandya, D. N., 399n

Panksepp, Jaak 38, 102, 111, 387n, 388n, 389n, 390n, 394n, 402n, 403n

paramécio, 31, 50, 315

Parvizi, Josef, 269, 300, 386n, 394n, 397n, 403n, 404n, 405, 407n

Passingham, R. E., 409n

Paxinos, G., 404n

pele, 50, 57, 60, 88, 94, 120, 123, 127, 146, 158, 247, 319, 336, 379, 384

Penfield, Wilder, 20, 386n, 402n

Penrose, Roger, 388n, 408n

Persaud, N., 410n

perspectiva da mente: definição, 243, 245; no self central, 255; papel dos portais sensoriais na construção da, 243, 245, 318

Pessoa, Fernando, 7

Peters, A., 407n

Petrides, M., 404n
Phelps, Elizabeth A., 410n
Pinker, Steven, 389n, 392n
Plum, Fred, 20, 299, 300, 387n, 401n, 405, 407n
Poldrack, Russell A., 409n
portais sensoriais: como sondas neurais, 121; definição, 244; estrutura e funcionamento cerebral para os, 246; mapas do protosself dos portais direcionados para o exterior, 243, 244, 245, 246, 247; na construção de qualidade perceptual, 318, 319; na criação do self central, 236, 254; papel na definição da perspectiva mental, 243, 245
Posner, Jerome, 20, 299, 300, 387n, 401n, 407n
potencial de ação, 367, 368
prazer *ver* dor e prazer; recompensa e punição
pré-cúneo, 269
predição e antecipação: deliberação consciente antes da ação, 330; funções cerebrais não conscientes na, 75; mecanismo da alça corpórea virtual para, 133, 134; para manutenção da homeostase, 63, 69; simulação de estados do corpo no cérebro, 133, 134, 135; vantagens evolucionárias da consciência na, 219, 326
predisposição: definição, 218; fontes de, 218, 331; influência da, 336
processos celulares: de reprodução e reposição, 58, 60; efeitos do envelhecimento, 60; metáforas da engenharia para, 64; origens evolucionárias da homeostase nos, 62, 63, 64, 391n; para a gestão da vida, 60,

61; *ver também* neurônios e atividade neuronal; formas de vida simples
processos não conscientes e inconscientes: benefícios do comportamento controlado por, 329; comportamento adaptativo e, 48, 49, 53; conceituação freudiana dos, 221, 222; condução consciente de, 327, 328; conhecimento para um desempenho habilidoso nos, 335, 342; conteúdos de disposições, 182; controle do comportamento humano por, 328, 330, 331; em estados vegetativos, 202, 203, 288, 299; evidências de raciocínio eficaz em, 333, 334, 335, 337, 338; formação e gestão de imagens em, 97, 216, 217, 218; genômicos, 338, 339; implicações no automatismo epiléptico, 204, 205, 206, 207; ingredientes ativos e latentes de, 215, 216; no self autobiográfico, 259, 260; política de resposta primitiva para sobrevivência, 73; predisposição como, 331, 336, 337; processos de gestão da vida como, 49, 60, 61, 69, 75; *ver também* mente; formas de vida simples
propofol, 277, 404n, 405
propriedade/posse, 230, 251, *255*, 258
prosencéfalo basal, 67, 131, 180, 257, 271, 273, 278, 301, 312, 372, *375*, 377
protagonista, self como, 26, 208, 213, 249, 251, 252, 351
protosself: como self material, 39; conceito do homúnculo e, 248; conexão com o corpo, 36; criação do, 36, 225, 235; definição, 225, 235;

estruturas cerebrais na geração do, 232, 253; mapas de portais direcionados para o exterior, 243, 244, 245, 246; mapas interoceptivos do, 236, 238, 239, 240, 241; mudanças no, por interação com objeto percebido, 250, 251, 254; na criação do self central, 236, 250, 251; na evolução da consciência, 24; papel do, 249; produtos do, *225*; protossentimentos e, 309; sentimento primordial no, 37, 230, 389*n*; tipos de mapas do, 236

protossentimentos, 308, 309, 315, 316

protozoários, 50; *ver também* formas de vida simples

Pylyshyn, Z., 400*n*

qualia: como parte obrigatória da experiência, 310; como processo mental, 313; interconexão de mapas nos, 318, 319, 320; problemas conceituais dos, 310; produção de, 312; resposta reduzida ou nula, 311; self e, 320

Raichle, Marcus E., *265*, 279, 280, 281, 405

Raos, V., 400*n*

RCDS *ver* regiões de convergência-divergência

rebeldia, 350, 352

recompensa e punição: no funcionamento emocional, 141; política de resposta não consciente para a sobrevivência, 73; *ver também* dor e prazer

rede em modo padrão (*default network*), 279, 281

Reeve, Christopher, 99

regiões de convergência-divergência: córtices posteromediais como, 273, 275; estrutura das, 184; funcionamento das, 183, 266; localização das, *265*, 266; na criação coordenada do self autobiográfico, 266, 267; na evolução da consciência, 226; na recuperação de memórias, *186*, *187*, 191, 192, 193; na rede em modo padrão, *280*; origens e desenvolvimento das, 183, 184

reprodução: base genômica do comportamento sexual, 339; como valor biológico do organismo, 68; comportamentos reguladores da vida e comportamentos para a, 75, 76

répteis, 42

retina, 59, 92, 93, 94, 103, 111, 121, 169, 244, 379, 394*n*, 409*n*

rituais, 342

Rizzo, M., 393*n*

Rizzolatti, Giacomo, 134, 397*n*, 400*n*, 401*n*

Rockland, K. S., 399*n*

Rudrauf, David, 157, 386*n*, 393*n*, 398*n*

Ruppert, Edward E., 390*n*

sabedoria, 341

Sagan, L., 390*n*

Saper, Clifford B., 387*n*, 396*n*, 401*n*, 407*n*

Sathian, K., 399*n*, 400*n*

Schacter, D. L., 405

Schiff, Nicholas D., 387*n*, 401*n*, 407*n*

Schnabel, Julian, 288

Schultz, Wolfram, 391*n*

Schwartz, James H., 391*n*, 398*n*

Searle, John, 407*n*

self: abordagens filosóficas do, 25; autoexame por introspecção, 228;

como expressão de processos celulares, 54, 55; como objeto, 21, 22, 197, 198; conceituação do processo do, 20, 34, 35; conceituação freudiana de, 221; conceituações do, pela neurociência, 24, 25; confiabilidade das observações do self, 27, 228; consciência e, 15, 16, 21, 39, 40, 197, 201, 207, 212, 224, 227; domínios do, 22; elementos agregados do, 230; emoções sociais e, 164; estabelecimento de plataforma estável para o, 249; estágios da construção do, 38, 224, *225*; evolução contínua do, 26, 226; evolução dos processos do, 226; imagens do, na consciência, 230; implicações do automatismo epiléptico na definição de consciência, 204, 205, 206, 207; importância evolucionária do, 349, 350; interocepção e exterocepção na criação do, 239, 240, 246; manifestações de abrangência e intensidade do, 21; noção dual de, 21, 22, 23; papel da emoção e do sentimento no, 140, 141, 309; qualia e, 320; qualidades rebeldes do, 350, 351, 352, 354, 355; regiões cerebrais na criação do, 33, 39, 256; sentimentos primordiais do, 102, 230; surgimento na história humana, 351; vantagem evolucionária do, 325, 326; vontade consciente como autenticação do, 341

self autobiográfico: armazenamento e recuperação da memória no, 259, 260, 261, 262; consciência autobiográfica e, 211; consequências de lesão cerebral para o, 290, 292, 293, 294; conteúdos do, 24, 259; criação do, 38, *225*, 252, 261, 262; em animais, 42; estados manifesto e latente do, 259; estruturas cerebrais na criação do, 262, 264, 266, 267, 268, 269, 270, 271, 272, 273, 275; função social do, 24, 353; funcionamento consciente e inconsciente do, 259, 260; mecanismo de coordenação na construção do, *263*, 264, 266, 267; níveis de atividade do, 211; self central e, 290

self central: como o self material, 39; componentes do, *255*; consciência central e, 211; em animais, 42; estrutura e funcionamento do cérebro para a implementação do, 253, 254, 256, 298, 301; geração do, 38, *238*, 249, 251, 252, 253, 301; na criação da mente consciente, 252; na produção de sentimentos relacionados a objetos, 253; no coma, 290; no desenvolvimento do self, 24, 225, 261, 262; no devaneio, 212; orientação para a ação, 38; papel de protagonista do, 249; pulsos de, 39, *225*, 253, 258, 259, 261, 262, 303; self autobiográfico e, 225, 261, 262, 290; sentimentos de conhecer no, *239*

self-conhecedor: construção do, 39; evolução do, 24; na criação da consciência, 22, 23, 24; self-objeto e, 21, 22, 23, 198

self-objeto, 21, 22, 23, 25, 198

sensor de quorum, 78

sentimento(s): atividade neuronal na criação da mente com, 35, 308, 309, 310; como marcador(es) somático(s), 22, 218; conceituação por James, 148; consciência sem;

297; corporais, 103, 104, 114, 209, 234, 301, 326, 393n; de conhecer, 22, *239*, 251, *255*, 341; de controle consciente das ações, 341, 342; de estados corporais, 104; de imagens, 96, 103, 234, 236, 350; do self conectado com o mundo na consciência, 16; emoções e, 141, 142, 148; estruturas cerebrais envolvidas no processamento de, 104, 105, 152, 313, 314; na criação do self, 251, 253, *255*, 308, 309; na definição de estados mentais conscientes, 198; na distinção entre self e não self, 22; na percepção sensorial, 243, 244; na resposta a imagens, 310; no conceito de qualia, 310; no protosself, 36; percepção em outros, 209; sentimentos primordiais, 24, 37, 38, 39, 42, 77, 93, 102, 103, 132, 142, 151, 161, 209, 225, 230, 236, 237, 239, 241, 248, 250, 252, 254, *255*, 290, 298, 301, 302, 307, 309, 313, 314, 389n, 403n; tempo de processamento de, 157; teoria abrange dos, 297

sentimentos emocionais: como indicadores da regulação da vida, 78; como variações de sentimentos primordiais, 37; condições que interferem na produção de, 310, 311; definição, 103, 141, 150; estruturas cerebrais envolvidas no processamento de, 104, 150, 152, 153; expressão emocional e, 160; função dos, 140; geração de, 143, 154, 155, 156; interocepção e, 141; mapeamento de, 155; origem fisiológica dos, 153; processamento cognitivo nos, 154; sentimentos primordiais e, 151, 239

sentimentos primordiais: como produto do protosself, 389n; conexão corpo-cérebro nos, 37, 313; fonte dos, 37, 102; geração de, 237, 238, 239; imagens, 103; importância dos, 132; mensagem para a mente, 102; na criação do self central, 251; no processo do self, 102, 230; origens da consciência nos, 42, 225; origens da mente nos, 42; sentimentos emocionais e, 142, 151, 239

serotonina, 67, *239*, 301, 317

sexualidade, 339

Shapiro, J., 390n

Sheinberg, D. L., 403n

Sherrington, Charles Scott, 149, 396n

Shewmon, Alan D., 394n

Simmons, W. K., 399n

sinalização eletroquímica: coordenação temporal e sincronização, 116; em regiões cerebrais geradoras de mente, 114, 115, 116; na geração de estados de sentimento, 318; na interação corpo-cérebro, 127, 372, 373, 375; neuronal, 55, 56, 347, 367; no mapeamento do corpo, 122; para monitoração do interior do corpo, 126, 127, 317, 318

sinalização recursiva, 116

sinalização reentrante, 115

sinapses, 32, 56, 168, 184, 308, 365, 367, 368, 381

síndrome do encarceramento, 287, 288

síndrome do estresse pós-traumático, 167

sinfonia: metáfora para a consciência, 39, 40, 41

Singer, Tania, 397n
Singer, Wolf, 114, 116, 395n
sistema auditivo: componentes do portal sensorial na, 244; construção da qualidade perceptual no, 319; criação de mapas no, 93, 94; espaço de imagem para recuperação de memória no, 180; estruturas cerebrais envolvidas no, 111, 394n; ouvir e escutar, 216; *ver também* sistemas sensoriais
sistema endócrino: na vigília, 231; *ver também* sistema hormonal
sistema entérico, 372
sistema hormonal: modulação não consciente de estados dos tecidos, 74; na comunicação cérebro-corpo, 126, 372
sistema motor: estrutura do cérebro, 378; na geração de registros de memória, 169; *ver também* movimento
sistema nervoso: arquitetura do, 371, 372, 373, 375; autônomo, 372; evolução do, 51; parassimpático, 372; periférico, 372; simpático, 372; *ver também* neurônios e atividade neuronal
sistema reticular ativador ascendente (ARAS), 300, 301
sistema visual: antecipação no, 133; componentes do portal sensorial, 244; espaço de imagem para recuperação de memória no, 180; estruturas cerebrais envolvidas no, 111, 113, 246; geração de mapas no, 92, 93, 318; interconexão de mapas no, 318; percepção da visão, 243, 244; velocidade do, 367; *ver também* sistemas sensoriais
sistemas de justiça, 344, 345, 353, 355

sistemas de sistemas, 370, 380
sistemas legais, 345
sistemas sensoriais: construção de qualidade perceptual nos, 318, 319; em mapas do corpo, 120; em organismos não conscientes, 70; erros de atribuição dos, 245; estruturas cerebrais envolvidas nos, 101, 152, 303, 378, 394n; estruturas neurais periféricas dos, 379, 380; evolução de organismos complexos, 70, 71; geração de mapas nos, 92, 93, 95; interconexão de mapas nos qualia, 319, 320; na geração de registros de memória, 168, 169; necessidades de estudo, 408n; papel dos sentimentos na percepção, 310; percepção da localização dos órgãos dos sentidos, 243, 244; sondas neurais, 120; *ver também* sistema auditivo; córtices sensoriais iniciais; exterocepção; interocepção; dor e prazer; portais sensoriais; córtices somatossensitivos; sistema visual
sistemas sociais: benefícios de estudos da consciência, 46; extensão da homeostase nos, 43, 355, 356; função da experiência artística nos, 358, 359; lei e justiça, 344, 345; no comportamento de formas de vida simples, 78, 79; no princípio da existência humana, 353, 354, 355; organismos multicelulares como, 52; regulação autossustentada da vida como base dos, 82; *ver também* emoções sociais
Slotnick, S. D., 400n
sonambulismo, 212
sondas neurais, 120
sonhos: atividade cerebral nos, 279;

conceito de consciência e, 199, 222; conceituação freudiana nos, 221, 222; construção de mapas nos, 88; recordação de, 223

sono: como contexto para estudo da consciência, 278; consciência em níveis de, 278; estruturas cerebrais e atividade no, 278; sono REM, 279

Sporns, Olaf, 272, 399n, 404n

Stein, Barry E., 394n

Steriade, M., 407n

Strawson, Galen, 388n, 408n

Strehler, Bernard M., 111, 394n, 395n, 403n

subjetividade: criação da, 249; importância evolucionária da, 16, 17; na criação da consciência, 23; na experiência do estado mental consciente, 197; origens evolucionárias da, 226

substâncias: dependência química, 332, 343; interferência na transmissão de sinais do corpo ao cérebro, 156; substâncias que alteram a mente, 156, 213

Suhler, C., 409n

Sutherland, Stuart, 385n, 386n

Swanson, L. W., 403n

tálamo: anatomia, 372, 373; função sensorial do, 101, 302; funções, 302; na coordenação de funções do tronco cerebral e córtex, 306; na coordenação de informações e imagens, 303; na criação da consciência, 258, 302, 303; na criação do self, 256, 262, 265; na vigília, 231; origens da consciência no, 39, 258, 302, 303

tecido: modulação dos estados de dor e prazer, 74, 75; sistema de incentivo para sobrevivência, 73, 74

tecnologia de imageamento: correlação entre mapa e objeto no cérebro, 95; estudos da consciência em estados vegetativos, 202; estudos da neurociência baseados em, 34; para identificação de emoções, 157

tegmento, 231, 277, 278, 286, 287, 289, 309

testemunha, self como, 26

teto, 299

Tkach, J., 400n

Todorov, A., 410n

Tononi, Giulio, 235, 386n, 401n, 402n

Tootell, Roger, 95, 392n

Törk, Istvan, 396n

Tranel, Daniel, 104, 393n, 397n, 398n, 410n, 411n

Trimble, M. R., 404n

tronco cerebral: anatomia e neuroanatomia do, 298, 372, 373; coma decorrente de lesão no, 287, 299; estruturas de mapeamento e imageamento do corpo no, 36, 298, 299; evolução do, 305; funcionamento do sistema interoceptivo geral no, 241; funções de criação da mente no, 100, 101, 102, 103; funções do córtex cerebral e, 305, 306; geração de mapas do protosself no, 236; geração do protosself no, 232, 253; mecanismos de homeostase no, *130*; na criação do self autobiográfico, 262; na criação do self central, *238*, 298; na produção dos efeitos de qualia, 312; na vigília, 231; nas emoções e nos sentimentos, 163, 314; núcleos do, 377; origens da consciência no, 38, 257, 295,

296, 297, 298, 299, 301, 302, 306; perspectivas futuras de evolução do, 306; sentimentos primordiais no, 38, 237, 238, 239
Twain, Mark, 48

Valenstein, Edward, 393n
valor biológico: base conceitual do, 66, 67, 68; emoções e, 140; faixa homeostática e, 68, 69; homeostase e, 44; importância do, 41; lar neural do, 302; nas origens e desenvolvimento da consciência, 41, 42, 44; perspectiva do, em organismos como um todo, 68, 69; avaliação de imagens na construção do self autobiográfico, 264; valoração de imagens, 97
Van Hoesen, Gary, 269, 282, 393n, 399n, 404n, 405, 406n
vasopressina, 67
vergonha, 78, 161, 354
vigília: automatismo epiléptico e, 204, 205, 206, 207; consciência e, 16, 198, 199, 200, 228; estruturas e processos cerebrais na, 231, 279, 302, 303; gradações da, 200; nas primeiras conceituações clínicas do coma, 300
Villanueva, L., 396n
visão *ver* sistema visual
vísceras: componentes, 123, 125; conexão do cérebro com, 152, 153; resposta do medo nas, 147
Von Economo, neurônios, 296

vontade de viver, 53, 57, 81; manifestações em formas de vida simples, 53

Watts, Alan G., 391n
Wearing, Clive, 292
Wearing, Deborah, 292
Weber, E. H., 396n
Wegner, Dan, 328, 341, 409n, 410n
Wiesel, Torsten, 392n
Wilson, E. O., 389n, 390n, 411n
Wood, James, 199, 401n
Wright, Richard, 411n

Young, L., 410n

Zangaladze, A., 399n, 400n
ZCDS *ver* zonas de convergência-divergência: conexões e sinalização em
Zhou, Y.-D., 400n
zonas de convergência-divergência: conexões e sinalização em, 183; construção do significado nas, 190; esquema das, *181*; estrutura das, 183, 193; evidências de funcionamento de, 185, 188, 189, 190; localização das, 183; na recuperação de memórias, 179, 180, 183, 185, 186, 187, 399n; neurônios-espelho e, 190; número de, 183; origens e desenvolvimento das, 184; processo da imaginação na, 188; reelaboração de memórias nas, 260; sincronização de estímulos sensoriais em, 185, 188
Zweig, Jason, 410n

1ª EDIÇÃO [2011] 6 reimpressões

ESTA OBRA FOI COMPOSTA PELA SPRESS EM MINION E IMPRESSA EM OFSETE
PELA GRÁFICA BARTIRA SOBRE PAPEL PÓLEN DA SUZANO S.A.
PARA A EDITORA SCHWARCZ EM JUNHO DE 2024

A marca FSC® é a garantia de que a madeira utilizada na fabricação do papel deste livro provém de florestas que foram gerenciadas de maneira ambientalmente correta, socialmente justa e economicamente viável, além de outras fontes de origem controlada.